U0317219

凝灰岩致密油藏形成条件与勘探实践

——以三塘湖盆地为例

梁世君　陈　旋　罗劝生　范谭广　刘俊田　著

石油工业出版社

内 容 提 要

国内外已发现的致密油藏多数为源储共生，包括源储一体型和源储接触型两种类型。三塘湖盆地马朗凹陷二叠系条湖组凝灰岩油藏的发现，为认识另一种类型的凝灰岩致密油藏成藏机理与勘探特点提供了一个很好的机会。条湖组凝灰岩致密油藏的源—储之间隔有几百米的火山岩，属于源储分离型的致密油藏类型，具有特殊的成藏机理，凝灰岩自身生烃是奠定微观孔隙含油和润湿性改变的基础，下部芦草沟组优质烃源岩大量供烃和良好储层的配置是凝灰岩致密油藏石油富集的条件。本书系统介绍了条湖组凝灰岩的形成、分布、成储机理、石油充注机理和成藏模式，总结了凝灰岩致密油藏勘探理论和勘探实践。

本书可供从事石油勘探与开发相关研究工作的科研人员参考阅读，也可以作为高等院校油气地质专业研究生的教学参考书。

图书在版编目（CIP）数据

凝灰岩致密油藏形成条件与勘探实践：以三塘湖盆地为例 / 梁世君等著 .—北京：石油工业出版社，2020.7

ISBN 978-7-5183-3686-9

Ⅰ.①凝… Ⅱ.①梁… Ⅲ.①三塘湖盆地－凝灰岩－致密油气藏－形成②三塘湖盆地－凝灰岩－致密油气藏－油气勘探 Ⅳ.①P618.13

中国版本图书馆 CIP 数据核字（2020）第 055578 号

出版发行：石油工业出版社

（北京安定门外安华里 2 区 1 号　100011）

网　址：www. petropub. com

编辑部：（010）64523543　图书营销中心：（010）64523633

经　销：全国新华书店

印　刷：北京中石油彩色印刷有限责任公司

2020 年 7 月第 1 版　2020 年 7 月第 1 次印刷

787×1092 毫米　开本：1/16　印张：11

字数：235 千字

定价：120. 00 元

（如出现印装质量问题，我社图书营销中心负责调换）

前　言

近年来，非常规油气勘探开发与地质研究力度不断加大，涌现出了一系列新成果与新技术，水平钻井和多级体积压裂技术的成功从页岩储层中获得了很大的天然气产量，这一技术也被应用于低孔低渗的致密油藏，像美国威利斯顿盆地 Bakken 致密油、得克萨斯州南部 Eagle Ford 致密油、得克萨斯州中北部 Fort Worth 盆地 Barnett 致密油等。致密油是指储集在致密砂岩、致密碳酸盐岩中的石油聚集，是继页岩气之后最现实的非常规油气勘探开发领域，已成为全球研究的热点。目前，我国的非常规油气地质研究正处在一个快速发展的时期，具有特殊性质的非常规油气藏类型也不断被发现。

凝灰岩作为油气储层的成功探区很少，所以一直没有引起人们足够的重视。自 2013 年三塘湖盆地芦 1 井凝灰岩段压裂后获得最高 $14.9m^3/d$ 的工业油流后，凝灰岩致密储层才引起人们的关注，之后又部署了马 55、马 56、马 57H、马 58H 井，在条湖组凝灰岩段均发现油层，尤其是马 58H 井多级体积压裂后获得最高 $131m^3/d$ 的高产油流，标志着三塘湖盆地致密油勘探取得了实质性突破。条湖组凝灰岩不仅可以作为油气储层，而且储层致密，空气渗透率均小于 1.0mD，符合致密储层的标准，所以这是一类新型的致密油储层。致密砂岩和致密碳酸盐岩中微米—纳米级的孔隙主要是一些原始粒间孔、晶间孔和次生的溶蚀孔，凝灰岩中孔隙大小也主要是微米—纳米级，但由于凝灰岩的原始物质组成是火山灰玻璃质，微观孔隙是由于玻璃质脱玻化作用形成的，所以孔隙形成机理有别于致密砂岩或致密碳酸盐岩。

通常所说的致密油藏往往是源储一体、源储互层或源储紧密接触，石油充注机理被认为是生烃增压。条湖组凝灰岩自身含有沉积有机质，有机质在演化过程中能够生烃，这是一类较为特殊的有机—无机混合沉积体，在时间和空间上，同时存在着烃源岩生烃与致密储层形成两个过程，但自身生烃量有限，外来石油能够靠浮力充注到致密储层中聚集成藏，其中必有其特殊的成藏机理。然而，含沉积有机质凝灰岩致密油藏作为致密油藏的一种特殊类型，前人研究较少，但科学意义显著。含沉积有机质凝灰岩中，微观孔隙的形成机理直接关系到有效储层预测，成藏机理的研究不仅关系到勘探部署，还可以丰富致密油成藏理论。

本书系统介绍了含沉积有机质凝灰岩储层形成机理和成藏机理，主要总结了以下几方面的成果与认识。

（1）条湖组凝灰岩的分布特征及控制因素。纵向上，马朗凹陷条湖组凝灰岩分布在条湖组二段的底部，厚度主要在 30m 左右，这套凝灰岩与上下地层岩性均具有明显的区别。平面上，凝灰岩岩相区分布在凹陷的北部斜坡。通过条湖组火山旋回的划分、凝灰岩的性质、凝灰岩的岩石类型、岩相特征、纵向和平面展布特征、分布主控因素分析和分布预测等方面的研究，发现马朗凹陷条湖组中酸性凝灰岩形成于火山喷发旋回的末期，分为玻屑凝灰岩、晶屑玻屑凝灰岩、泥质凝灰岩和硅化凝灰岩四种岩石类型，平面上分别分布在中远火山口带、近火山口带、远火山口带和中远火山口带，玻屑凝灰岩和晶屑玻屑凝灰岩垂向上一般分布在凝灰岩段的中下部，泥质凝灰岩和硅化凝灰岩分别分布在凝灰岩段的上部和凝灰岩段的底部。凝灰岩厚度主要受火山活动带分布和沉积古地形控制，火山活动带两侧的古沉积洼地是凝灰岩分布的有利部位。

（2）凝灰岩微孔形成与原始沉积有机质之间的内在联系及成储机理。条湖组中酸性凝灰岩分布在一套以玄武岩为主的基性火山岩之上，中酸性玻璃质除含有大量 SiO_2 外，还含有 Al_2O_3、MgO、Na_2O 等物质，脱玻化过程主要涉及非晶质的二氧化硅向晶质二氧化硅转变，以及其他矿物的溶解—沉淀过程。含有机质凝灰岩中，这一过程还要受到有机质的影响，表现为有机质—玻璃质—微孔隙形成演化协同作用的过程。

条湖组含沉积有机质凝灰岩储层物性具有高孔低渗的特点，孔隙度主要分布在10%～25%，空气渗透率主要分布在0.01～0.5mD。凝灰岩中发育数量巨大的微米—纳米级孔隙，这些孔隙主要是脱玻化作用形成的。凝灰岩储层物性主要受原始火山灰的组分和脱玻化程度的控制。条湖组凝灰岩中含有一定量的沉积有机质，自身有机质在干酪根演化过程中生成的有机酸促进了脱玻化的进行和微孔隙的形成。

凝灰岩孔隙度的演化有一定的规律，同深度条件下玻屑凝灰岩的孔隙度大于晶屑玻屑凝灰岩，但都具有随深度增大孔隙度先减小后增大的特点。凝灰岩孔隙演化可以划分为三个阶段，即正常压实减孔阶段、脱玻化增孔阶段和增孔后演化阶段，脱玻化增孔作用主要发生在白垩纪早中期，早于白垩纪末的石油充注时间。

（3）凝灰岩致密储层七性关系特征。条湖组二段致密油储层物性下限为孔隙度小于6.5%、渗透率小于0.01mD。条湖组二段致密油储层岩性（长英质含量）控制物性与脆性，物性控制含油性（物性越好，含油级别越高），脆性控制裂缝的发育强度；储层含有有机质，储层本身及上、下均具有生油能力，储层含油饱和度高（有机质含量与储层物性和含油性具较好的正相关，储层被烃源岩包裹），凝灰岩自身生烃是奠定微观孔隙含油的基础，下部芦草沟组烃源岩大量供烃是凝灰岩致密油藏高含油饱和度的有力保证；岩性又控制敏感性。

（4）凝灰岩致密油藏成藏机理与模式。凝灰岩致密油藏中的原油主要来自芦草沟组二段烃源岩，是源储分离型的致密油藏。但条湖组凝灰岩中含有沉积有机质，所生原油的极性组分优先吸附在孔隙表面，使得凝灰岩的润湿性为偏亲油，因此，凝灰岩自身生烃是微观孔隙含油和润湿性改变的基础。凝灰岩油驱水存在启动压力梯度，并且启动压力梯度较小，偏亲油润湿性和孔喉比小是导致凝灰岩启动压力梯度较小的主要原因，这也是源储分离型凝灰岩致密储层石油充注成藏的主要机理。从而提出了“自源润湿、多源成藏、断—缝输导、多点充注、有效凝灰岩储层大面积富集”的成藏模式。

（5）凝灰岩致密油藏勘探理论、技术方法与勘探成效。二叠系凝灰岩致密油主要勘探阶段从2012年到2018年，但针对二叠系的勘探相对较早，基于地质认识的局限性，致密油勘探所取得的每一个发现、突破和进展都是曲折的，其突破得益于非常规油气地质理论的指导与先进勘探及工程技术的应用。经由勘探实践形成了独具特色的凝灰岩致密油藏地质理论和“水平井＋大型体积压裂”及“控压排采”为主的工程技术系列，从而使三塘湖盆地非常规油气成为吐哈探区油气储量增长的主要领域。

（6）三塘湖盆地凝灰岩致密油勘探实践的启示。三塘湖盆地凝灰岩致密油从长期的艰难探索到后期快速发现、高效勘探开发，是在借鉴国内外非常规油气勘探经验的基础上，充分把握三塘湖盆地基本石油地质特征，创新找油思路、优化勘探部署、地质工程一体化的体现。始终坚持前进性和曲折性统一的辩证法规则，从长期的勘探实践中，围绕勘探思路，实现了三塘湖盆地常规油气藏向非常规油藏的转向，在二叠系条湖组致密油勘探的整个过程中可得到如下重要启示：① 解放思想、勇于探索是勘探不断取得发现的源泉；② 正确的理论指导、扎实的基础研究是实现勘探突破的基础；③ 先进适用工程技术的应用是实现勘探快速发现的保障；④ 科学决策和中国石油股份公司大力支持是勘探快速突破的关键。

本书是在国家科技重大专项“重点盆地致密油资源潜力、甜点区预测与关键技术应用”（2016ZX05046-006）课题、中国石油科技重大专项“吐哈探区油气接替领域勘探关键技术研究与应用”(2017E-04-04）课题研究的基础上编写的，以上成果是集体辛勤劳动的结晶。五年的科技攻关中得到许多单位和专家的支持帮助：首先，感谢中国石油勘探开发研究院胡素云、陶士振、闫伟鹏、杨智、方向、吴因业、王岚等专家在专题实施中给予的指导和建议；感谢吉林油田勘探开发研究院唐振兴、大庆油田勘探事业部门广田和勘探开发研究院李国会、华北油田勘探开发研究院钱铮和江涛、青海油田勘探开发研究院吴颜雄、西南油气田勘探开发研究院黄东、新疆油田勘探开发研究院郭旭光等课题组成员对本专题的研究提出的建设性意见。其次，感谢中国石油大学（北京）黄志龙、中国石油杭州地质研究院朱国华、王鑫等专家和教授在烃源岩、储层标准建立及致密油成藏机理和富集规律方面给予的指导和建议。最后，感谢中国石油大学（北京）、长江大学、成都理工大学等多家重点实验室在样品的测试化验加工方面所作的工作与支持。在此一并向他们再次表示诚挚的感谢。

目　录

第一章 凝灰岩与凝灰岩油藏

凝灰岩与凝灰岩油藏在以往的油气勘探中关注不多。凝灰岩由火山喷发产生的火山灰沉积形成，与火山活动有密切关系的凝灰岩也是目前国际地球科学领域的一个研究热点之一（Raul et al，1998；Hints et al，2006；Mielke，2015；Limarino，2017）。火山灰层由于其空间分布的广泛性和可对比性，常常被用于地层划分的标志层；随着各种定年技术的飞跃发展，火山灰层的精确年龄成为确定关键地质事件发生的重要依据，同时也是探讨大地构造环境和古气候环境、储层成岩作用的重要指标，引起了国内外学者的广泛关注（O’Brien，1963；钟蓉，1996；Desmares，2007；Rotolo，2013）。现在越来越多的火山岩和与火山碎屑岩油气藏被发现，尽管该类油气藏储层中普遍含有凝灰质，但以单独和集中发育的凝灰岩作为油气储层的并不多见。自 2013 年三塘湖盆地马朗凹陷芦 1 井于二叠系条湖组凝灰岩段压裂后获得最高 14.9m^3/d 的工业油流后，凝灰岩致密储层引起了人们的高度关注，之后又相继部署了马 55、马 56、马 57H、马 58H 井等，在二叠系条湖组凝灰岩段均发现油层，尤其是马 58H 井压裂后获得最高 131m^3/d 的高产油流，标志着三塘湖盆地致密油勘探获得了实质性突破，并具有良好的勘探前景。

事实上，世界上很多页岩油气产层都伴生火山灰层，如美国 Williston 盆地上泥盆统—下石炭统 Bakken 组、Appalachian 盆地中泥盆统 Marcellus 组、Gulf Coast 盆地上白垩统 Eagle Ford 组、中国四川盆地下志留统龙马溪组等（Dawson，2000；Daviesg，2004；Parrish，2012；李登华，2014）。此前，已在一些凝灰岩储层中发现过油气，如美国 Monroe Uplift 盆地的 Richland 油气田、印度尼西亚 NW Java 盆地的 Jatibarang 油气田、格鲁吉亚 Samgori 油田、古巴 North Cuba 盆地的 Cristales 油田和日本吉井—东栢崎气田的绿色凝灰岩油藏等（邹才能，2012），中国酒泉盆地青西凹陷下白垩统沉凝灰岩储层（李军，2004），二连盆地阿拉善组沉凝灰岩储层（高瑞琴，2006），克拉玛依油田中拐—五八区下二叠统佳木河组沉凝灰岩储层（朱国华，2008），准噶尔盆地乌尔禾油田乌尔禾组沉凝灰岩储层、火烧山油田二叠系平地泉组凝灰岩型含油层系、吉木萨尔凹陷凝灰岩型致密油（宫清顺，2010；蒋宜勤，2015；张丽霞，2018），海拉尔盆地贝尔凹陷苏德尔特构造带南屯组沉凝灰岩储层（肖莹莹，2011）等。

第一节 凝灰岩岩石学特征与类型

凝灰岩储层是一类特殊的岩性类型，属于火山碎屑岩类。凝灰岩含有的火山碎屑成分不同，既可来自岩浆或火山熔岩，也可来自火山通道的围岩、盖层或基底岩石，根据火山碎屑物内部结构组分，可以进一步对凝灰岩进行分类。

一、火山碎屑岩分类

火山碎屑岩（volcaniclastic rock）是火山作用（包括地下火山作用）形成的各种火山碎屑物，堆积后经多种成岩作用固结而成的岩石；火山碎屑岩中除火山碎屑物质外，还可含有一定数量的正常沉积物或熔岩物质，是火山碎屑岩向沉积岩过渡的类型（Kolata et al.，1987；Huff et al.，1992；高瑞琴，2006；Huff，2008；宫清顺，2010；Qiu et al.，2014；张丽霞，2018）。长期以来，国内外学者对火山碎屑岩的分类有不同认识，先后提出了火山碎屑物、火山碎屑岩岩性和火山碎屑岩成因分类。国际上正式发表的火山碎屑岩分类表不下数十个之多，特别是 20 世纪 80 年代初国际地科联火成岩分类命名委员会委托瑞士地质学家 R. Schmid（1981）拟定了一个火山碎屑物和火山碎屑岩分类表，该分类表优点是，比较简明扼要，考虑到了火山碎屑岩的过渡性，粒度采用 2 进制 ϕ 值，与沉积碎屑岩相似；不足之处是，火山碎屑岩向熔岩过渡的类型没有列入熔结碎屑岩类，有些明显为外生成因的岩石类型也列入分类表中，显然是不适当的。国内第一个火山碎屑岩岩性分类表是孙善平和王小明于 1959 年根据火山碎屑岩的过渡性特征和粒度提出的，之后，经过多年火山岩地质学研究实践，1987 年和 2001 年，孙善平等又相继提出了相对比较完善的岩性分类方案，在一定的范围得到了应用（孙善平等，1987，2001）。

1989 年国际地科联推荐的火山碎屑岩分类方案（表 1-1）与孙善平提出的岩性分类方案基本一致，从中可以看出，凝灰岩是指火山喷发产生的火山灰降落形成的具有凝灰或尘屑结构的岩石，属于由火山碎屑岩向正常沉积岩过渡的岩石类型，其中火山碎屑物质占绝对优势，达到 90% 以上，岩石粒级较细（<2mm）。按凝灰岩碎屑粒径的大小，可进一步将其划分为粗、细、粉和微 4 个级别，其中粗凝灰岩粒径为 1～2mm，细凝灰岩粒径为 0.1～1.0mm，粉凝灰岩粒径为 0.01～0.10mm，微凝灰岩粒径小于 0.01mm（路凤香，2002）。凝灰岩主要为层状、块状，有时呈透镜体形式展布，颜色变化大，从灰浅绿色至棕褐色均有发现，见有微细水平层理，少数单层具有粒序性。凝灰岩具有凝灰或沉凝灰等结构，碎屑主要表现为岩屑、晶屑、玻屑等，碎屑粒度小，一般小于 2.0mm。

表 1-1　火山碎屑岩分类表

<table>
<tr><td colspan="2" rowspan="2">分类</td><td rowspan="2">火山碎屑熔岩</td><td colspan="2">正常火山碎屑岩</td><td colspan="2">火山—沉积碎屑岩</td></tr>
<tr><td>熔结火山碎屑岩</td><td>普通火山碎屑岩</td><td>沉火山碎屑岩</td><td>火山碎屑沉积岩</td></tr>
<tr><td colspan="2">火山碎屑含量</td><td>10%～90%</td><td colspan="2">>90%</td><td>50%～90%</td><td>10%～50%</td></tr>
<tr><td colspan="2">成因类型</td><td>火山碎屑熔岩类</td><td>高空降落型火山碎屑岩类</td><td>火山碎屑（灰）型火山碎屑岩类</td><td>沉积（沉）火山碎屑岩类</td><td>火山碎屑沉积岩类</td></tr>
<tr><td colspan="2">胶结方式</td><td>熔结、胶结为主</td><td>胶结为主</td><td>压实为主</td><td colspan="2">压结和水化学胶结</td></tr>
<tr><td rowspan="3">粒径</td><td>>64mm</td><td>集块熔岩</td><td>熔结集块岩</td><td>集块岩</td><td>沉集块岩</td><td>凝灰质角砾岩</td></tr>
<tr><td>2～64mm</td><td>角砾熔岩</td><td>熔结角砾岩</td><td>火山角砾岩</td><td>沉火山角砾岩</td><td>凝灰质角砾岩</td></tr>
<tr><td><2mm</td><td>凝灰熔岩</td><td>熔结凝灰岩</td><td>（晶屑玻屑）凝灰岩</td><td>沉凝灰岩</td><td>凝灰质砂岩</td></tr>
</table>

二、凝灰岩岩石学特征

凝灰岩源于火山喷发产生的火山灰（粒径<2mm），由于粒度细小，从火山口喷出后，在天空中可漂浮几十千米至几百千米，甚至上千千米，故一般远离火山口堆积，是火山碎屑岩中分布最广泛的一种岩石类型。凝灰岩含有的火山碎屑成分不同，既可来自岩浆或火山熔岩，也可来自火山通道的围岩、盖层或基底岩石，根据火山碎屑物内部结构组分，将火山碎屑物划分为岩屑、晶屑和玻屑三类。理论上，凝灰岩由岩屑、晶屑和玻屑三者以任意比例混合组成，但实际情况以玻屑占绝对优势，晶屑一般为10%～20%，岩屑含量一般为5%～15%。当晶屑和岩屑总含量低于10%时称为玻屑凝灰岩，晶屑（或岩屑）含量为5%～15%时命名前缀加“含”字，如含晶屑（岩屑）凝灰岩；当其一含量大于10%时，称为晶屑（岩屑）凝灰岩；如晶屑和岩屑含量都大于10%，且含量相近时称为复屑凝灰岩；当岩屑和晶屑含量都大于5%，且二者含量接近1/2时，采用两种组分命名，以含量少者在前，如岩屑晶屑凝灰岩等（冯增昭，2013）。

（1）岩屑：在喷出时可以是完全凝固的刚性（不可塑变）固态物质，也可以是尚未完全固结的半凝固或未凝固物质。前者多为火山下面的基底岩石和先期固结的火山岩炸碎形成的，呈棱角状，在搬运和堆积成岩过程中一般不再发生形态变化，称为刚性岩屑；后者为在喷出时尚未固结或未完全固结的岩浆团块，在空中飞行时可因旋转和碰撞形成不同形状，降落堆积时可因仍未凝固溅落和压扁形成各种不同的形态。

（2）晶屑：是岩浆中早期形成的粗粒结晶岩石中各种矿物（主要是岩浆中早期形成的斑晶）随火山爆炸破碎而成的晶体碎块；堆积时仍处于高温可塑状态，因此固结时发生不同程度的形变和熔结。形成过程中，由于岩浆中气体骤然膨胀、炸碎，晶屑外形不规则，常呈棱角状，内部裂纹发育，柔性较大的黑云母晶屑，可出现扭折、弯曲现象，颗粒一般小于2mm。爆发式喷发主要发生于黏度较大的酸性岩浆中，因此最常见的晶屑是石英、钾长石和酸性斜长石，其次是黑云母、角闪石，辉石和橄榄石极少见。

（3）玻屑：是气泡化的岩浆气孔壁爆碎的产物，喷发时一般尚未完全凝固，只有半塑（变）性和塑性（变）玻屑之分。半塑性玻屑一般简称玻屑，基本保存了爆破后的气孔壁的原始形态；而塑性（变）玻屑在堆积时仍为可塑状态。塑性（变）玻屑和塑（变）性岩屑的区别是，前者粒度一般小于2mm没有斑晶，通常不见气孔、杏仁体，内部一般不见球粒和镶嵌结构。

三、凝灰岩分类

凝灰岩是指火山喷发产生的火山灰（粒径<2mm）在空中通过风力搬运，风力逐渐减弱而降落形成的具有凝灰或尘屑结构的岩石，常被火山灰及水化学物质胶结。由于粒度细小，从火山口喷出后，在天空中可漂浮几十千米至几百千米，甚至上千千米。虽然经过空中的搬运，但火山碎屑物分选较差，棱角、次棱角状。

1. 凝灰岩类型

凝灰岩按照成分可以分为三种主要的岩石类型，玻屑凝灰岩、晶屑凝灰岩和岩屑凝灰岩。

1）玻屑凝灰岩

具玻屑凝灰结构，玻屑含量占火山碎屑总量的50%以上，其次常含晶屑和岩屑，它们被火山灰胶结。玻屑形态如前所述，常见的为鸡骨状、弓状、弧面多角状。玻屑常见脱玻化现象，呈霏细脱玻结构、梳状脱玻结构、球粒脱玻结构。根据次要碎屑物进一步命名，常见的有晶屑玻屑凝灰岩、含岩屑晶屑玻屑凝灰岩等。

2）晶屑凝灰岩

具晶屑凝灰结构，晶屑含量占火山碎屑总含量的50%以上，其次常含玻屑、岩屑，它们被火山灰胶结。晶屑成分常见的有长石、石英，有时见少量黑云母、角闪石、辉石、绿帘石等，当岩石偏碱性时还可见霓石、白榴石等。根据次要碎屑物进一步命名，如岩屑晶屑凝灰岩、玻屑晶屑凝灰岩。

3）岩屑凝灰岩

具岩屑凝灰岩结构，岩屑含量占火山碎屑总量的50%以上，显微镜下可见这些岩屑具有原来岩石的结构构造特征。

2. 凝灰岩命名

凝灰岩进一步命名通常除根据岩石的成分外，还应考虑火山碎屑物的含量。其中岩石成分（即成分为流纹质还是安山质亦或粗面质、玄武质等）的确定主要依据多数晶屑（或岩屑）的成分，如晶屑成分以石英、碱性长石、斜长石为主，或岩屑主要为流纹岩、英安岩时，该凝灰岩成分应为流纹质，命名时要在基本名称前加“流纹质”前缀。若晶屑成分主要是斜长石少量黑云母而不见石英则该岩石成分为安山质，命名时“凝灰岩”名称前加“安山质”。如在通化地区的有些凝灰岩的晶屑中见白榴石、长石而无石英，岩屑中见有白榴响岩，该岩石应命名为响岩质凝灰岩。根据火山碎屑物含量命名即主要根据玻屑、晶屑和岩屑在岩石中的含量命名，当其中一种碎屑含量（指该种碎屑在玻屑＋晶屑＋岩屑总和中的含量）大于50%时，则以该种碎屑命名。根据这一原则，可将凝灰岩划分为玻屑凝灰岩、晶屑凝灰岩和岩屑凝灰岩，这三种凝灰岩仍为基本岩石名称，因为一般凝灰岩中很少只含一种碎屑物，多数情况是除了含量大于50%的碎屑外还含有1～2种其他碎屑物（多屑组分），因此进一步命名时要根据岩石中的次要碎屑物，按前少后多原则排列命名。如晶屑玻屑凝灰岩表示玻屑含量占碎屑物总量的50%左右，并含有一定量的晶屑。当岩石中碎屑物含量相近，每种含量均大于20%时，称为多屑凝灰岩。

3. 中国含油气盆地常见凝灰岩类型

油气地质研究中，常见的凝灰岩质细粒沉积岩通常命名为凝灰岩（tuff）和沉凝灰岩（sedimentary tuff），当凝灰质部分发生蚀变作用，形成白云质凝灰岩，也可与其他岩石混杂形成过渡类岩性。沉凝灰岩是指层凝灰岩后期在外动力地质作用下发生再沉积作用形成的岩石，或者是火山灰降落时伴随有浊流沉积等事件沉积，而使火山灰与砂泥岩一起发生沉积作用形成的岩石，常具有滑塌、揉皱等沉积构造，区域上可对比性弱（表1–1）。沉凝灰岩中火山碎屑物质含量为50%～90%，层状构造；火山碎屑物质以岩屑为主、晶屑次之，玻屑含量最少；在镜下晶屑可识别出石英晶屑、长石晶屑、黑云母晶屑，体积分数为10%～15%。在油气勘探实践中，不仅可见凝灰岩储层，还可见沉凝灰岩、凝灰质与其他岩类构成的过渡岩性。

中国学者在哈南油田、二连盆地阿南凹陷、鄂尔多斯盆地、准噶尔盆地以及蒙古国塔木察格盆地均发现了凝灰岩储层或沉积层，并进行了岩石学特征研究。

哈南油田发育凝灰岩油藏，该凝灰岩由中、基性岩浆交替喷发形成，中性凝灰岩为深灰—绿灰色英安质凝灰岩，碎裂化凝灰岩较发育，占35.3%，夹沉凝灰岩9.2%，碎屑成分以玻屑为主，占31.8%，钾长石、斜长石与石英晶屑次之，常含沉屑；粒度细，微粒占45.5%，细粒18.6%，中—粗粒33.9%；蚀变强烈，其中硅化最剧烈；基性凝灰岩为绿灰—灰绿色安玄质凝灰岩，夹沉凝灰岩，岩屑凝灰岩为主，晶屑与沉凝灰岩次之；主要碎屑成分为安玄质凝灰岩岩屑，正斜长石晶屑，粒度较粗，中—粗粒占88.9%，细—微粒11.1%（唐阶廷，1991）。蒙古国塔木察格盆地塔南凹陷铜钵庙组—南屯组火山碎屑岩储层中发育凝灰岩（熔结凝灰岩），其中火山碎屑物质含量达90%以上，凝灰结构，岩屑为中酸性的岩屑，如流纹岩岩屑、凝灰岩岩屑和安山岩岩屑，体积分数为15%～60%，磨圆中等，多呈次棱角—次圆状；晶屑以棱角状长石、石英及黑云母晶屑为主，晶屑体积分数为20%～25%；玻屑呈不规则条状、粒状和火焰状等，镜下可见其已脱玻化及绢云母化（郭欣欣，2013）。同一盆地的贝尔凹陷苏德尔特构造带南屯组储层岩石中的颗粒组成大多为爆发相石英晶屑、凝灰岩岩屑和玻屑，含量达40%～50%，磨圆度较差；由于火山灰、火山屑降落在水盆中，在水化学作用下成岩，为火山碎屑沉积岩；依据火山碎屑的粒度，主要岩性定名为凝灰质砂岩和凝灰质泥岩；填隙物主要是玻屑、细小的岩屑，大多为玻屑脱玻化形成的硅质胶结，部分样品完全为硅质胶结，部分为半胶结，未胶结的部分就成为孔隙；少部分为沉积火山碎屑岩亚类，定名为沉凝灰岩（肖莹莹，2011）。

二连盆地阿南凹陷下白垩统腾一段湖相凝灰质混积岩以灰绿色—灰色凝灰质岩为主，粒度细，主要包括凝灰岩、沉凝灰岩、凝灰质砂岩和凝灰质泥岩，其中沉凝灰岩和凝灰质泥岩发育最为广泛；凝灰岩主要为岩屑凝灰岩，岩屑直径约为30μm，呈次圆—次棱角状；内部的中酸性火山玻璃质发生了脱玻化作用，形成了隐晶、微晶长石以及石英等；晶屑主要为石英和斜长石，体积分数大于75%，形状为棱角—椭圆状；石英颗粒通常呈粒状，直径为10～25μm；斜长石通常为长条状，边缘常蚀变成黏土；玻屑大多已经历了蚀变，形成了黏土矿物，局部残留有玻璃质结构（魏巍，2017）。该区沉凝灰岩主要发育玻屑、晶屑、岩屑、陆源碎屑和碳酸盐，X射线衍射分析结果表明，碎屑组分中的石英、碳酸盐、长石以及黏土矿物的平均体积分数分别为33.8%、32%、16.2%和17.6%；镜下观察到沉凝灰岩以白云石胶结为主，主要为粉晶—微晶，以集合体的形式（100～500μm）分布在凝灰质杂基中，这些大量的白云石可能与沉积早期火山灰水解蚀变有关（魏巍，2017）。鄂尔多斯盆地延长组火山灰沉积物可以分成两种类型，其一为具有典型凝灰结构、蚀变作用相对较弱的凝灰岩，薄片鉴定表现为以杂基支撑为主，粒度通常小于2mm，由玻屑、晶屑和岩屑组成；晶屑形状从棱角状到椭圆状均有发育，分选有好有差，主要为石英、长石，少量黑云母，石英颗粒常呈粒状，长石多为长条状，边缘常蚀变成黏土；岩屑直径平均在0.2mm左右，常为次圆状，少量棱角状；另一类火山灰沉积物“三屑”都已发生蚀变，偶见周缘已被蚀变的斑晶，这类岩石称为斑脱岩，因其水解、蚀变严重，性质与凝灰岩迥异（邱欣卫，2011）。准噶尔盆地西缘乌尔禾地区风城组湖相“白烟型”喷流岩，以往被称为“泥云岩”或“云泥岩”的云质岩类，经薄片鉴定大多数为凝灰岩类，其类型较多，包括白云质凝灰岩、含云晶屑凝灰岩、粉砂质凝灰岩和云化凝灰岩等，通常呈灰色，岩性较为致密，常含有硅质纹层或夹有具微细水平层理和沙纹层理的粉砂质、泥质条带，裂缝很发育，但大部分被白云石、方解石和硅质等次生矿物充填（傅饶，2015）。乌—夏地区二叠系风城组致密油储层沉积时期，火山活动频繁，形成了大量的火山细粒物质，常见酸性的凝灰岩、沉凝灰岩、熔结凝灰岩、粉砂质凝灰岩和泥质凝灰岩，风城组一段熔结凝灰岩发育，二段和三段多以细粒的空降火山灰（尘）凝灰岩为主；凝灰物质大部分发生白云石化作用，呈灰色和灰黑色，岩性致密，常呈纹层状和块状分布（朱世发，2012；刘英辉，2014）。

第二节　凝灰岩储层特征与成因研究现状

凝灰岩的形成与火山岩相有关，凝灰岩和凝灰岩储层的形成条件可从大地构造背景、喷出岩浆性质、沉积过程和成岩过程等方面分析。

一、凝灰岩形成条件

1. 凝灰岩物质来源

凝灰岩的前身为火山灰，火山灰经固结压实可以形成凝灰岩。凝灰岩的形成、分布与火山喷发作用有关，由于火山尘粒度细，在火山喷发后，火山尘可以飘到几千千米以外，因此火山灰沉积物的成因机制决定了其空间分布的等时性和广泛性，而不完全受控于火山喷发位置的限制（钟蓉，1996；Haaland et al.，2000；Desmares et al.，2007）。

Pearce and Cann（1973）最先提出依据化学成分来判别岩浆的大地构造背景，提出了可以利用地球化学方法区别产生于不同大地构造背景的玄武岩，并建立了构造—岩浆判别图解，而后又发展到对花岗质岩浆的判识。之后，又有很多学者提出了基于化学成分判断岩浆源区大地构造环境的众多图版（Wood，1980；Mullen，1983；Cabanis and Lecolle，1989）。凝灰岩的性质可以通过元素图版进行判断。邱欣卫（2011）通过对延长组火山灰沉积物元素大地构造环境判别图版认为，延长组火山灰沉积物主要源于火山弧钙碱性岩浆源区，进一步通过Nb/Y—Zr/TiO_2图解分析，数据点主要落入安山岩—流纹岩之间，说明凝灰岩来源以中酸性火山岩为主。

凝灰岩的形成与火山岩岩相有关，火山岩岩相影响凝灰岩的形成与分布。火山岩岩相的划分一般要遵循以下几个原则：火山喷发基本形式是爆发、喷溢还是侵出；火山喷发环境是陆上还是水下；火山爆发机制与火山碎屑物搬运方式，堆积机理是降落、火山碎屑流，火山涌流还是火山泥流；岩浆在地表以下一定深度的侵位机制；在火山机构中特定的位置是火山颈还是火山口等。目前油气勘探地质研究中，火山岩岩相有不同的划分方案，如王璞珺等（2003，2006）在研究松辽盆地火山岩相时提出将火山岩岩相分为 5 种相、15 种亚相；邹才能等（2012）将火山岩相划分为 4 相组、6 相、10 亚相，6 种火山岩岩相包括次火山岩相、火山通道相、爆发相、喷溢相、侵出相和火山沉积相，凝灰岩主要发育环境属于远离火山口带火山沉积相的喷发沉积亚相（图 1–1）。

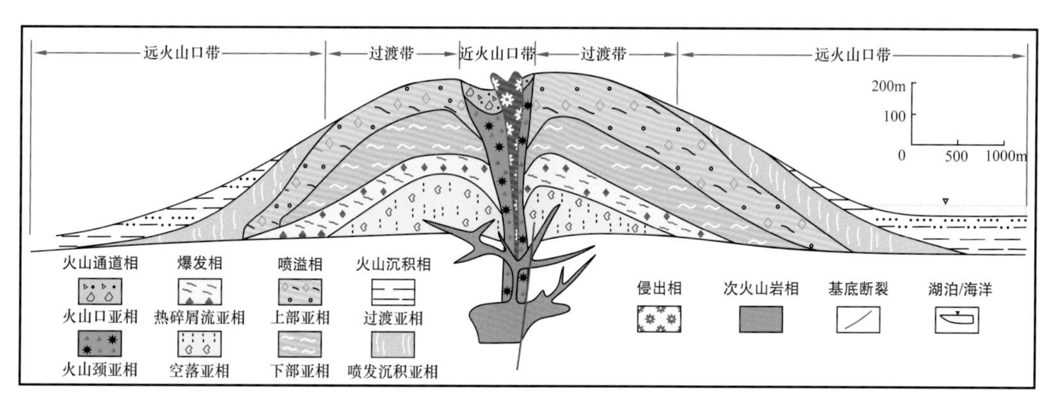

图 1–1　火山岩岩相模式（据邹才能，2012）

1）次火山岩相

多位于火山口附近，与其他岩相和围岩呈指状交切或呈岩株、岩墙及岩脉形式嵌入。该相的代表性特征是岩石结晶程度高于其他火山岩岩相，具斑状结构至全晶结构，冷凝边构造，流面、流线构造，柱状、板状节理；由于岩浆活动后期流体活动使得斑晶常具有熔蚀现象，主要表现为各种次火山岩类，如辉绿岩、闪长玢岩、花岗斑岩等。次火山岩相可形成于火山旋回的同期或后期，是同期或后期的熔浆侵入到围岩中缓慢冷凝结晶形成的，与其他岩相和围岩呈交切状。

2）火山通道相

火山通道相指从岩浆房到火山口顶部的整个岩浆导运系统。火山通道相位于整个火山机构的下部，是岩浆向上运移到达地表过程中滞流和回填在火山管道中的火山岩类组合；岩性主要为火山熔岩、熔结火山角砾岩，为火山活动趋于停止时火山物质充填火山通道而成，熔浆冷凝相对较慢，结晶程度好。火山通道相可以划分为火山口亚相和火山颈亚相，可形成于火山旋回的整个过程中，但保留下来的主要是后期活动的产物。

3）爆发相

爆发相由火山强烈爆发形成的火山碎屑在地表堆积而成，地貌形态呈锥形，形成于火山作用的早期和后期，是分布最广的火山岩相，也是构造类型繁多，易与正常沉积岩混淆的火山岩类。可分为空落亚相和热碎屑流亚相两个亚相。

4）喷溢相

喷溢相形成于火山喷发旋回的中期，由黏度较低的或挥发分饱和的岩浆平缓地从火山口溢出，在地表形成较强移动能力的熔岩，其分布受古地形影响较大，一般分布于熔岩锥及其附近。喷溢相在酸性、中性、基性火山岩中均可见到，一般可分为下部亚相、上部亚相。

5）侵出相

侵出相主要见于酸性岩中，形成于酸性岩中，形成于火山喷发旋回的晚期。当破火山口—火山湖体系形成后、高黏度岩浆受内力挤压流出地表时，遇水淬火或在大气中快速冷却便在火山口附近形成侵出相（玻璃质）火山岩体。中国东部中生代酸性岩发育区的珍珠岩、黑曜岩和松脂岩类都属于侵出相火山岩。侵出相岩体外形以穹隆状为主，岩穹高几十米至数百米，直径几百米到数千米，一般根据岩性、结构等特征可进一步划分为中心带（致密块状带）亚相、过渡带（裂隙密集带）亚相和边缘带（边缘自碎成因角砾岩带）亚相。

6）火山沉积相

由火山喷发物空落在水中或水下，因水的震荡而发生剥蚀、搬运，进而沉积下来的火山碎屑物堆积而成，位于火山锥底部，也可分布于火山锥附近甚至远离的位置。火山沉积相经常与火山岩共生，可出现在火山活动的各个时期，与其他火山岩相侧向相变或互层，分布范围广、远大于其他火山岩相。在火山喷发过程中，尤其是在火山活动的间歇期，于火山岩隆起之间的凹陷带主要形成火山—沉积相组合。在岩性上表现为火山碎屑颗粒间含大量的水化学胶结物，并显示一定的层理或粒序构造，此外，岩石中还可出现少量的陆源碎屑，或有时和泥岩呈渐变关系，其岩性主要是含火山碎屑的沉积岩。碎屑成分主要为火山岩岩屑和凝灰质碎屑以及晶屑、玻屑。

2. 凝灰物质沉积过程

凝灰物质（火山灰）的沉积过程主要有两种形式，即空降型和水携型。空降型凝灰岩是指火山灰在空中通过风力搬运，因风力逐渐减弱而降落形成，具有凝灰结构，发育正粒序层理的岩石，并且后期未发生明显再沉积作用，区域上可对比性强；水携型凝灰岩指空降型火山灰沉积后遭受风化、剥蚀，然后经过水的搬运（或与水作用相关）与砂泥岩一起发生再沉积作用形成的岩石，常发育较多的沉积构造，区域上可对比性弱。火山尘搬运与沉积过程决定了凝灰岩的形成与性质（图 1–2）。

鄂尔多斯盆地延长组中的火山灰沉积物主体呈层状展布，发现火山灰沉积物在镜下具有正粒序层序（张文正，2009）。这些现象说明火山灰可能是在风力作用下较近（或近）距离搬运，在风力逐渐减小的过程中不断降落在湖盆中经湖水的分选作用形成，为空降型火山灰沉积物。因此，火山灰沉积物的厚度分布在平面上应该随风向逐渐变化，这与火山灰沉积物展布具有从西南向东北变薄的特征一致（邱欣卫，2009）。延长组沉积时期，火山喷发具有多期多旋回性，而且凝灰岩可发育于不同的沉积环境中。鄂尔多斯盆地安塞、靖安和吴起等油田主要位于盆地东北部三角洲体系的中上游，火山物质分布在长 7、长 6 和长 4+5 油层组，既有火山喷出岩碎屑颗粒，也有夹在泥岩和砂岩中的沉凝灰岩及玻屑凝灰岩；而在盆地腹地、姬源、环县西峰、宁县和合水一带，主要见于长 6、长 8 油层组，

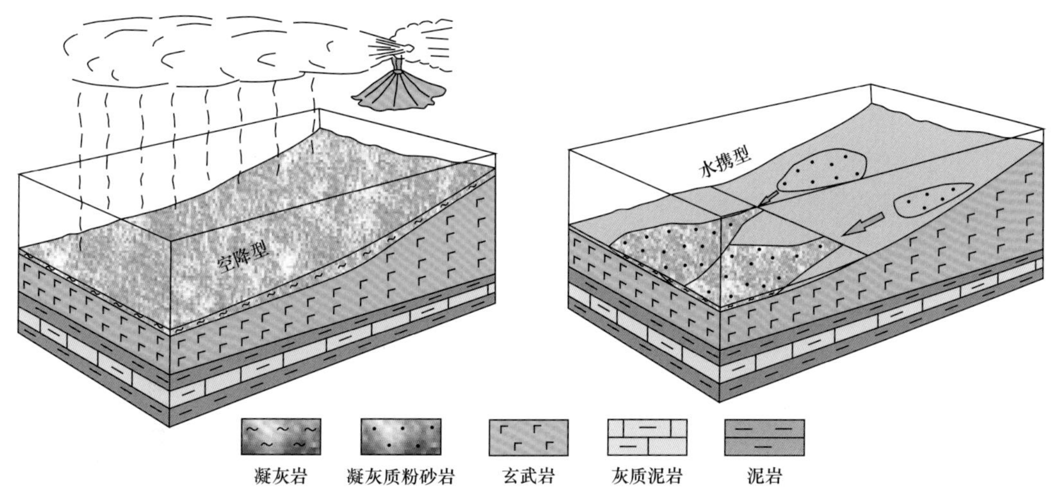

图 1–2 凝灰岩形成模式图

以薄层沉凝灰岩和玻屑凝灰岩为主，往往夹在暗色泥岩中，呈韵律层分布，颜色鲜艳，层厚 1～20cm；一般在盆地腹地，火山喷出岩和凝灰岩碎屑含量少，沉凝灰岩多，而在盆地边缘，火山凝灰岩或者喷出岩碎屑含量多，由火山灰形成的沉凝灰岩含量少，说明火山物质的分布形式、含量变化与盆地的地理位置有关（左智峰，2008）。尽管通常凝灰岩夹层产状多为平缓，但在鄂尔多斯盆地多处发现凝灰岩同砂岩、泥岩一起发育揉皱或滑塌现象，甚至形成包卷层理和交错层理，这类凝灰岩常与水动力关系密切，也称为水携型凝灰岩。其沉积构造的形成可能有两种解释，一种是凝灰岩沉积时构造活动较强烈，发育同沉积构造；另一种是凝灰岩沉积后在某触发条件和环境下与砂、泥岩一起发生重力滑动，出现滑塌、泥石流、浊流等再沉积作用（邱欣卫，2009）。

根据沉积方式和沉积特征差异，二连盆地阿南凹陷白垩系腾一下段沉凝灰岩可分为两个亚类：一类是火山强烈喷发时火山灰、火山尘经风力搬运至湖盆区空落沉积的薄层状沉凝灰岩，厚度多在数厘米至数十厘米不等，常呈夹层状发育于厚层泥质岩中，上下岩性呈突变接触关系；另一类是火山灰（尘）主要经水流搬运至湖盆内沉积形成，该类沉凝灰岩可见较多的陆源碎屑，或发育泥质纹层，与上下的凝灰质泥岩等呈渐变过渡。腾一下段上部含油组合致密油储层以沉凝灰岩、凝灰质泥岩和云质岩等特殊岩性为主，总体发育于半深湖—深湖相沉积环境（张以明，2016）。准噶尔盆地乌—夏地区风城组一段熔结凝灰岩发育，二段和三段多以细粒的空降火山灰（尘）凝灰岩为主（朱世发，2012）。宫清顺（2010）认为二叠纪中后期，准噶尔盆地西北缘周缘褶皱带火山活动仍然较频繁，甚至不排除水下火山活动的存在，火山灰经火山云空落或就近喷发堆积或随流水搬运到湖湾区沉积，并与正常陆源碎屑物发生混合堆积，形成乌尔禾组这套成因独特的（沉）凝灰岩、凝灰质砂砾岩，统称凝灰质岩。

3. 凝灰岩相关的烃源岩

与凝灰物质相关的细粒岩可以形成烃源岩，甚至是优质烃源岩。凝灰物质与有机质的富集沉积甚至有机质生烃演化存在密切联系。孙玉善（2011）总结认为，火山活动形成的火山灰对有机质的发育有3方面建设性作用：① 火山喷发过程火山灰大面积分布可能造成生物大量灭绝，导致有机质的保存；② 火山作用前后伴随大量热液、气液物质喷出，热液中常含有Ni、Co、Cu、Mn、Zn、Ti、V等过渡金属和N、P等物质，这热液和气液中的物质在有机物的生长繁殖、有机质成熟、转化等方面起到积极作用；③ 火山活动、火成作用以及热液作用等均可促进有机质成熟使其形成烃类物质等。毋庸置疑，火山活动很可能对有机物的生长和沉积有机质的保存以及有机质的热成熟作用是有利的，在地质条件匹配的情况下形成烃源岩无可非议。

陈鸿筑（1987）于南襄盆地的泌阳凹陷双河油田某取心井中发现沉凝灰岩，岩石铸体薄片具明显的交错纹层，其明暗相间的条带为火成碎屑颗粒与有机质加细屑夹层组成，纹层内长条颗粒略呈定向排列。火成碎屑粒径0.2～0.4mm，平均0.25mm，碎屑磨圆差、分选程度中等，不同粒级的纹层反映了水动力的微弱变化；有机质及其他碎屑沿着纹理分布的黑色有机质（为动物的骨骼或植物碎片，见有十分完好的轮藻孢子囊），反映有机质与凝灰质存在共同沉积的关系。但凝灰质岩可以作为非常好的生油岩这一现象，周中毅（1989）对于准噶尔盆地中二叠统凝灰质岩产烃能力进行了详细的有机地球化学研究，认为这是一种新型的生油岩，凝灰质岩包括凝灰质页岩、凝灰质白云岩、凝灰质硅质页岩、凝灰质白云质硅质页岩以及沉凝灰岩等，除凝灰质砂岩外，其他凝灰质岩生油岩均具有很高的生油能力，氢指数大多在300mg/g以上，有效碳占总有机碳的比例很高，有些层段可达到优质生油岩的标准。王鹏（2011）研究认为，准噶尔盆地准东地区沉凝灰岩有机碳的质量分数在北三台、五彩湾、沙南地区分别达到2.28%、1.28%和1.27%，均远远大于烃源岩的有机质丰度标准。侯茂国（2016）对准噶尔盆地北三台凸起石炭系巴塔玛依内山组沉凝灰岩生烃潜力分析表明，沉凝灰岩有机碳含量为0.12%～3.19%，平均为0.97%，其中，多数样品有机碳含量大于0.60%，属于有机质丰度较好的烃源岩；沉凝灰岩热解生烃潜量为0.04～7.09mg/g，平均为1.53mg/g，其中，62.5%的样品生烃潜量大于0.50mg/g，达到了生烃标准。从干酪根碳同位素组成来看，沉凝灰岩碳同位素值为−24.68‰～−22.22‰，平均为−23.26‰，反映沉凝灰岩有机质类型均为II_2—Ⅲ型；氢指数分析显示普遍小于250mg/g，主要为II_2—Ⅲ型，属混合型有机质，有机质母质可能为低等水生生物和陆源高等植物的混源输入。油源对比分析，发现西泉3油藏石炭系原油来自石炭系沉凝灰岩，直接证明了沉凝灰岩的生烃能力。孙玉善（2011）认为噶尔盆地乌夏地区下二叠统风城组，在远火山口相发育深灰—灰黑色的火山灰、火山尘，常与白云石、富含有机质的黏土混生（有时就是凝灰岩、尘凝灰岩、白云石与富含有机质的泥岩页岩组成韵律层）而形成一种特殊的岩石类型，与美国犹他州绿河组灰黑色白云质油页岩类似，具有同样的白云质组分和凝灰质构成的纹层状构造，并含丰富的有机质，形成该区的重要烃源岩。朱国华（2014）研究认为，三塘湖盆地马朗凹陷二叠系芦草沟组产油层亦是很好的烃源岩层，这套细粒沉积物中粒级小于2mm的火山碎屑岩为沉凝灰岩，而最细的火山尘沉积下来则成了沉火山尘凝灰岩（也可简称为“沉火山尘岩”）；局部层段沉火山尘凝灰岩具有与泥岩类似的纹层状结构，纹层的厚度多为毫米级，局部含有微米级的沉火山尘凝灰质泥岩—泥岩薄层，是一种非常好的新型烃源岩；其有机质赋存状态主要有以下两种：① 似层状，厚度几十微米；② 分散状，与沉火山尘凝灰岩、泥晶铁白云石、硅质等伴生，具有很高的 TOC 值，其生成的油气可直接充注在孔洞内，荧光显示非常好。鄂尔多斯盆地延长组长 7 发育大套富有机质烃源岩，主要分布在深湖—半深湖区，与凝灰岩的分布范围大体一致，该段地层中发现了多层火山喷发作用形成的薄纹层—纹层状凝灰岩；由火山作用带来的火山灰沉积使盆内暂时处于缺氧环境，生物大量死亡，生物残体为烃源岩的形成提供物质；长 7 段凝灰岩的 SiO_2 含量为 48.95%～72.87%，应属基性、酸性喷发岩，其低含量 P_2O_5（0.01%～0.04%）和低的 Fe 含量（1.29%～1.90%）的特征，反映了 P、Fe 等元素可能已通过水解作用进入沉积水体，并成为生物营养的重要来之一，会引起湖盆生物的再次勃发；此外，延长组凝灰岩中出现的放射性铀异常可对有机质起到加温和催化作用，有利于烃源岩的演化（左智峰，2008；张文正，2009；庞军刚，2014）。

二、凝灰岩储层成因研究现状

致密储层以微米—纳米级孔隙为主，孔隙结构特征是评价致密储层储集性能的重要指标。国内外对各尺度储层微观孔隙结构特征已做过不少研究，主要集中在储层微观孔隙结构的表征以及微观孔隙结构与储层宏观性质（如孔隙度和渗透率等）之间关系等方面，并探讨成岩作用对微观孔隙结构的控制作用。

1. 凝灰岩类储层物性特征

凝灰岩储层受火山灰成分复杂、粒度细以及后期成岩作用多样等因素影响，一般表现为低孔、低渗特征，影响凝灰质储层孔隙度和渗透率的主要地质要素为岩性、后期成岩作用和构造作用等，与致密碎屑岩储层类似，裂缝的发育对改善凝灰岩储层渗透性具有重要作用（表 1–2）。准噶尔盆地乌尔禾地区远火山口相 7 口井 52 块白云质凝灰岩和凝灰质白云岩孔隙度在 1.8%～25.8%，平均为 5.9%。渗透率为 0. 01～536mD，平均为 3.2mD，属低孔低渗储层（孙玉善，2011）。准噶尔盆地西北缘二叠系风城组凝灰岩孔隙度大于 10% 的比较少见，最小值为 0.1%，最大值为 16.5%，平均值为 3.3%，一般都在 9% 以下。凝灰岩类储层的渗透率大多数小于 1mD（鲁新川,2015）。塔木察格盆地塔南凹陷铜钵庙组—南屯组异常高孔隙带中高孔隙度的岩类以凝灰岩为主，第一异常高孔隙带孔隙度的岩类中凝灰岩占一半以上，且当孔隙度在 10%～15% 和 15%～20% 之间时，凝灰岩的孔隙度所占的比率高于凝灰质砂砾岩和沉凝灰岩；由于凝灰岩中火山物质含量较高，火山物质的充填降低孔隙的连通性使其排驱压力等值升高，也会导致孔隙度和渗透率的降低。综上可见，凝灰岩或凝灰岩类储层往往具有低孔低渗或者中高孔低渗特征，渗透率普遍较低（郭欣欣，2013）。

2. 凝灰岩类储集空间类型

不同地区凝灰岩或凝灰岩类储层储集空间类型一般包括粒间孔隙、脱玻化孔隙、溶蚀孔隙、次生泄水道孔隙、气孔、晶间孔与裂缝（构造缝、风化缝、溶蚀缝等），不同地区凝灰岩发育储集空间类型组合不同，其成因也不相同。因此，基于储层储集空间类型及成因机制的不同，可将凝灰质储层的储集空间分为原生孔隙、次生孔隙和裂缝三大类。按孔隙成因，将原生孔隙分为 3 种亚类，次生孔隙分为 4 种亚类，裂缝分为 3 种亚类（表 1–3）。其中，次生孔隙是凝灰质储层的主要储集空间类型，裂缝发育可以有效提高局部储层的渗流性能。

表 1–2　凝灰质储层物性特征及储集空间类型统计

研究区	层位	岩性	物性		储集空间类型	备注
			孔隙度（%）	渗透率（mD）		
二连盆地 巴 I 构造	阿尔善组 （K_1ba）	沉凝灰岩	10.0～20.0	0.50～50.00	构造缝、分化缝、溶蚀缝	裂缝较发育
海拉尔盆地 贝尔凹陷	南屯组 （K_1n）	凝灰质砂砾岩、沉凝灰岩	10.0～20.0	＜1.00	粒间孔、脱玻化孔	
准噶尔盆地 西北缘乌夏断裂带	乌尔禾组 （P_2w）	凝灰岩、沉凝灰岩、凝灰质砂砾岩	平均 14.0	平均 149.00	溶蚀孔隙、次生泄水道孔	裂缝发育
准噶尔盆地 西北缘夏 72 井区	风城组 （P_1f）	熔结凝灰岩	平均 14.6	平均 0.20	气孔、脱玻化孔	
三塘湖盆 地马朗凹陷	条湖组 （P_2t）	凝灰岩、沉凝灰岩	5.5～24.4 （平均 16.0）	小于 0.50 （平均 0.24）	火山灰粒间微孔、脱玻化微孔及晶屑溶蚀孔隙	
三塘湖盆地 马朗凹陷	哈尔加乌组（C_2h）	沉凝灰岩	6.0～10.0	0.01～10.00	晶间孔、脱玻化孔、溶蚀孔	发育微裂缝

表 1–3　凝灰质储层储集空间分类

大类	亚类	成因机制
原生孔隙	原生气（熔）孔	火山喷发后高温冷却收缩产生的孔隙
	粒（晶）间孔	火山灰颗粒（晶屑）间的压实残留孔隙
	粒（晶）内孔	火山灰颗粒（晶屑）内的残留孔隙
次生孔隙	脱玻化孔	火山玻璃质脱玻化、体积减小形成孔隙
	岩（晶）屑溶蚀孔	岩（晶）屑组分发生溶蚀作用产生的孔隙
	有机质孔	生烃过程中有机质体积缩小产生的孔隙
	黏土矿物基质孔	黏土矿物间的孔隙
裂缝	构造缝	构造应力作用产生的裂缝
	风化缝	在表生环境风化淋滤产生的裂缝
	溶蚀缝	地层流体溶蚀产生的裂缝

3. 凝灰岩类储层成岩作用

火山碎屑岩的成岩作用在熔浆喷出地表起已开始，可分为表生阶段和埋藏阶段等两个成岩阶段，埋藏成岩作用主要有熔结作用、压实作用、胶结作用、溶蚀作用和脱玻化作用。

1）熔结作用

熔结作用是在地表或浅埋藏条件下完成，以熔结火山碎屑岩最为发育。常见两种熔结方式，一种是热灰熔结，即刚从火山内部喷出的火山灰在飘落时仍具有较高温度，遇到周围已冷却的火山碎屑颗粒而冷凝收缩，并与其一同固结；另一种是浆屑熔结，主要是塑性的、较大块的岩浆碎屑，在飘落后跟周围已冷却的火山碎屑发生粘连，部分浆屑甚至可以包裹晶屑，之后一起冷却固结。熔结作用产生的气孔和冷凝收缩缝可作为火山碎屑岩的储集空间。

2）压实作用

凝灰质岩在沉积早期抗压强度较弱，在压实作用下，火山灰颗粒会进一步紧密堆积、定向排列，所保留的原始孔隙会进一步减少。与正常沉积岩相同，压实作用伴随着凝灰质岩成岩作用的始终。

3）胶结作用

凝灰质岩普遍发生胶结作用，包含硅质、碳酸盐、长石、自生黏土、沸石等胶结类型。一方面，早期胶结作用对凝灰质储层具有支撑保护作用，同时也为后期潜在的溶蚀作用提供物质基础；另一方面，胶结产物占据了部分原生孔隙空间，使凝灰质储层更加致密。整体而言，胶结作用对凝灰质储层弊大于利。

4）溶蚀作用

溶蚀作用与储层岩性有关，同时也受流体性质、温度和压力等条件的影响。凝灰质岩中的玻屑和晶屑及早期胶结作用产生的碳酸盐，在酸性流体作用下会发生不同程度的溶解，促进储层孔隙度的增大，产生的次生孔隙可作为凝灰质岩储层的重要储集空间。溶蚀蚀变的标志主要有自生白云石、黏土矿物等的形成。宫清顺（2010）岩石薄片中，（沉）凝灰岩白云岩化现象强烈，正交光下普遍见有白云石亮晶颗粒。分析其成因认为，火山灰在同生期水介质条件下发生蚀变作用与白云石的形成有直接关系。从黏土矿物、自生矿物组合类型判断，准噶尔盆地西北缘二叠纪早、中期区域水介质类型为高盐度、碱性水介质，在此水介质条件下火山灰发生强烈水解作用，析出大量 K^+、Na^+、Ca^{2+}、Mg^{2+} 等阳离子，当 Ca^{2+}、Mg^{2+} 与碱性水中的 CO_3^{2-} 达到一定比例时，便结晶形成白云石，从而形成云化（沉）凝灰岩。

5）脱玻化作用

火山玻璃是一种极不稳定组分，总是趋向晶体方向转化，即脱玻化作用。脱玻化作用也可以说是岩石组分由不稳定状态转变为稳定状态发生的重结晶作用。火山玻璃发生脱玻化作用形成石英、长石等新矿物时体积缩小，从而形成微孔隙，是一种增孔作用。

凝灰质岩中火山碎屑物质质量分数较高，玻璃质的脱玻化作用是凝灰质储层最重要的成岩作用。赵海玲等（2009）认为，火山玻璃脱玻化形成矿物时发生体积的缩小，从而形成微孔隙，另外火山玻璃脱玻化形成的铝硅酸盐等矿物在酸性流体的作用下发生溶蚀，又产生了溶蚀孔隙，所观察到的孔隙为脱玻化孔和矿物溶蚀孔之和；并对玻璃质脱玻化后产生的脱玻化孔进行理论计算，认为凝灰岩中脱玻化孔占总孔隙度的70%，在熔结凝灰岩中约有30%孔隙是脱玻化孔。玻璃脱玻化作用的发生除需要漫长的地质历史时期，玻璃质脱玻化作用的发生还需要适当的水分、温度、压力。水为活动组分，可增加玻璃质中质点运动，缺乏水分就不能脱玻化。因此与地球年代相似的陨石玻璃，由于缺水仍为玻璃质。所以，可以明确脱玻化的过程是一耗水的过程，必须有水的参与才能发生。温度升高及压力增加有利于脱玻化。温度升高有利于玻璃质中质点的活动及重新排列，地热及火山的喷发、侵入岩的烘烤、热液活动等，直接影响着脱玻化的时间，据实验及理论计算资料表明，由玻璃质变为霏细结构，在300℃时需要100万年；400℃时只需几千年。玻璃质变为结晶质，体积变小，因此，静压力尤其构造应力使火山岩易于脱玻化。火山岩喷出后被埋于地下，受静压力及构造应力作用影响，均有利于脱玻化作用的发生，压力来自上覆地层及构造活动。受到一定的力，加以火山热等影响，又有一定的温度及水分，更易于脱玻化作用。酸性火山玻璃易于脱玻化，这是因为从结晶学的角度讲，酸性岩浆SiO_2含量高，与基性岩相比，酸性岩浆熔体中的Si—O四面体含量更高、共用氧角顶数增多、氧的有效静电荷减少，对阳离子的吸引能力下降，这样含有氧的Si—O、Al—O结构更容易从原来的玻璃质中脱离出来，形成石英、长石等矿物（杨献忠，1993）。因此，中酸性火山玻璃比中基性火山玻璃更容易发生脱玻化。

4.凝灰岩类储层孔隙成因

距离火山喷发中心的远近控制了凝灰质岩的岩相分布，而不同的凝灰质岩岩相带由于岩石类型及矿物组合的差异，其储集性能有较大差别。如李思辰（2015）指出，马朗凹陷哈尔加乌组距离火山口由近到远依次发育喷溢相火山岩、火山角砾岩、岩屑玻屑凝灰岩、晶屑玻屑凝灰岩、玻屑凝灰岩和碳质泥岩，凝灰质储层物性逐渐变好。火山喷发中心控制了凝灰质岩岩相分布，火山性质决定了凝灰质性质及其后期成岩演化，从而决定了凝灰质储层的物性、储集空间类型等特征。

1）原生孔隙成因

原生孔隙包括原生气（熔）孔、粒（晶）间孔、粒（晶）内孔等，原生气（熔）孔为火山喷发后高温冷却收缩产生的孔隙，粒（晶）间孔为火山灰颗粒（晶屑）间的压实残留孔隙，粒（晶）内孔为火山灰颗粒（晶屑）内的残留孔隙。张玉银（2018）研究松辽盆地徐家围子断陷营城组晶屑凝灰岩储层认为，在冷凝阶段形成的原生气孔较少，因此初始孔隙度较低，约为15%；冷凝阶段中可以形成一些矿物炸裂缝；进入热液阶段，气孔中也会充填少量的石英和绿泥石，孔隙略有减少；表生阶段的碳酸盐交代和高岭土化都有所加强，导致储层的孔隙度在不断减小。

2）次生孔隙成因

凝灰岩处中次生孔隙包括脱玻化孔、岩（晶）屑溶蚀孔、黏土矿物基质孔、重结晶收缩微孔等。凝灰质组分直接受同沉积火山岩及蚀源区岩性的控制，不同性质凝灰质对次生孔隙的形成具有截然不同的意义，一般酸性凝灰质在地表及埋藏条件下均较稳定，比较难溶，多向硅质、磷石英、蒙皂石、伊利石等转化，不易形成次生孔隙；中基性火山成因凝灰质成分的化学稳定性较差，易在中—晚埋藏阶段的有机酸作用下溶解而形成次生孔隙。

凝灰质最突出的成岩变化是火山玻璃的脱玻化作用，脱玻化作用对储层改善具有积极的作用。凝灰质中包含极其不稳定的混合组分，是岩浆快速冷却条件下形成，成分主要为硅酸盐，以氧化物的形式表示有：SiO_2、Al_2O_3、FeO、Fe_2O_3、MgO、CaO、Na_2O、K_2O、H_2O 等。由于其热力学的不稳定性，在埋藏成岩过程中，随着时间、温度和压力的变化，火山玻璃质碎屑逐渐发生强烈的脱玻化、蚀变作用，发生形态变化，造成体积缩小，从而使得基质中的溶蚀孔隙增加，增大了储集空间；当处在无水的环境中时，它将演变成云母类、长石类、方英石、鳞石英、玉髓等稳定矿物；当处在水介质中时，经水解脱玻化，其中一部分成分随孔隙水流失，剩余组分发生重组并重结晶转化为雏晶或微晶次生石英、绿泥石、伊利石和随着成岩环境变化而出现的高岭石等（Mchenry，2009；赵海玲，2009；Kirov，2011；王乃军，2012；肖莹莹，2011）。矿物多形转变作用是一种较复杂的重结晶作用，在一般情况下，当一种矿物转变为另一种更稳定的矿物相时，发生晶格、形状及大小的变化，进而形成微孔隙；玻璃质脱玻化形成的铝硅酸盐等矿物在酸性流体的作用下发生溶蚀，又产生了溶蚀微孔隙，二者可构成沉凝灰岩储集空间的主要部分（赵玉婷，2007；赵海玲，2009；肖莹莹，2011）。

前人对玄武岩（基性）、流纹岩（酸性）的火山玻璃质溶解机制与影响因素做了一些实验研究与数值模拟，研究发现它们具有相似的溶解机制，即都包含了一系列的金属离子从玻璃结构中脱离的微观过程，以及破坏金属离子与氧离子之间的化学键直至玻璃质结构被破坏的溶解再沉淀等过程，并对这种过程进行了扫描电镜下微观特征描述（Oelkers，2001；Arado'ttir，2013；Declercq，2013）。玻璃质的脱玻化作用受各种地质因素影响，如地层温度、压力、pH 值、流体组分、流体流速等（Gislason，2003；赵海玲，2009；Declercq，2013；等）。Gislason 和 Oelkers（2003），Arado'ttir 和 Declercq（2013）实验研究表明，在 pH 值为单一变量条件下，玄武岩玻璃质（基性）的溶解速率在 pH小于7.0 时，随 pH 升高，溶解速率快速降低；当 pH大于7.0 之后，随着 pH 升高，溶解速率缓慢上升；在温度为单一变量条件下，温度越高，溶解速率越高。虽然，Gislason 和 Oelkers（2003），Arado'ttir 和 Declercq（2013）的实验研究注意到了有机酸的影响，但实验模拟仍以盐酸作为了主要的酸溶剂；而有机酸可以与矿物形成络合物，影响矿物的溶解、迁移与沉淀，与盐酸影响可能存在一定差异。

二连盆地发育一套云化方沸石化沉凝灰岩，其原岩为凝灰岩，但后期蚀变较强，储集空间类型为晶间溶孔和溶蚀孔，其次为构造缝和构造溶蚀缝。其中的方沸石晶体含量较高，认为与火山物质的强烈蚀变有关，火山物质的存在是后期蚀变产生较高孔隙度储层的主要原因；正是火山灰等物质的介入，凝灰质不断转化蚀变过程中产生的 Mg^{2+}，Mg^{2+} 与钙

质泥岩中富含的 Ca^{2+}、CO_3^{2-} 达到一定条件，便可结晶成白云石（高瑞琴，2006）。二连盆地古生界界凝灰岩潜山主要分布在阿南—阿北凹陷、巴音都兰凹陷、阿尔凹陷和塔南凹陷等，从孔隙类型来看，强风化带主要发育溶蚀孔、溶蚀缝。这是因为暴露于地表的凝灰岩在大气、地表水等风化淋滤作用下，其中的玻屑和岩屑易被溶蚀，利于溶蚀型储集层的形成（李浩，2014）。

火山碎屑岩中普遍存在的凝灰质物质是一种广泛的胶结物，它的存在限制了压实作用的进行，在某种程度上保持了原始孔隙度，鄂尔多斯西缘前陆盆地逆冲带下盘山西组凝灰质砂岩储层的发育，在很大程度上得益于凝灰质填隙物的广泛存在，正是由于砂岩次生孔隙边缘的凝灰质残余在一定程度上抑制了石英次生加大的发生，孔隙才得到保存。凝灰质为次生孔隙的形成提供了溶蚀母质，在局部范围内可以改善砂岩的储集性能，同时，其差异演化也是储层非均质性的主因。酒泉盆地青西油田下沟组凝灰质成分在溶解、交代及后生改造作用下形成的次生孔洞、晶间孔、基质微孔、次生粒内溶孔以及在压实作用下形成的泄水构造是油气储集的主要空间。而圣豪尔赫盆地白垩系 Bajo Barreal 组砂岩储层中广泛发育凝灰岩和凝灰质泥岩等，砂岩中富含以酸性火山岩的岩屑、熔结凝灰岩或凝灰岩等组分，这些凝灰物质在成岩过程中发生溶解蚀变，提供了石英胶结物的物质来源，同时释放的 Al^{3+}、Mg^{2+}、Fe^{2+} 等有利于环边绿泥石和蒙皂石的形成，这些自生矿物充填了部分次生孔隙（Limarino，et al.，2017）。

3）裂缝成因

从凝灰岩性质分析，目前世界各国凝灰岩油气田主要发现在酸性—中性凝灰岩中，原因之一是杨氏模量中酸性岩比基性大，如哈南凝灰岩油藏中性凝灰岩杨氏模量 52～60（平均 56），明显大于基性岩（44～56，平均 50）；且较基性岩结构细，玻屑为主、硅化作用较强，岩石硬脆而易溶蚀的成分较高，易于泥化的成分较少（梁官忠，2001）。因此，酸性—中性凝灰岩类储层裂缝较发育、选择性溶蚀作用较强、孔隙充填作用较弱；基性岩则相反。凝灰质填隙物的脱水收缩作用往往形成大量微收缩缝隙，改善储层的储集性能；但溶蚀产物发生质量传递和异地胶结作用，在一定程度上又损害了储层整体的连通性。二连盆地古生界界凝灰岩潜山储层中，从裂缝发育程度来看，强风化带较半风化带更发育；如哈 31 井 1068.0～1073.19m 取心段属于强风化带，岩石较破碎，岩心裂缝线密度超过 30 条 /m，该井 1110.0～1117.21m 属于半风化带，岩心裂缝线密度约 15 条 /m，1179.4～1180.35m 井段为致密的未风化原岩带，岩心上少见裂缝发育（李浩，2014）。

第三节　凝灰岩（致密）油藏

美国是致密油勘探和研究最早的国家之一，目前已进入快速发展阶段。Bakken 组致密油勘探 2000 年获得突破，2012 年生产井 4598 口，产量 2850×10^4t/a。Eagle Ford 致密油勘探 2008 年获得突破，2012 年生产井 3129 口，产量 2650×10^4t/a。继 Bakken 、Eagle Ford 之后，Monterey、Utica 均发现了致密油，Monterey 致密油的发现使加州正成为石油热点州，Utica致密油的发现使阿巴拉契亚盆地正在成为另一个致密油热点区。中国也在多个盆地发现了致密油。国内外学者对致密砂岩和致密碳酸盐岩油藏的研究表明，致密油主要的地质特征可归纳为七个方面：（1）致密油一般分布在盆地的凹陷或斜坡部位，构造比较简单；（2）致密储层往往大面积发育，存在甜点；（3）发育广覆式分布的优质烃源岩；（4）储层与烃源岩紧密接触，呈源内夹层或源储直接接触关系；（5）无明显的常规圈闭特征；（6）短距离非浮力运移；（7）流体分异程度差。美国Bakken致密油储层是大面积分布的致密白云质粉砂岩夹于上下两套厚度在5～12m的高丰度烃源岩之间；鄂尔多斯盆地延长组长7段厚20～110m的广覆式优质烃源岩上下则分布着大面积的致密砂岩储层。在这种源储配置关系下，优质烃源岩生成的油气可直接充注进入源岩内呈夹层或者近源的泥质粉砂岩、粉砂岩、砂岩、石灰岩等致密储层中，从而形成致密油。总之，致密油的储层岩性主要为致密的砂岩和碳酸盐岩，甚至是页岩，源储组合关系主要为源内型和近源直接接触型。

一、致密油藏类型

致密油主要分布在源内或近源的盆地中心、斜坡等负向构造单元，大面积“连续”或“准连续”分布，局部富集；平面上，油气或滞留在烃源岩内，或连续分布于紧邻烃源岩上下的大面积致密储层中；纵向上，多层系叠合连片含油，形成大规模展布的油气聚集；流体分异差，无统一的油水界面，油、气、水常多相共存，含油饱和度变化大，具有整体普遍含油的特征（邹才能，2012；2013）。所谓致密油藏的类型就是源储关系的类型，目前勘探发现多数为源储共生，主要包括源储一体型和源储接触型两种类型（图1-3）。源储一体型油气聚集是指烃源岩生成的油气没有排出，滞留于烃源岩层内部形成油气聚集，包括页岩油；源储接触型油气聚集是指与烃源岩层系共生的各类致密储层中聚集的油，为近源油（邹才能，2013）。如果进一步细化，致密油源储关系类型就是源内型和近源型两种。源内型包括了源储一体型和互层型，源储一体型即烃源岩同时也是储层，岩性主要有泥岩、页岩、灰质泥岩、云质泥岩等，如三塘湖盆地芦草沟组；互层型是泥岩、页岩、灰质泥岩、云质泥岩等烃源岩中夹薄层砂岩或碳酸盐岩，这些薄层的砂岩或碳酸盐岩是致密

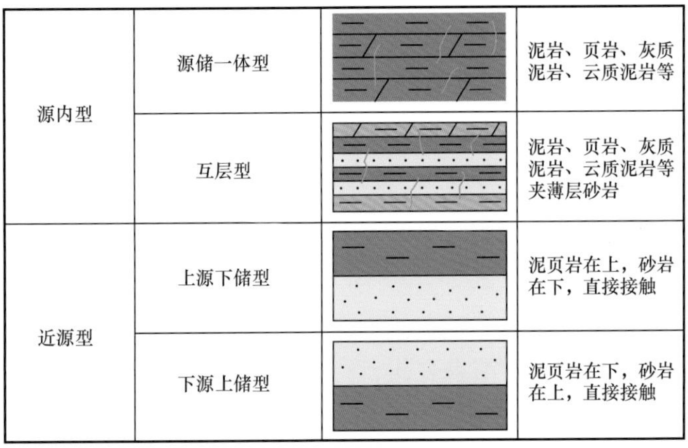

源内型	源储一体型		泥岩、页岩、灰质泥岩、云质泥岩等
	互层型		泥岩、页岩、灰质泥岩、云质泥岩等夹薄层砂岩
近源型	上源下储型		泥页岩在上，砂岩在下，直接接触
	下源上储型		泥页岩在下，砂岩在上，直接接触

图1-3　致密油源储组合类型

储层，如吉木萨尔凹陷芦草沟组。近源型是烃源岩与储层紧密接触，若烃源岩在下，则称之为下源上储型，如鄂尔多斯盆地延长组的大部分致密油；若烃源岩在上，则称之为上源下储型，如松辽盆地扶杨油层。一个地区往往不是一种类型，但以一种类型为主。不同类型致密油的形成与湖平面的变化有关，水进时期往往形成上源下储型致密油，湖侵或最大湖泛时期往往形成源内致密油，水退期往往形成下源上储型致密油。以上这些都是常见的致密油藏类型，也可能存在源储分离型的致密油藏类型。

二、凝灰岩（致密）油藏特征

（沉）凝灰岩油藏作为新的油气勘探领域，先后在青西油田、二连盆地、准噶尔盆地陆续被发现，但这些储油层岩性类型更为复杂，可形成凝灰岩质白云岩、云质沉凝灰岩、沉凝灰岩质白云岩、凝灰质泥岩、沉凝灰质砂砾岩等。根据凝灰岩与烃源岩的发育关系，与凝灰岩相关的油藏可分为两大类，一为以凝灰质细粒岩类为储层的源内凝灰岩致密油藏，二为源外凝灰岩油藏。

1. 以凝灰质细粒岩类为储层的源内凝灰岩致密油藏

准噶尔盆地吉木萨尔凹陷钻遇二叠系芦草沟组（P_2l）的探井均见不同程度油气显示，部分井获工业油流，被确定为致密油层的芦草沟组在整个吉木萨尔凹陷内均有分布，厚度大于200m的区域面积超过800km^2，平均厚度200～300m，最厚可达350m，且具有“南厚北薄、西厚东薄”的特征。芦草沟组以近海、半深湖—深湖相沉积为主，主要岩石类型包括黑色泥岩、粉细砂岩、白云岩、凝灰岩等。油气显示厚度达100～200m，一般埋深为3000～3500m。岩心和薄片观察、采样分析发现，吉木萨尔凹陷芦草沟组泥岩和粉砂岩中发育一些薄层状凝灰岩、沉凝灰岩和凝灰质白云岩。平面上凝灰岩类具有沿凹陷中心呈北西—南东向环带状分布特点，环带中部厚度略大；纵向上凝灰岩类集中在芦草沟组上、下两个“甜点段”，形成致密油层。勘探实践表明，吉木萨尔凹陷芦草沟组凝灰岩类对致密油的形成具有明显的控制作用，主要表现在以下几个方面：

1）凝灰岩类沉积对有机质发育的影响

芦草沟组作为优质烃源岩发育层段，岩心薄片观察表明，芦草沟组富含藻类等有机质，藻类呈纹层状，与凝灰物质不同程度混合，显示较强的黄色荧光。高有机质丰度烃源岩与凝灰岩、沉凝灰岩和凝灰质白云岩深度上分布一致，说明二者有密切成因关系。火山作用停止以后，火山口附近通常形成大量的温泉和较大的湖泊，利于生物生长；同时火山灰中富含大量的矿物质和微量元素，为生物提供丰富的营养成分，进一步促进水生生物繁殖和发育，从而导致有机质再次富集。

2）凝灰岩类孔隙结构特征

芦草沟组储层物性数据分析结果表明，孔隙度主要为3.07%～9.64%，平均为5.58%；渗透率主要为0.009～1.550mD，平均为0.38mD，属于低孔、超低渗储层。凝灰岩的孔隙度、渗透率较高，沉凝灰岩孔隙度虽然在所测样品中最高，但渗透率却较低；凝灰质白云岩物性仅次于凝灰岩，属于中等偏好类型。芦草沟组凝灰岩和凝灰质白云岩孔隙类型主要为剩余粒间孔、溶蚀粒间孔及溶蚀粒内孔，其中以剩余粒间孔和长石溶蚀孔为主，另外还发育部分垂直、斜交及网状微裂缝，对原油储集和运聚起重要作用。芦草沟组致密油层孔隙形态多样，形状不规则，孔径差异较大，最大孔喉半径为 0.16～63.36μm，中值半径平均为 0.0689μm，整体以微孔隙为主。孔隙喉道主要有两种：（1）微喉道，数量相对较多，多出现于凝灰质白云岩中以及部分未见溶蚀的沉凝灰岩中；（2）细喉道，数量相对较少，多出现于溶蚀强烈的凝灰岩中，喉道相对较粗，连通性较好。

3）*凝灰岩类储层的含油性*

芦草沟组致密油层呈纹层状，源储一体，纵向上有两个含油段，但含油性差异较大，主要含油段明显受凝灰岩和凝灰质岩类（特别是凝灰质白云岩）纵向分布控制，“甜点段”凝灰质含量更高。“甜点段”典型特征是，全岩黏土矿物分析出现异常垂直曲线，由浅至深未见黏土含量和混层比发生变化（图 1–4）；黏土矿物混层比与 R_o 值不具备相关性，且与正常沉积岩的成岩变化趋势完全不同。

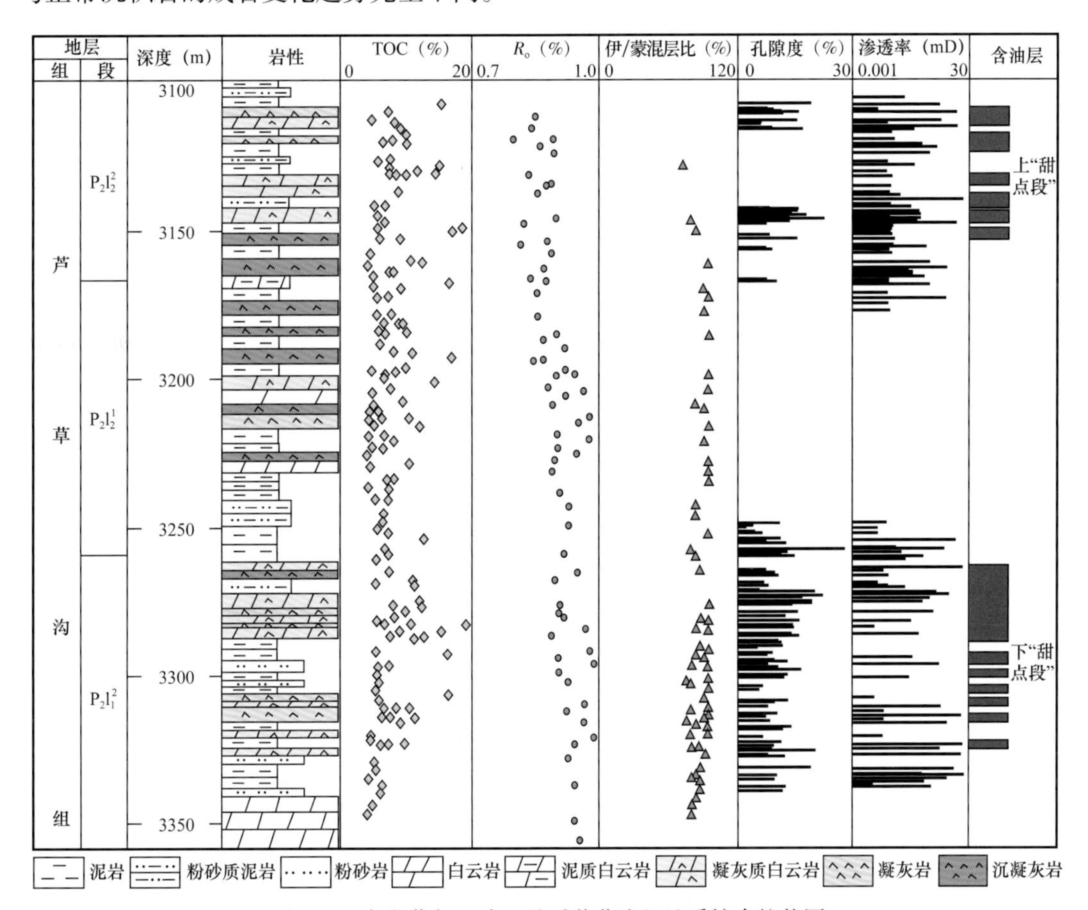

图 1–4　吉木萨尔凹陷二叠系芦草沟组地质综合柱状图

此外，勘探开发成功实例还包括二连盆地阿南凹陷白垩系腾一下亚段沉凝灰岩致密油藏。该区阿南凹陷腾一下亚段岩性类型多样，大致可分为沉凝灰岩、砂岩、云质岩和泥岩 4 大类。砂岩类致密储层从碎屑颗粒成分上划分主要为长石岩屑砂岩和岩屑长石砂岩，其中岩屑多为凝灰岩、火山熔岩碎屑等。云质岩类致密储层可进一步划分为凝灰质云岩、泥质云岩和含粉砂云岩等亚类。其白云石含量基本在 70% 以下，以泥晶或微晶白云石为主。云质岩发育环境广泛，在三角洲前缘、滨浅湖、半深湖—深湖等环境下都有发育。泥岩类包括凝灰质泥岩和云质泥岩以及正常湖相泥岩等，主要为半深湖—深湖环境沉积，富含有机质，是腾一下亚段致密油的主要油源。腾一下亚段纵向上可划分为两个含油组合，下部含油组合致密储层岩性主要为砂岩，属于源下型致密油储层；上部含油组合致密油储层以沉凝灰岩、凝灰质泥岩和云质岩等特殊岩性为主，沉凝灰岩矿物组成以长英质矿物为主，含量基本在 50% 以上，黏土矿物含量低，多在 25% 以下，总体属于半深湖—深湖沉积环境，为源内型致密油储层（张以明，2016）。

2. 源外凝灰岩油藏

内蒙古二连盆地发育古生界凝灰岩潜山多期风化壳油气成藏，凝灰岩多期风化壳纵向叠置导致凝灰岩储层纵向分布厚度大，且分带分布。因此，在具备供烃窗口、有效输导体系以及配套条件下，即可形成凝灰岩潜山风化壳油藏（山头型）和内幕型油藏。换言之，凝灰岩潜山油藏并非只有风化壳块状油藏，也存在内幕型层状油藏；风化壳型油藏和内幕型油藏构成的多层系层状油藏可能存在多个油水界面。以阿尔 6 凝灰岩潜山为例，测井解释 2443～2665m 井段，共解释Ⅰ类储层 6 层共 38.7m，Ⅱ类储层 9 层共 110.0m，储地比高达 67.0%，其中Ⅰ类储层单层厚度为 3～13m，综合解释油层 7 层，两个油水界面分别为 2520m 和 2550m。凝灰岩潜山的多期风化壳形成的多个孔缝发育带作为储层，致密段（未风化的原岩）作为盖层，可形成多个储盖组合；不同储盖组合的油气独自成藏，表现在油气来源、输导体系类型和油气充注时间的不同。

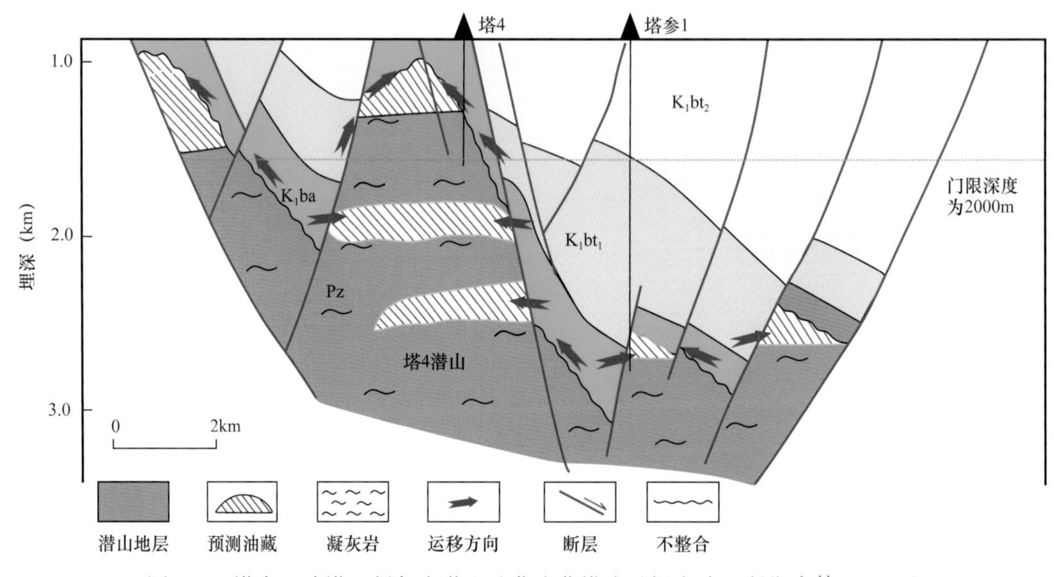

图 1-5　塔南凹陷塔 4 凝灰岩潜山油藏成藏模式（据李浩、高先志等，2014）

二连盆地凝灰岩潜山复式油气聚集表现为，早期风化壳油藏（内幕型）与深层阿尔善组（K_1ba）成熟烃源岩直接接触，输导通道主要为凝灰岩早期风化带内部的孔缝体系，呈单源立体式供烃—多期风化壳短距离输导源内潜山成藏模式；晚期风化壳油藏（山头型）位于生烃门限深度以上，深层腾一段（K_1bt_1）和阿尔善组成熟烃源岩生成的油气沿塔4断层和Pz/K_1ba不整合（相当于晚期风化壳）运移后聚集成藏，呈混源单（双）向供烃—复式输导源外潜山成藏模式。总体上，凝灰岩潜山的油气运聚具有“多方向汇聚、多渠道输导、多层系聚集和多期次成藏”的复式运聚特点（李浩，高先志等，2014）。

三、致密油藏形成特征

致密油藏与常规油藏最本质区别在于聚集不受浮力控制，可以在构造的低部位聚集。在纳米级孔喉作用下，毛细管力远大于浮力，浮力不起作用，油气靠源储压差就近运移聚集。石油的成藏过程是石油驱替储层孔隙中的地层水，从而导致储层中含油饱和度不断增长的过程。许多学者从不同角度讨论了致密砂岩油的聚集特征与机理，油气的运移取决于运移通道及其周围的毛细管力、浮力及水动力或异常流体压力的平衡关系。研究表明致密油成藏过程已突破了过去人们对常规油气成藏过程的认识，表现为典型的非浮力聚集。在低渗致密储层中，由于孔隙较小、喉道极细，喉道处毛细管阻力较大，因此储层中油水难以靠浮力发生重力分异，油水在孔隙中静态聚集。致密油的运移动力以烃源岩超压为主，其中生烃增压是导致烃源岩超压的重要因素，烃源岩在大量生烃过程中可产生兆帕级的超压；运移阻力主要为毛细管压力，当致密砂岩中的流体压力差小于毛细管阻力时，石油便滞留成藏，二者耦合控制油气成藏过程。但是生烃增压和毛细管力差是致密油成藏的主要动力的这种解释对于源储紧密接触的致密油藏是适用的，像三塘湖盆地条湖组含沉积有机质凝灰岩石油充注的动力无法用生烃增压来解释。

条湖组致密油藏形成机理一直受到地质家和勘探家的争议，这主要集中在条湖组凝灰岩致密油藏中原油的来源。根据条湖组凝灰岩形成的地质条件，凝灰岩油藏中原油的来源有3种可能性：（1）凝灰岩上部是一套泥岩，这套泥岩可通过向下排烃的方式，为其下伏紧邻的凝灰岩储层供烃，如果是这套泥岩供烃，凝灰岩油藏就属于近源的上生下储型；（2）凝灰岩自身就是烃源岩，石油来自致密储层自身，则凝灰岩油藏为自生自储型；（3）凝灰岩下部为一套火山岩（玄武岩），火山岩之下的芦草沟组泥岩是一套质量很好的烃源岩，芦草沟组烃源岩生成的石油可以通过断裂向上运移进入到凝灰岩储层中聚集成藏，如果凝灰岩油藏中石油来自下部的芦草沟组烃源岩，则凝灰岩油藏属于远源的源储分离型致密油藏。从充注动力角度看，如果凝灰岩油藏的原油来自自身有机质，凝灰岩既是烃源岩又是储层，石油充注不需要外来动力；如果凝灰岩油藏中的原油来自上覆泥岩，那么生烃增压是这种源储紧密接触致密油的成藏机理，其他地区（如松辽盆地的扶杨油层）已发现的致密油大都属于这种成藏机理；然而，如果凝灰岩油藏中的原油来自芦草沟组，那么，芦草沟组烃源岩生成的石油必须通过断裂—裂缝输导体系向上运移，跨过几百米的条一段玄武岩进入凝灰岩储层成藏，浮力将是石油充注的动力，但石油大量运移的白垩纪末期，凝灰岩储层已致密，喉道半径很小，毛细管阻力很大，浮力可能无法克服凝灰岩的毛细管阻力，其充注机理将更加复杂。因此，条湖组凝灰岩致密油藏形成特征具有特殊性和自生的内在机理，这是本书要讨论的主要问题。

第二章　三塘湖盆地石油地质特征

三塘湖盆地二叠系发现储量规模较大的凝灰岩致密油藏，凝灰岩的分布主要受火山活动带控制，凝灰岩的发育与火山喷发旋回是密不可分的，二叠纪火山活动又与该地区石炭纪以来的区域构造背景关系密切。

第一节　区域地质特征

一、区域构造特征

三塘湖盆地具有南北分带、东西分块的构造特征，可以划分为 3 个一级构造单元，分别是东北褶皱冲断带、中央坳陷带和西南褶皱冲断带。中央坳陷带又可以分为 4 个凸起和 5 个凹陷，其中，四个凸起分别是石头梅凸起、岔哈泉凸起、方方梁凸起和苇北凸起，5 个凹陷分别是汉水泉凹陷、条湖凹陷、马朗凹陷、淖毛湖凹陷和苏鲁克凹陷（图 2–1）。条湖、马朗凹陷位于三塘湖盆地中央坳陷带的中、南部，石炭系—二叠系卡拉岗组在中央坳陷带多以大型鼻隆构造为主要构造特征。平面上围绕条山凸起，形成了一系列平行于条

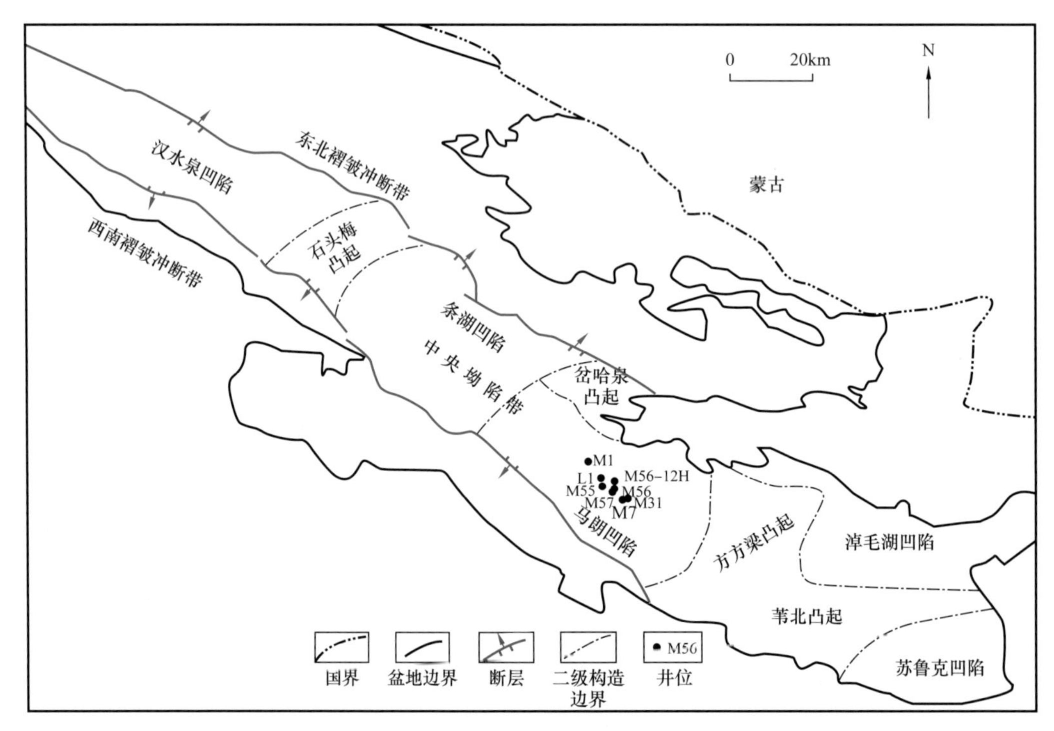

图 2–1　三塘湖盆地构造单元划分图

山凸起的近东西走向的大型鼻隆构造带，这些鼻隆带自东向西倾伏于凹陷中，总体是东高、西低，并控制油气运移聚集。马朗凹陷牛圈湖北缘发育和牛东鼻隆带两个，鼻隆带呈北东—南西向倾伏于马朗凹陷中，鼻隆带之间以凹槽相隔。在这两个鼻隆带上已发现石炭系—二叠系油藏。

二、区域地层特征

三塘湖盆地钻井揭示的地层自上而下依次为新生界的第四系、新近系、古近系，中生界的下白垩统、上侏罗统齐古组、中侏罗统头屯河组、西山窑组、下侏罗统三工河组—八道湾组、中—上三叠统小泉沟群，上古生界的中二叠统条湖组、芦草沟组，上石炭统卡拉岗组、哈尔加乌组、巴塔玛依内山组（表 2–1）。

表 2–1　三塘湖盆地马朗凹陷井下地层划分简表

地层						厚度（m）	岩性简述
	系	统	群	组	代号		
新生界	第四系				Q	40～60	黄色含砾黏土与砂砾岩
	古近—新近系				N—E	35～161	红色泥岩与中厚层砂砾岩不等厚互层
中生界	白垩系	下统	吐谷鲁群		K_1tg	736～1052	棕褐色泥岩、砂质泥岩夹灰色细粉砂岩及深灰色砾岩
	侏罗系	上统	石树沟群	齐古组	J_3q	176～274	紫红色泥岩与灰绿色细、粉砂岩不等厚互层
		中统		头屯河组	J_2t	200～341	灰绿色凝灰质砾岩夹棕、棕褐色凝灰质砾岩
			水西沟群	西山窑组	J_2x	115～246	上部煤岩，中上部灰色泥岩，中下部砂岩，下部泥岩
		下统		三工河组＋八道湾组	J_1	30～200	灰色砂岩、粉砂岩夹深灰色泥岩薄层
	三叠系	上中统	小泉沟群	克拉玛依组	T_2k_2	43～600	紫红色泥岩与粉砂岩、细砂岩呈不等厚互层
上古生界	二叠系	中统		条湖组	P_2t	0～772	上部灰色、灰绿色中基性火山岩，中部灰色泥岩、沉凝灰岩，下部灰色、中基性火山岩或灰绿色辉绿岩
				芦草沟组	P_2l	0～847	灰色白云岩、石灰岩与深灰色凝灰质泥岩、钙质泥岩互层

续表

地层						厚度（m）	岩性简述
	系	统	群	组	代号		
上古生界	石炭系	上统		卡拉岗组	C_2k	540～1027	棕色、灰色中—基性火山熔岩与火山碎屑岩，局部湖相过渡岩类沉积
				哈尔加乌组	C_2h	400～1451	上部灰、灰黑色泥岩、碳质泥岩与凝灰质砂岩、沉凝灰岩夹火山岩；中上部灰色中基性火山岩；中下部灰、灰黑色泥岩、碳质泥岩与凝灰质砂岩、沉凝灰岩夹火山岩；下部灰色中基性火山岩
				巴塔玛依内山组	C_2b	1000～2150	以灰、灰绿色玄武岩、安山岩为主，夹薄层灰色砂岩、泥岩
		下统		姜巴斯套组	C_1j	600～1900	灰黑色泥岩与深灰色、灰绿色粉砂岩、砂岩不等厚互层

1. 石炭系

1）下石炭统东古鲁巴斯套组

在盆地西北部岩性主要为一套海相碎屑岩，发育石灰岩、粉砂岩、粉砂质泥岩等夹火山岩，有基性侵入岩脉；盆地东北一带下部火山岩及凝灰岩增多。与下伏地层上泥盆统为角度不整合接触，厚度在 1000～2220m。

2）下石炭统上部姜巴斯套组

中下部以海相碎屑岩沉积为主，上部以陆相砂、泥岩沉积为主。该套地层轻微变质，片状层理十分发育，区域厚度为 600～1900m。与下伏地层东古鲁巴斯套组为不整合或假整合接触。

3）上石炭统巴塔玛依内山组

井下钻遇的该组岩性主要以一套灰色、灰黄色玄武岩为主，夹安山岩、火山碎屑岩和碎屑岩。该组厚度一般在 1000～2150m，与下伏地层为不整合或断层接触关系。

4）上石炭统哈尔加乌组

为中基性火山岩夹碎屑岩沉积，自下而上可分为两个火山喷发亚旋回，每个火山喷发亚旋回均由下部火山岩段、上部湖泊—沼泽过渡岩类—沉积岩类夹火山岩类两段岩性构成，代表火山喷发由强的连续喷发至弱的断续喷发过程。本组与下伏地层巴塔玛依内山组为平行不整合或断层接触关系，厚度在 400～1451m。

5）上石炭统卡拉岗组

岩性主要以灰色、褐灰色、灰绿色玄武岩、安山岩和灰色、紫红色凝灰岩、含角砾凝灰岩为主，夹灰色、紫色、杂色凝灰角砾岩、火山角砾岩、集块岩、火山碎屑沉积岩等。该组与下伏地层哈尔加乌组为平行不整合接触关系，区域厚度为540～1027m。

2. 二叠系

1）中二叠统芦草沟组

芦草沟组为一套半深湖—滨浅湖相深灰色、灰黑色泥岩、凝灰质泥岩、粉砂质泥岩、钙质泥岩、白云质泥岩夹泥晶—粉晶白云岩、石灰岩、沉凝灰岩，底部发育紫色泥岩、凝灰质粉砂岩、沉凝灰岩，局部发育颗粒碳酸盐岩与砂砾岩沉积，最大厚度位于马朗凹陷，可达800m。该组是盆地主要烃源岩和致密油储层，向盆地北部快速减薄，在条28—条26—马4—马49—马801—塘参3井一线向北基本剥蚀尖灭，与下伏卡拉岗组呈整合或假整合接触。

2）中二叠统条湖组

自下而上分三个岩性段，分别代表火山喷发期、静止期再到喷发期的火山活动过程，下部和上部岩性段主要为灰色中基性火山熔岩、灰绿色浅成侵入岩夹火山碎屑岩、沉火山碎屑岩，中部岩性段为湖相深灰色、灰色泥岩、凝灰质泥岩、钙质泥岩、凝灰质砂岩、灰黑色碳质泥岩，其底部发育一层5～28m的中高伽马、中高电阻率、中高声波时差的中酸性沉凝灰岩，为条湖组主要致密油储层。马朗凹陷最大厚度可达1800m，条湖凹陷厚度一般大于900m，向盆地北部快速剥蚀尖灭。

3. 三叠系中—上三叠统小泉沟群（$T_{2-3}xq$）

小泉沟群为一套河流相到湖沼相的正常碎屑岩含煤沉积，下部为砂砾岩与泥岩互层，上部主要为湖相的泥岩与砂岩不等厚互层，夹碳质泥岩与薄煤层；主要分布于条湖凹陷，其中马朗凹陷地层厚度100m左右，条湖凹陷一般厚200m以上，牛东区块厚119～220m。

4. 侏罗系

侏罗系自下而上分为八道湾组、三工河组、西山窑组、头屯河组、齐古组。

1）下侏罗统八道湾组、三工河组

八道湾组仅在条湖凹陷分布，钻井揭示厚度80～120m，主要以滨湖相—河流沼泽相为主，为灰白色、浅灰色含砾砂岩、砾状砂岩、细砂岩与深灰色泥岩不等厚互层，夹碳质泥岩和煤层，个别井如条1井、条10井含大套砂砾岩。三工河组主要分布于条湖凹陷，厚度一般为40～50m，主要为一套浅湖相的深灰色泥岩、粉砂质泥岩夹灰色泥质粉砂岩、薄层粉砂岩。

2）中侏罗统西山窑组和头屯河组

西山窑组分布范围较广，为一套滨浅湖相—河流沼泽相的含煤正常碎屑岩建造。沉降中心位于坳陷北缘一带。条湖凹陷一般厚150m左右，马朗凹陷一般厚200m左右。头屯河组分布范围略大于西山窑组，下部为一套河流相、扇三角洲相的粗碎屑沉积，上部为

浅湖相、三角洲相的细碎屑岩沉积，其沉降中心位于坳陷北缘，条湖凹陷一般厚250m左右，马朗凹陷厚度约450m。

3）上侏罗统齐古组

齐古组为一套河流相、三角洲相的红色粗碎屑岩沉积，条湖凹陷一般厚500m，马朗凹陷一般厚250m左右。

5. 白垩系

在坳陷内广泛分布，主要为下白垩统吐谷鲁群，缺失上白垩统。以河流相红色粗碎屑岩建造为主，主要为杂色砂砾岩、泥岩等。

6. 古近—新近系和第四系

角度不整合于下白垩统之上，为一套厚度不大的冲积相类磨拉石建造。

三、二叠系分布特征

二叠系主要发育中二叠统芦草沟组和条湖组，上二叠统下仓房沟群仅局部出露。中二叠世芦草沟组沉积期盆地火山活动较弱，沉积一套湖相碎屑岩夹火山岩及火山碎屑岩；中二叠世条湖组沉积期火山活动又进入活跃期，发育厚层的火山熔岩夹火山碎屑岩建造。晚二叠世末，盆地整体抬升，上二叠统基本剥蚀殆尽。盆地内中二叠统主要发育芦草沟组和条湖组。地表主要出露于跃进沟及三塘湖乡一带，呈北西—南东向带状分布。

1. 芦草沟组分布特征

芦草沟组为一套半深湖—滨浅湖碎屑岩、碳酸盐岩和火山碎屑岩沉积，岩性为厚层暗色泥岩、凝灰质泥岩、白云质泥岩夹白云质泥晶灰岩、凝灰岩、白云岩及火山岩，在暗色泥岩、凝灰质泥岩中普遍发育吐鲁番鳕鱼、双壳、叶肢介、介形虫等化石（柳益群，2010），与下伏地层呈假整合或不整合接触，一般厚度为200～600m。

该组主要出露于奎苏煤矿南跃进沟和三塘湖乡一带，其中，在奎苏煤矿南跃进沟一带，厚度达966.4m，下部以灰白色凝灰岩为主，底部凝灰质钙质含砾粉砂岩；中上部以灰绿、灰色砂岩、细砂岩、粉砂岩为主，夹多层砂质碎屑白云岩、硅质碳质泥灰岩、高碳质泥岩。在三塘湖乡一带，该组厚度变薄，仅218m，下部为褐黄色硅质粉砂岩、黑灰色石灰岩夹硅质细砂岩；中上部以灰色细砂岩、深灰色硅质石灰岩为主，夹辉石安山玢岩，与上覆条湖组整合接触。

芦草沟组主要分布于马朗凹陷和条湖凹陷，汉水泉凹陷和淖毛湖凹陷钻井均未揭示（图2-2），最大厚度位于马朗凹陷，达800m，在盆地北部该地层发育不全，自条28—条26—马4—马49—马801—塘参3井一线向北快速减薄至剥蚀尖灭，厚度一般在0～170m，岩性主要为湖相灰色白云质泥岩、凝灰质泥岩与灰色凝灰质粉砂岩。井下岩心含鱼鳞、植物及孢粉等化石。

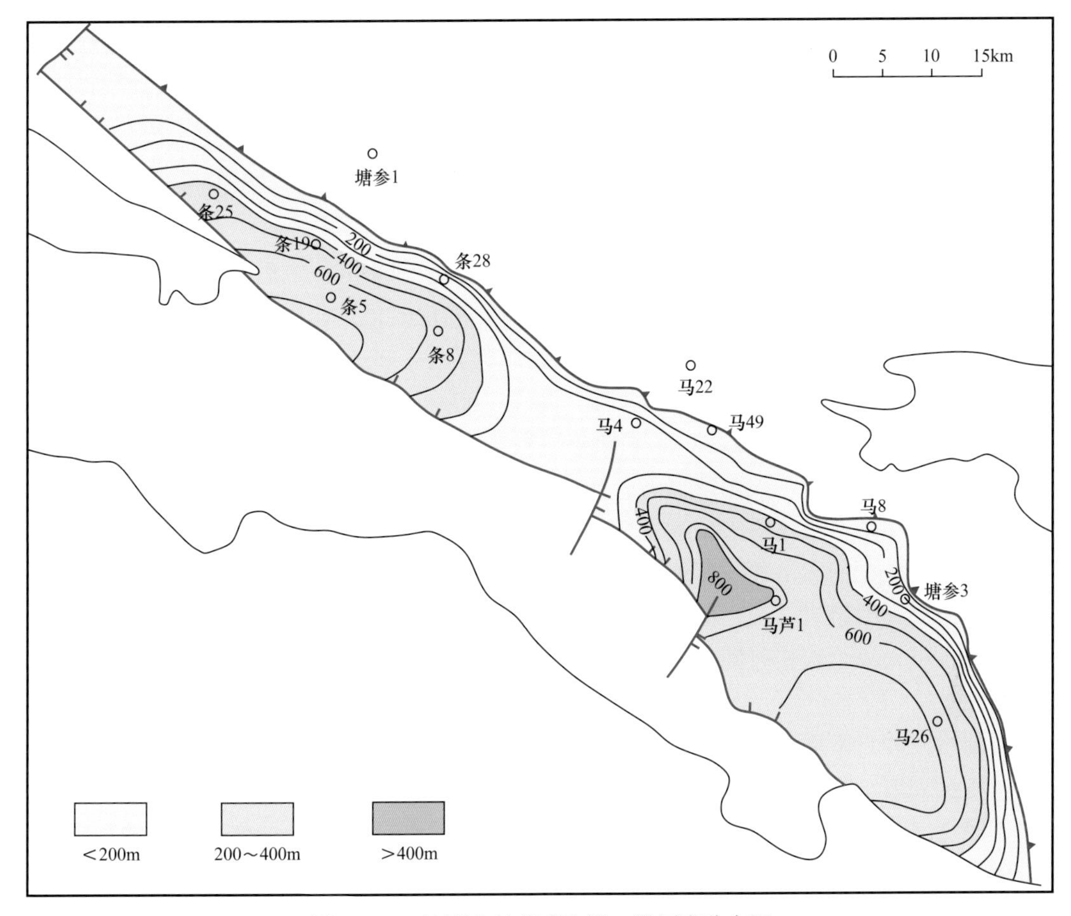

图 2-2　三塘湖盆地芦草沟组二段厚度分布图

该组自下而上分为三段，平面上具有西厚东薄的变化特征，其中芦草沟组二段咸化湖相富碳酸盐岩段分布稳定。芦草沟组一段在马朗凹陷主要是一套灰褐、灰色砂泥岩；芦草沟组二段岩性以泥灰岩、灰质白云岩、灰质 / 白云质泥岩和凝灰质泥岩为主，到东部斜坡区遭剥蚀（塘参 1 井、马 22 井），岩性分布也有一定变化，马 12 井和马 8 井以云质泥岩为主，到马 5 井以灰质泥岩为主；芦草沟组三段为灰黑色灰质泥岩夹火山岩，到斜坡区地层已经剥蚀殆尽。

马朗凹陷广泛分布，岩性主要有白云质凝灰岩、灰质凝灰岩、凝灰质白云岩和灰质砂岩，芦草沟组一段以砂泥岩为主，夹少量泥灰岩，总体以下粗上细的正粒序沉积特征为主，电性上主要为低阻高伽马特征；芦草沟组二段岩性以泥灰岩、泥质云岩等碳酸盐岩为主，夹少量碳质泥岩、凝灰质泥岩等，电性上主要为高阻低伽马特征，分布相对稳定，厚度一般 100～300m；芦草沟组三段以泥岩为主夹薄层泥灰岩，电性上主要为低阻高伽马特征。凹陷内整体呈南厚北薄的特点，沉积厚度最大的区域处于马 9—马 12 井西南、南缘推覆带下盘黑墩构造带一线，大致沿推覆带北西—南东向展布，沉积厚度向东北方向减薄，随着后期北部相对抬升转为遭受剥蚀，沿马 37—马 25—马 8—马 36 井一线削蚀尖灭。

条湖凹陷北部的塘参 1 井、条 32 井等多井均缺失芦草沟组，而在南部条 5 井、条 8 井等多井钻遇，厚度最大可达 600m。条湖凹陷芦草沟期沉积范围比现今大，受晚海西运动的影响，盆地西部（岔哈泉以西）和北部抬升剥蚀强烈，致使该地区芦草沟组北部缺失，仅在凹陷南部有残留地层。

2. 条湖组分布特征

条湖组是在经历芦草沟组相当长的火山活动宁静期湖相沉积之后，火山活动再次长期活跃而形成的一套火山熔岩、火山碎屑岩夹碎屑岩沉积组合，岩性主要以巨厚的中—基性喷发岩、凝灰岩及灰色凝灰质砂砾岩、凝灰质泥岩为主，夹少量辉绿岩，与下伏地层芦草沟组呈整合接触，局部发育假整合，厚度一般为 200～1000m。

条湖组划分为三段（图 2–3），下部条一段为条湖组沉积早期火山活动和火山岩发育期的产物，以火山熔岩、火山碎屑岩、次火山岩为主，夹火山活动短暂休止期过渡相或湖相沉积岩；中部条二段对应火山喷发较长休止期的沉积，以过渡相或湖相沉积岩为主，与条一段构成一个大的火山喷发旋回；上部条三段为条湖组沉积晚期火山活动和火山岩发育期的沉积，以火山熔岩、火山碎屑岩为主，少量次火山岩，夹过渡相或湖相沉积岩，此喷发期之后，进入一个较长时间的构造抬升与地层剥蚀期，与其上的中三叠统呈区域角度不整合接触。

条湖组二段自下而上依次发育空落水下沉积的凝灰岩、沉火山碎屑岩、火山碎屑沉积岩、湖相沉积岩，因此剖面上可分为三小层，其中下部的 1 小层为主要含油层系和勘探目的层（图 2–3）。条湖组二段下部 1 小层主要以空落、水动力搬运、水下沉积细粒火山凝灰岩为特征，并具中低伽马、中高电阻率、中低密度、中声波时差的电性特征，但各地区随离喷发源的远近，陆源水动力输入强度，凝灰质成分所占的比例、电性、含油性均有所变化，即远离喷发源区，凝灰质所占比例减小，湖相泥质成分增加，当泥质增加时，储层变得致密，声波时差减小，电阻率降低，含油性变差，如凹陷中央区马芦 2 井区、马芦 1—马 12 井区，牛 122 井火山洼地区等。总体上，有陆源水流注入或水动力较强的凹陷北部斜坡边缘地区以凝灰质砂岩为主，凹陷北部斜坡区的浅湖水动力弱区以漂移空落凝灰岩为主，凹陷南部陡坡区以凝灰质砂砾岩为主。中部 2 小层为水动力搬运（火山碎屑）沉积岩，具中伽马、中低电阻率、中声波时差、中高密度的电性特征；上部 3 小层以湖相、水流搬运沉积岩为主，具中伽马、低电阻率、中高声波时差的电性特征。

条湖组各段地层厚度均呈北薄南厚的特征，其中一段分布面积较广，二段分布区域有所减小，但仍具区域分布的特征，区域对比性较强；三段受晚海西构造运动（克拉玛依期）影响地层遭抬升剥蚀，分布区域较窄。条湖组二段主体以过渡相与湖相沉积岩为主，并以灰色沉凝灰岩、凝灰质泥岩、灰黑色泥岩为主，夹薄层粉砂岩、中粗砂岩与碳质泥岩，整体为湖相沉积环境。厚度由南向北快速剥蚀变薄，南部的石板墩地区厚为 600m 左右，西峡沟地区厚度约 60m 左右，黑墩地区约 900m 左右，中部牛圈湖地区 200m 左右，向北至条 19—条 28—条 14—马 493—马 49—牛 101—马 54—塘参 3—马 10 一线以北基本缺失（图 2–4）。

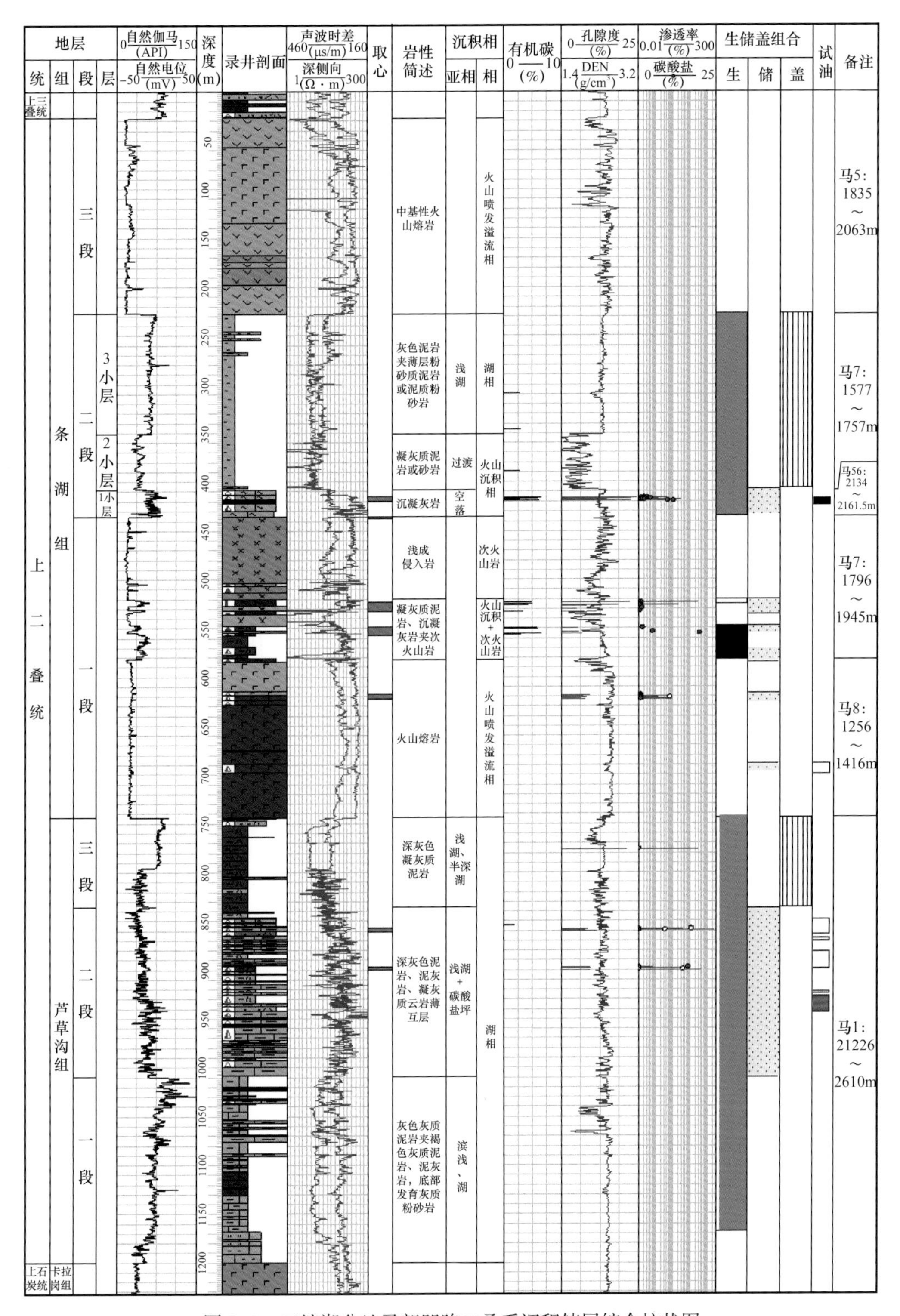

图 2-3　三塘湖盆地马朗凹陷二叠系沉积储层综合柱状图

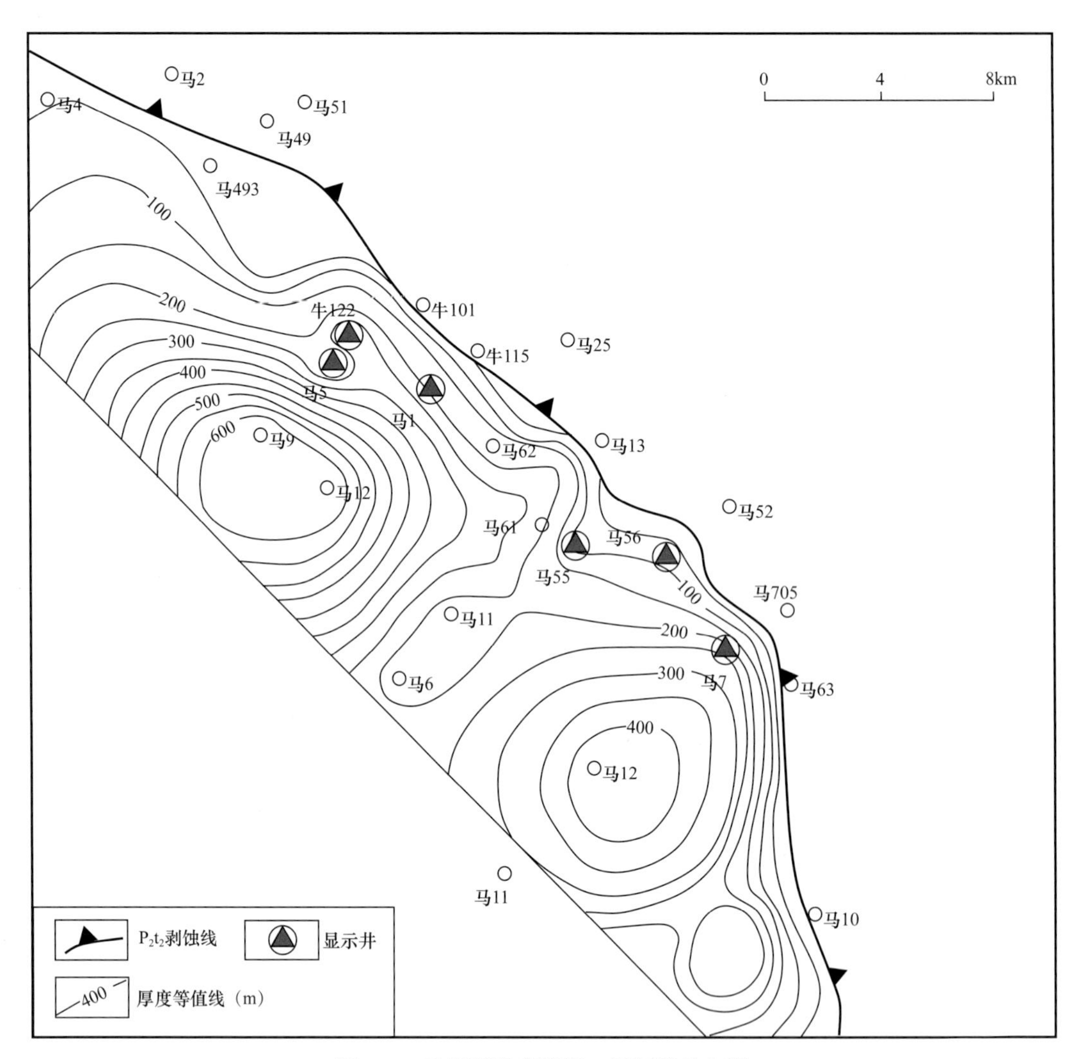

图 2-4　马朗凹陷条湖组二段厚度分布图

第二节　构造演化特征

一、盆地构造演化特征

三塘湖盆地构造演化可以划分为两个重要时期，分别是石炭纪盆地基底形成的板块碰撞造山作用时期和二叠纪之后盆地盖层形成及板内构造作用时期（图 2–5）。

石炭纪时，哈萨克斯坦板块与西伯利亚板块发生碰撞造山作用，产生强烈挤压变形和岩浆侵入，形成了盆地石炭系火山岩基底。二叠纪时，盆地处于张性伸展断陷环境，其中，芦草沟组沉积时期盆地为湖相环境，主要发育泥岩、石灰岩、泥质灰岩、灰质泥岩、泥质白云岩等湖相细粒沉积物。条湖组一段沉积时，火山作用频繁，发育的正断层是岩浆喷发的重要通道。之后火山作用逐渐减弱，在条湖组二段的底部沉积了一套凝灰岩。从早三叠世开始，盆地区域构造应力由拉张变为挤压，造成盆地区域隆升，从而部分地区缺失上二叠统沉积及全区缺失下三叠统沉积，并使二叠纪地层产生以褶皱和逆冲断裂（前期正断层反转）为构造组合特征的变形改造。中生代时期，三塘湖盆地受到 NE—SW 向挤压应力，产生 NW—SE 走向边界大断裂，并叠加改造二叠纪地层；形成三大隆起、坳陷相间的一级构造单元。新生代时期，三塘湖盆地继承了燕山期的挤压构造作用，并兼有 NE 向右行走滑作用，在中生代末 NW 向隆起、坳陷相间构造格局基础上，中央坳陷带内形成了 NE 向凹凸相间的次一级构造单元。

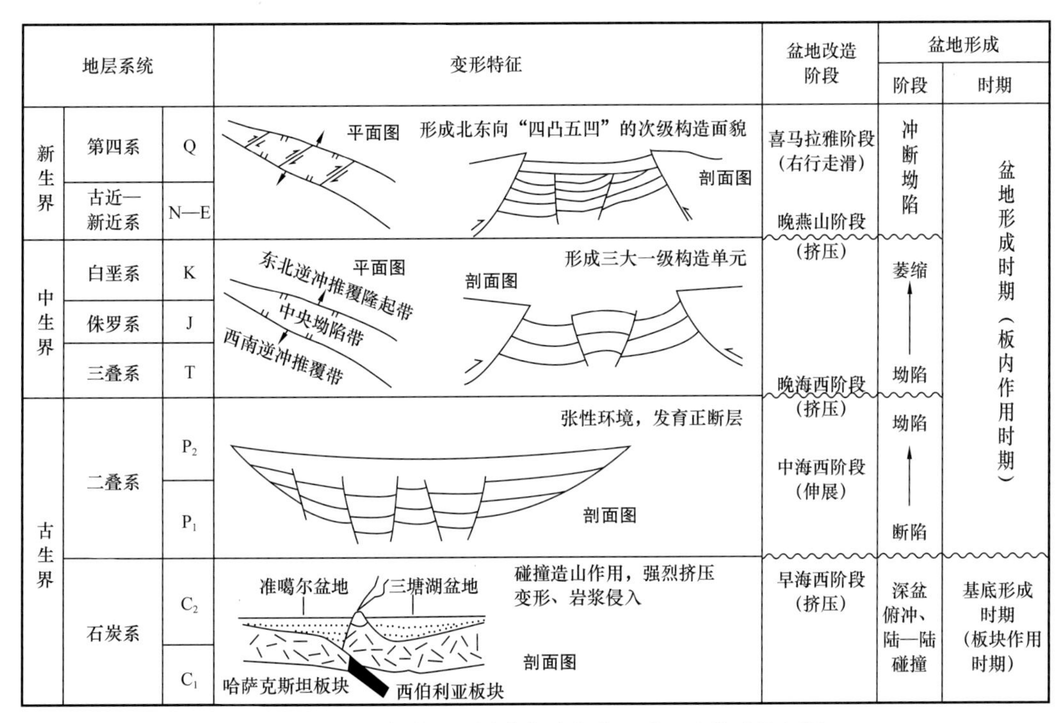

图 2-5　三塘湖盆地不同演化阶段盆地类型和构造特征图

二、马朗凹陷构造演化史

马朗凹陷内主要断裂的演化大体上可以分为 4 个阶段（图 2-6），分别是石炭纪碰撞造山期、二叠纪伸展断陷期、中生代挤压改造期和新生代挤压—走滑改造期。石炭纪碰撞造山期，由于哈萨克斯坦板块与西伯利亚板块发生强烈的碰撞挤压，凹内二级断裂初步形成。二叠纪伸展断陷期，凹内二级断裂性质表现为正断层，构造活动比较强烈；芦草沟组沉积时期凹陷内没有明显的火山作用，沉积厚层的湖相泥质岩类；条湖组沉积时期，由于张性断层活动，从而诱发裂隙式火山喷发，凹内二级断裂作为火山喷发的重要通道。从三叠纪开始，三塘湖盆地所受构造应力由以伸张性为主变为以挤压性为主，前期正断层性质的凹内二级断裂发生反转变为逆断层，并逐步形成西南和东北的边界逆冲大断裂。新生代为盆地的挤压—走滑改造期，凹内二级断裂进一步发生逆冲作用，并逐渐形成了现今的构造格局。

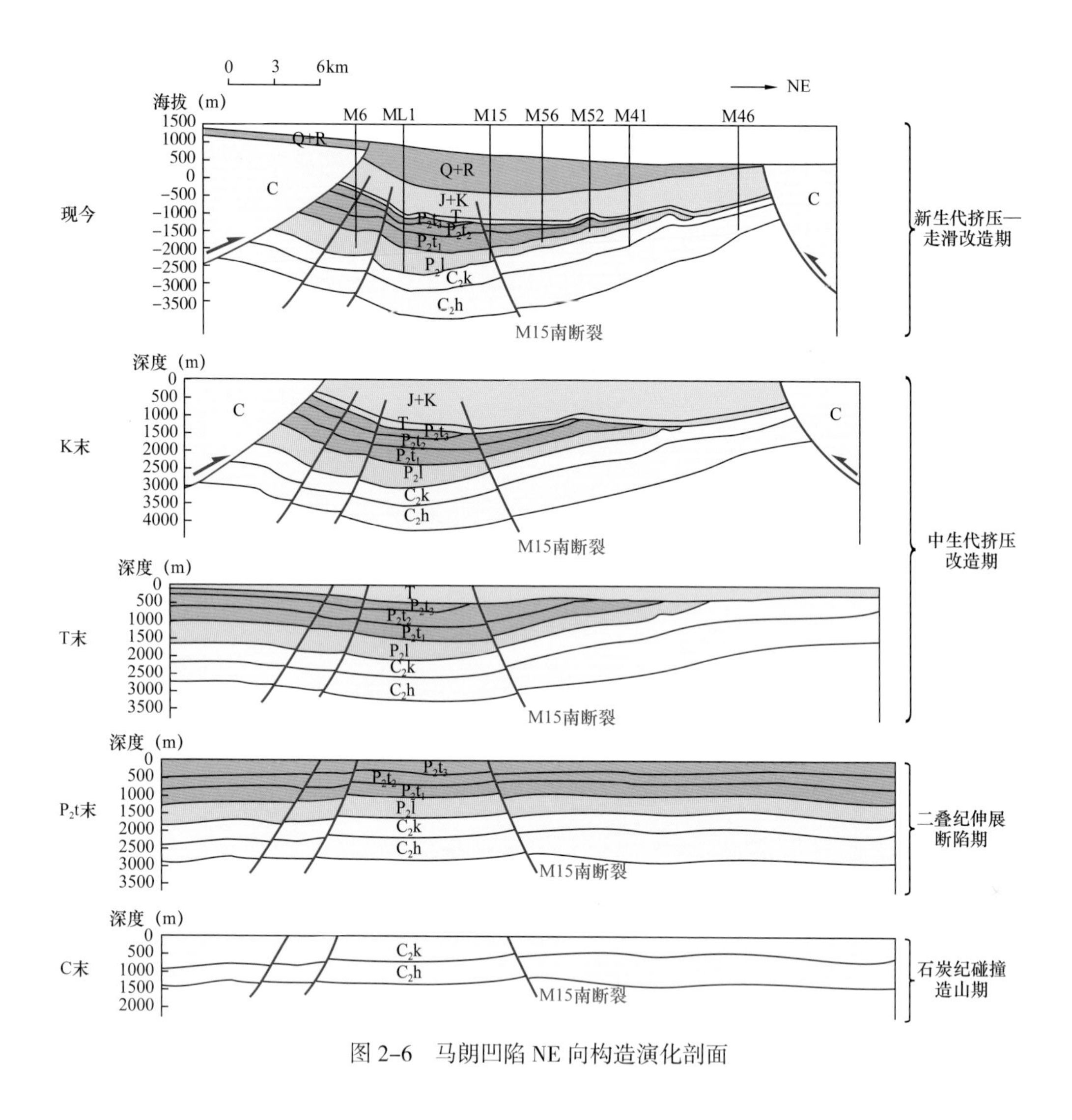

图 2-6　马朗凹陷 NE 向构造演化剖面

第三节　烃源岩及成藏组合特征

一、烃源岩发育特征

1. 石炭系发育两套主要烃源岩

1）下石炭统烃源岩

盆地内下石炭统烃源岩目前还没有钻井揭示，但野外沿克拉美丽—大黑山缝合带和康古尔残留洋片两侧广泛出露。典型剖面为大黑山剖面，烃源岩主要发育于地层中部，岩性一般为凝灰质泥岩、暗色泥岩、碳质泥岩和煤岩，烃源岩厚度一般大于 100m，最厚可达 1033m。推测在盆地内为海相沉积，岩性以泥岩、凝灰质泥岩和油页岩为主，厚度一般大于 200m，是一套潜在的烃源岩。

2）上石炭统烃源岩

上石炭统烃源岩主要发育于哈尔加乌组上部和中部，卡拉岗组在马朗凹陷马33—马39井区局部发育烃源岩，在个别探井中巴塔玛依内山组也见少量烃源岩。烃源岩岩性主要为暗色泥岩、碳质泥岩和凝灰质泥岩，少量油页岩、煤、白云质泥岩和石灰岩。烃源岩厚度较薄，最大单层厚度18m，一般累计厚度小于450m。按地震资料推测盆地东南部一带烃源岩相对更发育。其中马33井卡拉岗组烃源岩有机碳含量平均为2.87%，马39井卡拉岗组烃源岩有机碳含量平均为6.36%，有机质热演化程度适中，马33井R_o为0.74%，正处于生油阶段。哈尔加乌组烃源岩以碳质泥岩为主，暗色凝灰质泥岩次之，有机碳含量整体较高，单井平均含量在4.6%～24.4%，总平均8.37%。镜质组反射率一般在0.6%～0.95%，亦处于生油阶段。

2. 二叠系发育两套主要烃源岩

1）中二叠统芦草沟组为主力烃源岩

芦草沟组为三塘湖盆地的主要生油岩，主要由暗色泥岩及泥灰岩组成，分布于马朗、条湖、汉水泉凹陷中南部，厚度300～400m，有效烃源岩面积3080km^2。有机质类型主要为I_2型。暗色泥岩TOC为3.84%，氯仿沥青“A”含量为0.0767%；泥灰岩TOC为4.58%，氯仿沥青“A”含量为0.5545%，R_o值为0.4%～1.3%，具备极高的生烃能力，生烃中心在盆地中南部。

2）中二叠统条湖组为潜在烃源岩

条湖组烃源岩在马朗凹陷与条湖凹陷均较发育，并以条二段为主，条一段为辅，有机质丰度较高，但有机质类型以Ⅲ型为主，成熟度为未熟至成熟。其中条湖凹陷的条21井烃源岩厚36m，有机碳含量14.98%；条24井烃源岩厚184.1m，有机碳含量10.52%。马朗凹陷的芦1井烃源岩厚304.4m，有机碳含量达6.8%；马7井烃源岩厚256m，有机碳含量为2.8%；马1井烃源岩厚105m，有机碳含量2.42%；马56井烃源岩厚90.9m，有机碳含量2.94%。镜质组反射率马7井在0.5%～0.68%间，马56井在0.64%～0.76%间，马58井在0.67%～0.76%间，条湖凹陷的条5井在0.76%左右，条27井在1.1%左右，条2井在1.1%左右，条24井在1.25%左右，预测向凹陷南部埋藏较深处可达到成熟—高成熟，因此，条湖组也为一套潜在烃源岩。

3. 三叠系烃源岩

三叠系烃源岩主要发育于中—上三叠统小泉沟群，岩性以暗色泥岩和碳质泥岩为主夹少量煤。平面上主要分布于条湖凹陷和汉水泉凹陷，一般厚度在100～200m之间。马朗凹陷和淖毛湖凹陷仅有少量残余地层分布，烃源岩不发育。

二、烃源岩主要生烃排烃期

石炭系哈尔加乌组烃源岩在二叠纪末—三叠纪进入成熟期，但生烃高峰期主要在三叠纪中晚期与侏罗纪—白垩纪早期，条湖凹陷成熟期要早于马朗凹陷，结合区域构造运动史，哈尔加乌组烃源岩在三叠纪末应有一次小规模的排烃期，但大量排烃期则在中、晚燕山期。

二叠系芦草沟组烃源岩在印支末—中晚燕山期进入成熟期，但生油高峰期主要在晚燕山—喜马拉雅早期，条湖凹陷成熟期要早于马朗凹陷，结合区域构造运动史，芦草沟组烃源岩主要排烃期为晚燕山期及早喜马拉雅期。二叠系条湖组烃源岩条湖凹陷热演化进程要先于马朗凹陷，条湖凹陷在晚燕山期成熟，马朗凹陷白垩纪末—早喜马拉雅期进入成熟，目前凹陷中南部应为低熟到成熟阶段，主要排烃期应在早—晚喜马拉雅期，然而，条湖组烃源岩有机质类型差，成熟度较低，对油气的贡献较低。

三、生储盖组合与成藏组合特征

三塘湖盆地纵向上有 3 个成藏组合 5 套生储盖组合（图 2–7）。

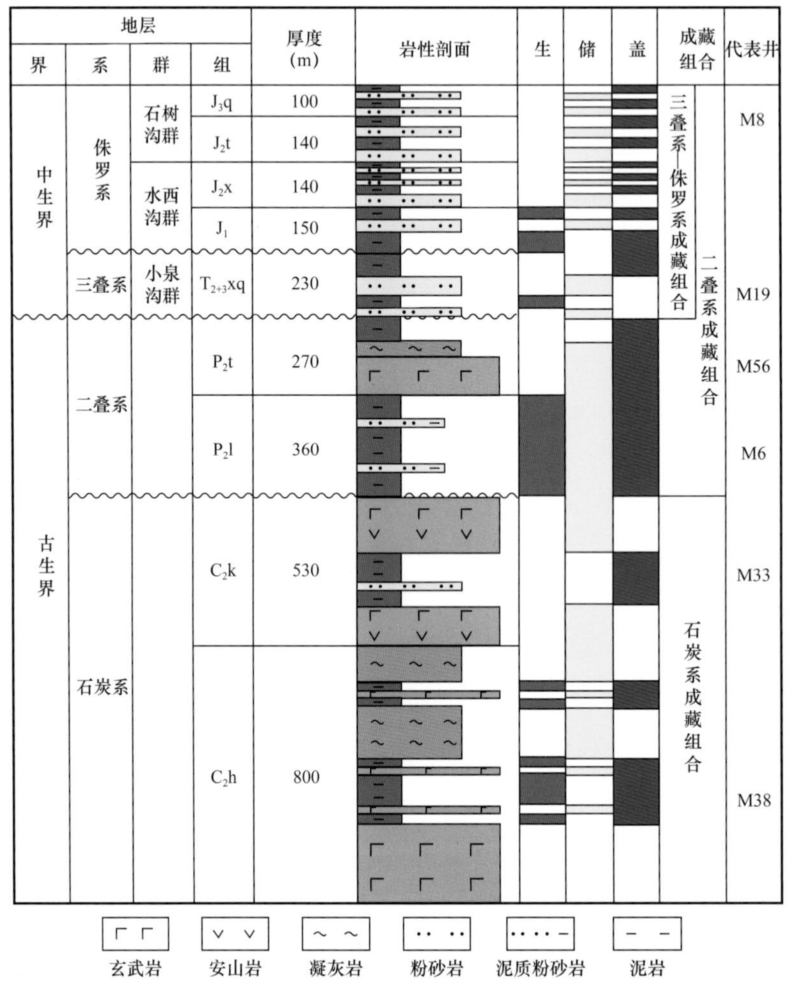

图 2–7　马朗凹陷成藏组合和生储盖组合图

1. 石炭系成藏组合

以石炭系哈尔加乌组陆相碳质泥岩、暗色泥岩为烃源岩，以石炭系哈尔加乌组和卡拉岗组火山岩为储层，以上覆火山碎屑岩为盖层，组成下部石炭系成藏组合。石炭系成藏组合也可以划分为两个生储盖组合。

1）哈尔加乌组自生自储组合

哈尔加乌组本身烃源岩发育，发育中基性杏仁状熔岩、火山碎屑岩储层，在两个火山活动相对平静期发育过渡相沉凝灰岩储层，埋藏阶段烃源岩排出的有机酸溶蚀改造或构造造缝作用可形成良好油气储层。

2）卡拉岗组下生上储与上生下储组合

卡拉岗组以陆上火山喷发为主，并以溢流相为主，杏仁状熔岩发育；发育多期喷发间断面，内部风化壳储层发育；石炭纪末期的区域抬升和风化淋滤，以及二叠纪末期的区域风化淋滤作用形成凹陷北部及中央鼻隆带的区域风化壳储层；下部哈尔加乌组烃源岩可沿断裂向上部运移，上覆二叠系芦草沟组烃源岩可沿卡拉岗组内部渗透层、断裂及风化壳侧向运移至中央鼻隆带及北部的风化壳形成多源供烃的风化壳油藏。

2. 二叠系成藏组合

以二叠系芦草沟组湖相白云岩、石灰岩、泥岩以及它们的过渡性岩石类型为烃源岩，以二叠系芦草沟组复杂岩性、二叠系条湖组火山岩和凝灰岩、侏罗系西山窑组碎屑砂岩为储层，以上覆泥岩为盖层形成的中部二叠系成藏组合。

1）芦草沟组自生自储组合

芦草沟组本身为三塘湖盆地主力湖相泥质烃源岩，同时又是一套以白云质为主的碳酸盐岩致密储层，烃源岩与储层纹层状或薄互层状交互，甚至储层本身吸附较多有机质，使源储一体，形成特殊的致密油藏。

2）条湖组自生自储或下生上储组合

条湖组二段烃源岩发育，并主要分布于凹陷中南部；条湖组一段或三段在中央鼻隆带或北部水上喷发区发育杏仁状熔岩，同时此区域也是容易遭受风化淋滤改造区域，特别是二叠纪末期的区域抬升风化淋滤，形成凹陷北部区域风化壳储层；条湖组二段为湖相沉积，发育过渡相的碎屑岩沉积，具有良好的储集潜力，特别是二段底部发育一套中酸性长英质中高孔特低渗沉凝灰岩特殊储层，形成三塘湖盆地独特的致密油凝灰岩油藏。条湖组下部的芦草沟组主力烃源岩可向上沿断裂大量供烃，条湖组风化壳储层、致密油储层发育，可形成多类型油藏。

3. 二叠系—侏罗系成藏组合

以二叠系芦草沟组为烃源岩，侏罗系西山窑组、齐古组碎屑砂岩为储层，侏罗系上覆泥岩为盖层形成的下生上储生储盖组合。

4. 三叠系—侏罗系成藏组合

以三叠系—中—下侏罗统煤系地层为烃源岩，三叠系克拉玛依组、侏罗系八道湾组碎屑砂岩为储层，侏罗系上覆泥岩为盖层形成的上部三叠系—侏罗系生储盖组合。

第三章　凝灰岩岩石学特征与形成环境

三塘湖盆地条湖组凝灰岩致密储层的分布规律一直是制约条湖组致密油藏勘探的重要问题，与碎屑岩储层受沉积相控制不同，凝灰岩的分布主要受火山活动带和古地形洼地分布的控制。

第一节　火山喷发与凝灰岩形成

一、火山喷发旋回

火山喷发旋回指“火山活动由初喷期经历高峰期、衰退期到休眠期的整个过程”（地球科学大辞典编委会，2006）。火山活动早期，能量较强，固体和塑性喷出物强烈爆发以爆发空落相为主；火山活动中期，能量减弱，岩浆在后续喷出物推动和自身重力共同作用下沿地表流动形成溢流相；火山活动后期，大量火山灰在空中经一定距离搬运后降落在陆上或水中形成凝灰岩喷发沉积相；火山活动末期，火山活动进入平静期，陆地物源作用和水的搬运作用加强，形成以火山碎屑岩为主的火山沉积相。这种火山活动经历的强烈喷发—平静溢流—凝灰岩沉积—火山喷发平静期，称为一个火山活动旋回（图 3-1）。火山旋回是火山活动强弱交替发展的变化过程，一个喷发旋回往往包括多次喷发活动，在两个旋回之间常常隔有一定的间断，表现为构造不整合或具有一定厚度的沉积夹层。

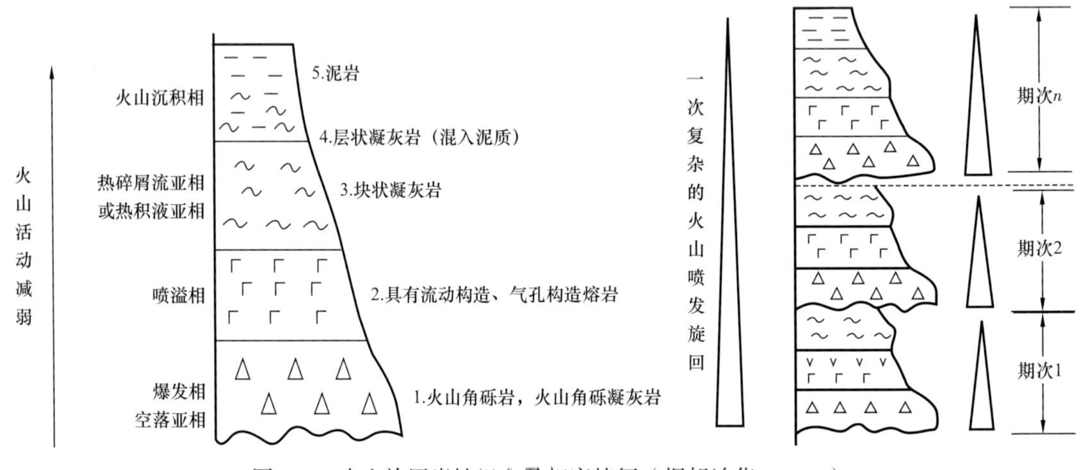

图 3-1　火山旋回岩性组合及相序特征（据胡治华，2013）

石炭纪时期，三塘湖盆地受哈萨克斯坦板块与西伯利亚板块碰撞造山作用影响，导致火山作用强烈，以裂隙式喷发为主，部分地区存在中心式喷发。晚石炭世哈尔加乌组沉积期经历了“火山喷发期—火山灰沉积期＋沉积岩沉积期—火山喷发期—陆源碎屑沉积期”四段式的演化过程，构成完整的喷发旋回，卡拉岗组沉积期经历了“火山喷发期—火山灰沉积期＋沉积岩沉积期—火山喷发期”的三段式演化过程，构成了另一个完整的喷发旋回。

哈尔加乌组下段和上段、卡拉岗组上段和下段分别构成了完成的喷发亚旋回，共四个喷发亚旋回。哈尔加乌组下段火山喷发期火山活动较强，喷发强度较大，岩性组合为火山熔岩夹火山碎屑岩，地震上反射特征为中弱振幅、中低频、差连续的丘状或透镜状反射。哈尔加乌组下段火山喷发间歇期，伴随短暂小规模的、较弱的火山喷发，岩性组合主要为灰黑色碳质泥岩、凝灰质泥岩与凝灰岩互层，夹薄层火山熔岩，地震上反射特征为中强振幅、中高频、较连续的层状反射，哈尔加乌组下段火山喷发间歇期是哈尔加乌组下段凝灰岩致密储层和烃源岩沉积的重要发育时期。

哈尔加乌组上段火山喷发期喷发强度大，持续时间长，全区分布较厚的火山岩，整体喷发强度较哈尔加乌组下段喷发期强度更大一些，局部地区厚度可达1000m以上，岩性组合为厚层火山熔岩夹薄层火山角砾岩和凝灰岩，地震上反射特征为中弱振幅、中低频、差（弱）连续的丘状或透镜状、串珠状反射特征。哈尔加乌组上段火山喷发间歇期，火山活动强度减弱，在距火山口中—远距离的低洼部位沉积厚层泥岩夹薄层凝灰岩，同时在火山岩体之上也会披覆薄层的泥岩和凝灰岩（图3–2）。

卡拉岗组沉积时期火山喷发强度整体减弱，基本继承了哈尔加乌组上段的火山机构和构造格局，由于哈萨克斯坦板块与西伯利亚板块碰撞后的伸展作用，大量中基性火山岩从盆地边缘及内部沿断裂喷出，以裂隙式喷发为主，熔浆平静溢流，伴有微弱的爆发，形成现今卡拉岗组的火山岩建造，喷发强度表现为早期强度大，中期减弱，晚期再次增强。通过岩性组合分析，岩性以火山熔岩为主，夹薄层凝灰岩，整体厚度较哈尔加乌组薄，且卡拉岗组顶部在条湖—马朗凹陷东北部存在剥蚀，卡拉岗组上段喷发旋回并不完整。单井岩相分析显示以溢流相为主，地震上反射特征为中弱振幅，低频、连续性较好，可连续对比追踪，具有一定延展范围，在火山机构较远的低洼部位沉积较厚泥岩夹薄层凝灰岩。

二叠纪芦草沟组沉积时期，火山作用减弱，以湖相钙质泥岩沉积为主，仅在局部发育薄层凝灰质泥岩沉积。从岩石组合特征来看，马朗凹陷二叠系条湖组经历了“火山喷发期—火山灰沉积期＋陆源碎屑沉积期—火山喷发期”三段式沉积演化过程。条湖组沉积时期，盆地继承石炭纪火山作用发生以张性断裂为火山通道的裂隙式喷发作用。条一段和条二段是一个完整的火山喷发旋回（图3–2），条一段主要发育溢流相的玄武岩，之后由于火山喷发作用减弱，条二段沉积初期发育喷发相的凝灰岩，条二段沉积末发育大套的凝灰质泥岩和泥岩，是火山喷发间歇期的典型特征，说明这个时期构造相对稳定。条三段为另外一个火山喷发旋回，说明再次发生强烈的火山喷发作用，目前仅在局部地区保留了溢流相的玄武岩和安山岩，大部分地区被剥蚀。

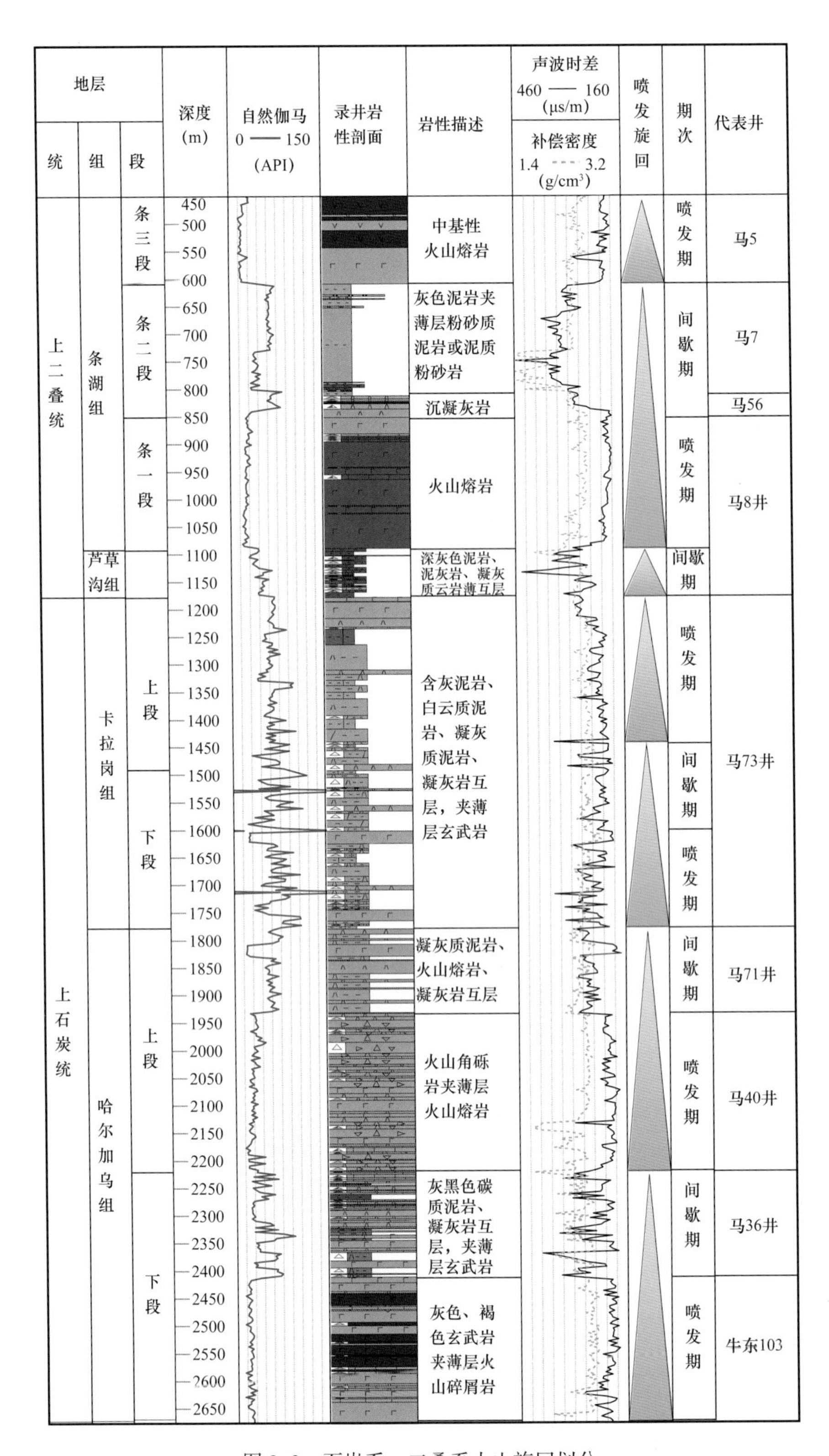

图 3-2　石炭系—二叠系火山旋回划分

二、火山机构与火山活动带特征

1. 火山机构

火山口（火山机构）是指火山喷出物质在火山通道附近堆积，形成的具有特定岩性、岩相组合关系的堆积体。火山喷发模式包含中心式喷发、裂隙式喷发和中心式—裂隙式复合喷发等三种模式（图 3–3）。其中，中心式火山喷发能量较强，熔岩常常以酸性为主，火山岩相序列常以爆发相开始；裂隙式火山喷发能量相对较弱，熔岩常常以基性—中性为主，火山岩相序列常以溢流相开始；中心式—裂隙式复合喷发兼具两种喷发方式的特点。本区可识别出的火山机构主要集中在凹陷内二级断裂附近，且火山岩岩性以基性、黏度较低的玄武岩为主，所以认为二级断裂控制的裂隙式喷发是其主要火山喷发模式。

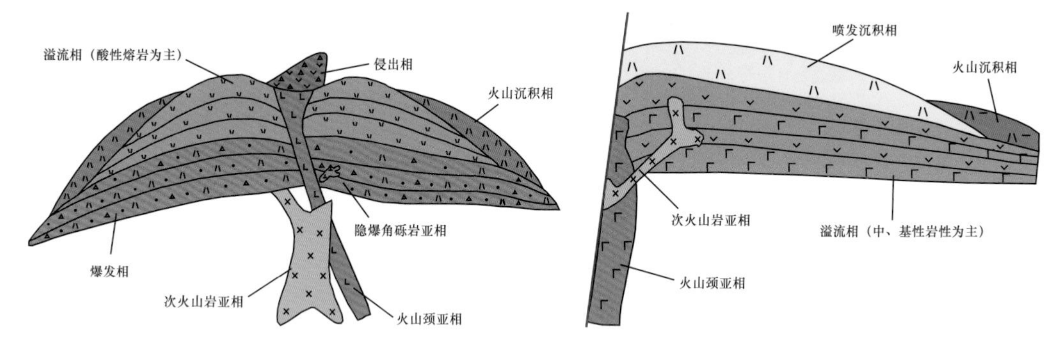

图 3–3　中心式喷发（左）和裂隙式喷发（右）模式图（据王璞珺等，2006，有修改）

常规地震剖面上可以确定火山机构的分布及形态。中心式火山机构外形呈丘形，顶、底反射界面因内部岩性与围岩差异较大而特征明显，内部火山通道表现为较强振幅杂乱反射，产状陡立、切穿地层而呈柱状特征，侧翼可见代表溢流相玄武岩的弱振幅—低频率—较强连续的空白地震反射；裂隙式火山机构火山通道为沟通基底的断裂，在地震剖面上通常表现为沿断裂杂乱反射，而断层周缘的地层受裂隙式喷发作用影响小而呈连续性反射特征。

例如芦 102H 火山机构，该火山机构受控于芦 102H 断裂（图 3–4）。沿着作为岩浆通道的断裂有“穿层”现象，岩浆沿高角度断裂直接上侵并熔蚀周缘地层喷出地表。芦 102H 井处于此火山活动构造带上，受火山作用影响，条二段底部凝灰岩油层段缺失。

马 10 西火山机构受控于马 10 西断裂，属于受断裂控制的裂隙式喷发。继承了石炭系火山建造，经历了二叠系芦草沟组火山作用间歇期，在条湖组沉积时期再次喷发，马 10 西断裂作为岩浆喷发的火山通道。在马 10 西断裂附近的马 10 井的条一段发育次火山岩亚相的辉绿岩。条二段底部的薄层凝灰岩为裂隙式喷发减弱后形成的喷发沉积相产物。在地震剖面上，下部石炭系火山口外形呈锥状（丘状），内部呈乱岗状、蠕虫状反射特征，侧翼可见厚层溢流相玄武岩的地震反射；裂隙式喷发的火山颈表现为沿主干断裂呈不规则条带状、蠕虫状杂乱反射，向上呈烟雾状扩散；而周缘的芦草沟组呈较强振幅—较高频率—较连续地震反射特征（图 3–5）。

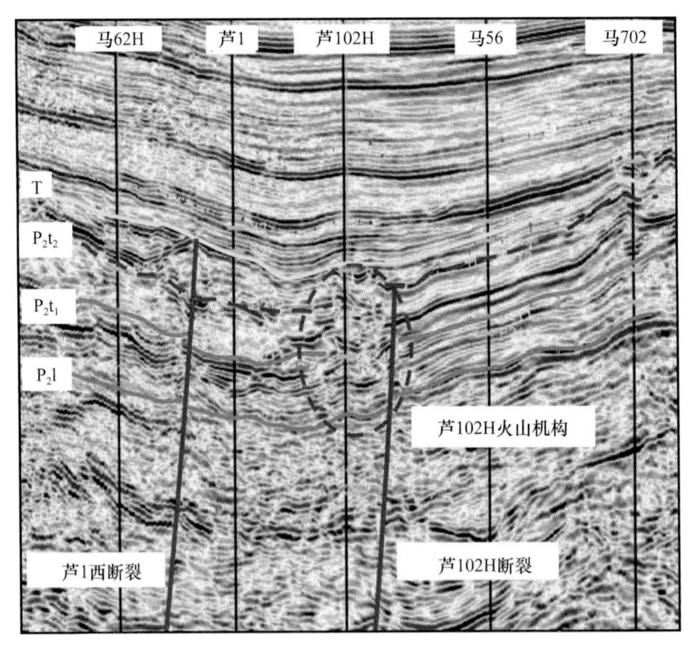

图 3-4　芦 102H 火山机构地震剖面

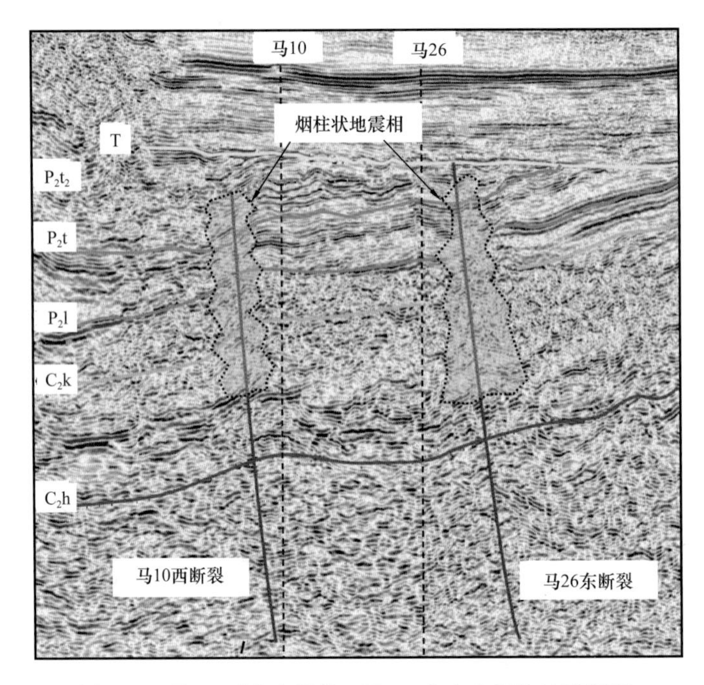

图 3-5　马 10 西火山机构—马 26 东火山机构地震剖面

马 7 火山机构受马 7 断裂和马 15 南断裂共同作用（图 3-6）。火山机构呈锥状，顶部侧翼沉积的上覆三叠系碎屑岩有超覆现象。断裂附近已钻探井均发育次火山岩亚相的辉绿岩。但是由于辉绿岩是后期侵入的，并未溢出地表，所以此火山口对凝灰岩的形成贡献不大。火山口附近的马 706 井、马 31 井凝灰岩厚度很大，同时该区域芦草沟组沉积厚度较大，表明处于古构造相对低部位，这也说明不是受此火山口的影响。

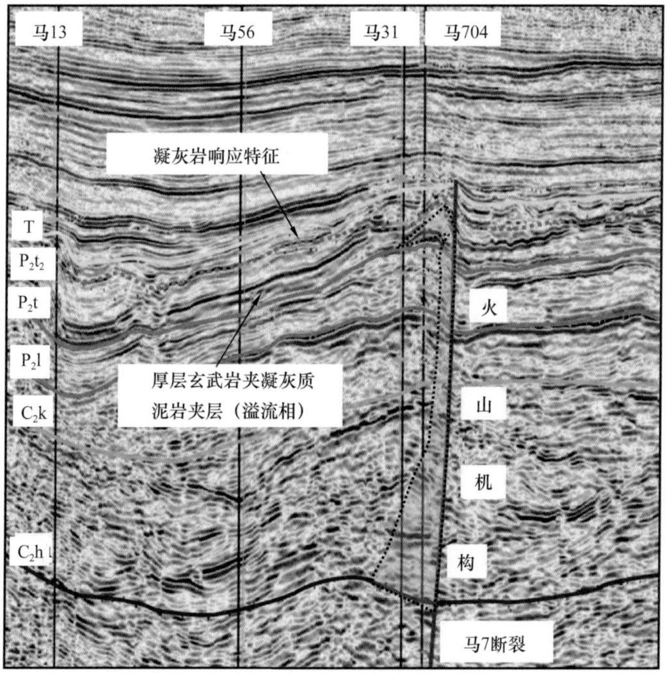

图 3–6　马 7 火山机构地震剖面

2. 火山活动带特征

由于条湖组一段沉积期，火山活动、构造活动较强，同时火山活动较强地带也是构造活动活跃地带，并呈棋盘式裂隙活动带特征，这些火山—构造活动带将马朗凹陷分隔成多个不同的火山洼地沉积区，而火山—构造活动带则形成地势相对较高区域（图 3–7），之后的条湖组二段沉积明显受这些古高地和古洼地控制，特别是对初期的致密油凝灰岩段的沉积有着重要的控制作用。

3. 火山岩岩相特征

火山岩岩相揭示了火山岩空间展布规律，以及不同岩性组合之间的成因联系。明确火山岩相的时空展布，可以为凝灰岩分布和有效储层的预测提供依据。

火山岩岩相的划分方案较多。本书参考王璞珺等对火山岩岩相分类标准，结合三塘湖盆地录井、薄片鉴定、测井、地震等资料，将条湖组火山岩岩相划分为火山通道相、爆发空落相、溢流相、喷发沉积相和火山沉积相等 5 种相类型（表 3–1）。

纵向上，一个完整的火山岩岩相序列由下到上表现为火山通道相—爆发空落相—溢流相—喷发沉积相—火山沉积相。实际井段中的岩相组合可能只出现其中部分岩相类型，也可能出现岩相重复的现象。纵向火山岩岩相相序变化反映了火山作用强弱的变化过程，若火山作用强度先强后弱、且喷发持续时间长，则在火山机构附近可出现完整的相序组合。钻井揭示条湖组火山岩岩相主要以溢流相开始，火山沉积相结束。

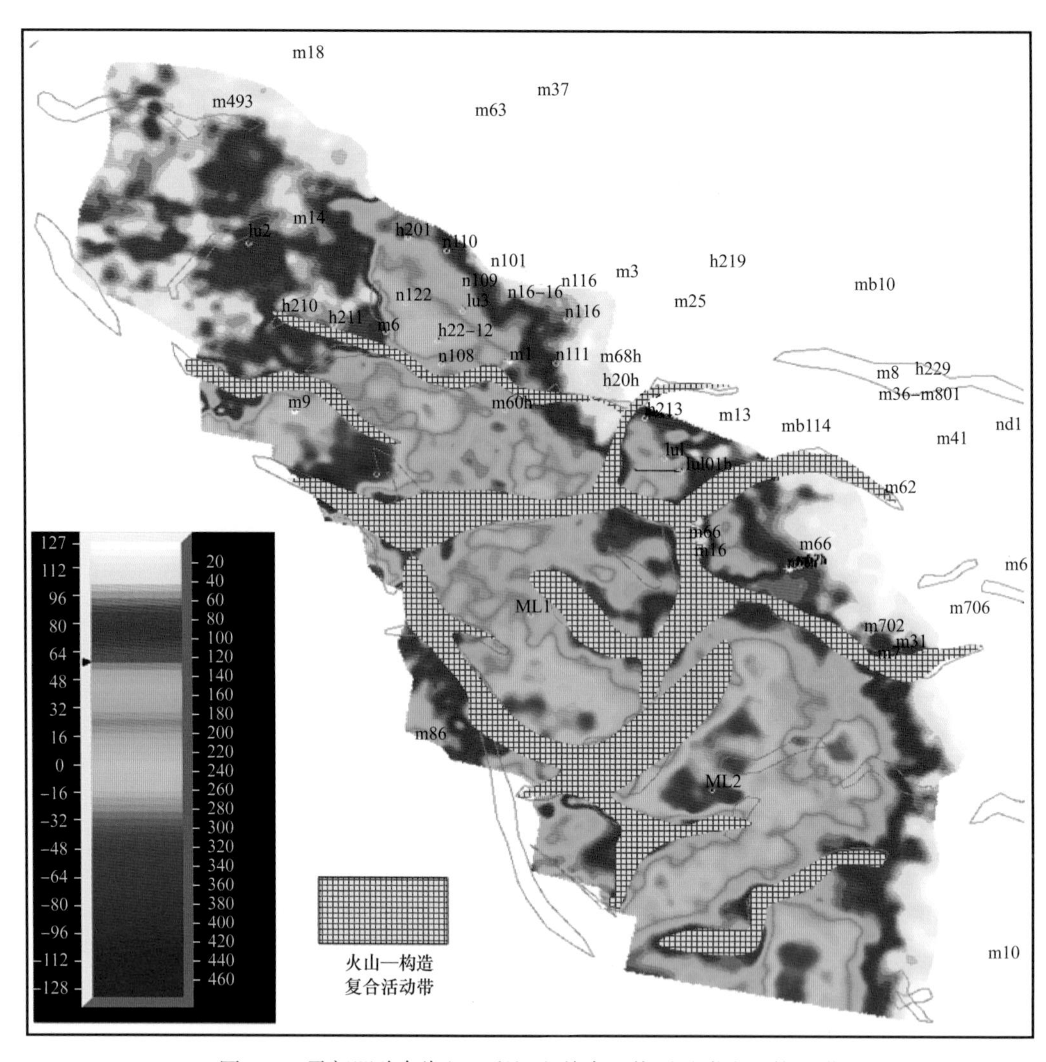

图 3-7 马朗凹陷条湖组二段沉积前古地势图（附火山构造带）

表 3-1 三塘湖盆地火山岩岩相划分方案

岩相	亚相	形成时间	形成机理	代表岩性	地震反射特征
火山沉积相	—	火山旋回末期	火山碎屑为主，加入正常的陆源碎屑物质	凝灰质粉砂岩、凝灰质泥岩	振幅较强、连续性较好
喷发沉积相	—	火山旋回后期	大量火山灰在空中经过长距离搬运，然后降落在水中或陆上	凝灰岩	本区为较连续波谷反射
溢流相	—	火山旋回中期	含晶析出物和同生角砾的熔浆在自身重力和后续喷出物推动共同作用下沿着地表流动	厚层玄武岩、安山岩等	振幅弱，空白反射
爆发空落相	—	火山旋回早期	气射作用的固态和塑性喷出物（在风的影响下）自由落体	火山角砾岩	杂乱反射

续表

岩相	亚相	形成时间	形成机理	代表岩性	地震反射特征
火山通道相	次火山岩亚相	火山旋回早中期	位于火山机构下部，与侵出熔浆同期或后期浅成侵入	辉绿岩	杂乱反射
	火山颈亚相	火山旋回早期	位于火山机构下部，熔浆侵出停滞并充填在火山通道，火山口塌陷充填物	玄武岩、安山岩	

通过对条湖组取心井岩心的观察描述，结合岩性薄片鉴定、测井及地震等资料，进行单井火山岩岩相分析，这是凝灰岩储层分布预测的重要基础。

1）火山通道相

火山通道相发育于火山喷发旋回的早期，包含次火山岩亚相和火山颈亚相两种亚相。其中火山颈亚相因平面分布范围小而在录井和岩心资料上难以准确识别，但在地震剖面中较易识别，常沿断裂分布，呈强振幅、杂乱反射；次火山岩亚相发育比较明显的侵入岩岩性标志，侵入岩分为裂隙式侵入岩和中心式侵入岩。

通过分析钻遇火山岩岩性、岩相和火山机构，可以判定火山口的位置。如辉绿岩是与玄武岩伴生的基性侵入岩，常呈岩脉、岩墙、岩床、岩株或充填于玄武岩火山口中，是近火山口或火山通道的标志，代表次火山岩亚相。辉绿岩主要发育在火山颈及其附近，规模较大的侵入体（如席状）常发育在火山口附近，对围岩产生作用力，使围岩破裂形成断裂。本区辉绿岩在火山机构附近的条一段主要呈席状分布。

次火山岩亚相以辉绿岩为岩性标志，马朗—条湖凹陷二叠系条湖组钻遇基性侵入辉绿岩的井有15口，属于靠近火山机构的探井。以马702井为例（图3-8），岩心整体颜色较暗，岩心柱表面可见短柱状辉石晶体颗粒。

(a)马702井，1816m，P_2t_1，辉绿岩

(b) 马702井，2094.1m，P_2t_1，辉绿岩

图3-8　条湖组次火山岩亚相岩心特征

辉绿岩自然伽马（GR）呈弱齿化箱形低值，去除井眼垮塌的影响密度测井（DEN）呈强齿化高值，声波测井（AC）表现为弱齿化箱形低值的特点（图3-9）。

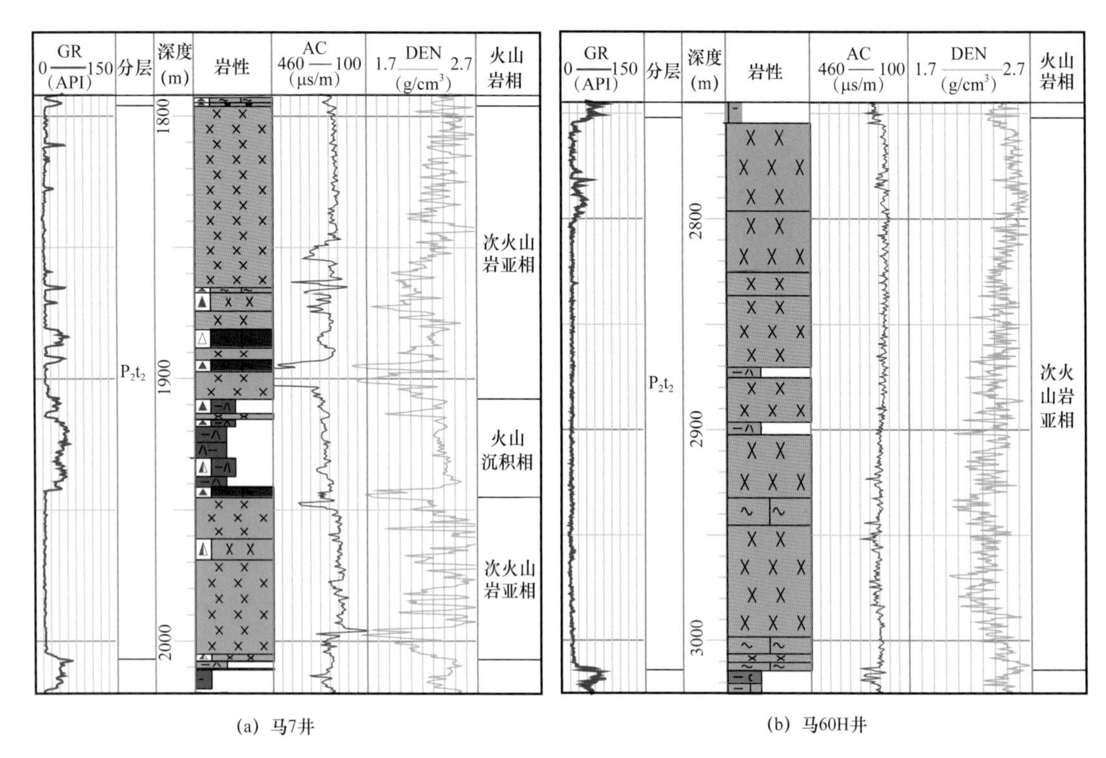

图 3-9 条湖组次火山岩亚相测井相特征

2）爆发空落相

爆发空落相发育于火山喷发旋回的早期，是火山爆发产生的大小不等的熔岩角砾在火山口附近堆积，被火山灰充填并压实胶结成岩形成的火山岩相。爆发空落相以火山角砾岩为主要地质标志，在喷发能量较强的中心式火山作用较为常见。多口井的录井均揭示了条湖组有火山角砾岩，如马 52 井、马 49 井和马 51 井等，但缺少岩心资料。在测井相上，马 49 井火山角砾岩自然伽马呈齿化箱形偏高值，声波测井表现为弱齿化箱形中—低值的特点（图 3-10）。

3）溢流相

溢流相发育在火山喷发旋回的中期，是岩浆喷出火山口后，在自身重力和后续喷出物推动共同作用下沿地表流动形成的火山岩相类型。本区溢流相岩石类型以基性喷出的玄武岩为主，其次是中性喷出的安山岩，均具有低—中黏度的特点，流动性强、厚度稳定、产状平缓。

溢流相以玄武岩、安山岩为岩性标志，该火山岩相在条湖组广泛发育，马朗—条湖凹陷探井普遍钻遇。以芦 102H 井和马 60H 井为例（图 3-11），岩石呈灰黑色，具隐晶质结构，岩心表面可见少许斑晶。

玄武岩、安山岩自然伽马呈弱齿化箱形低值，密度测井呈强齿化高值，声波测井表现为低值的特点（图 3-12）。

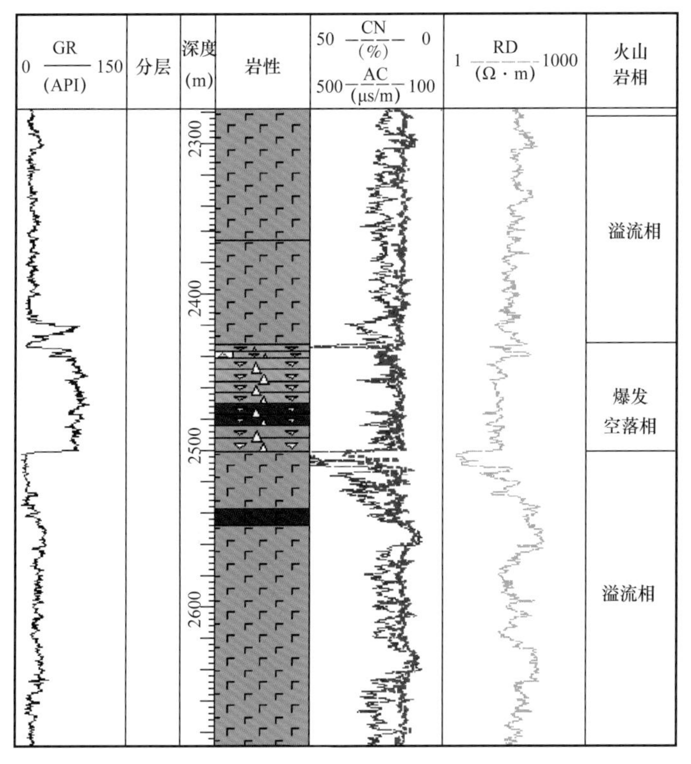

图 3-10　条湖组爆发空落相测井相特征（马 49 井）

(a)芦102H井，2396.2m，P_2t_2，玄武岩

(b) 芦102H井，2394.67m，P_2t_2，玄武岩

(c)马60H井，2375.94m，P_2t_2，安山岩

(d) 马60H井，2379.8m，P_2t_2，安山岩

图 3-11　条湖组溢流相岩心特征

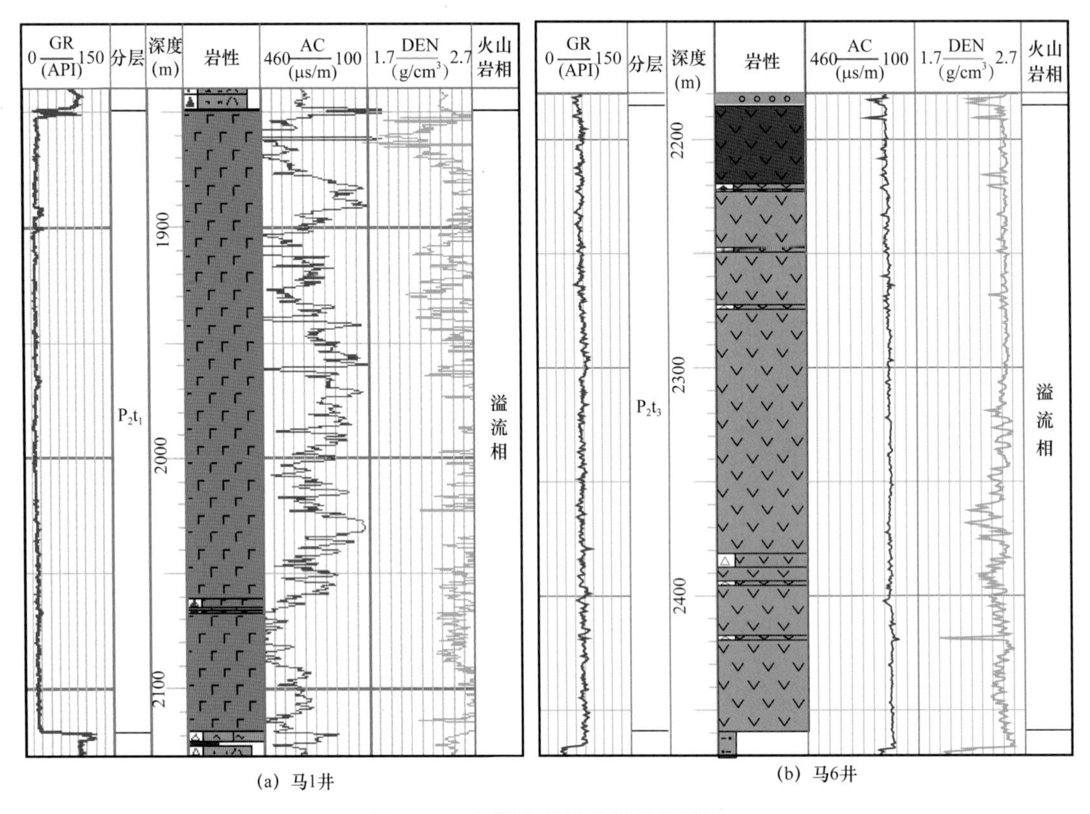

(a) 马1井 (b) 马6井

图 3-12 条湖组溢流相测井相特征

4）喷发沉积相

喷发沉积相发育于火山喷发旋回的后期，是火山灰在空中经一定距离搬运，然后降落在陆上或水中形成的火山岩相类型。本区该岩相岩石类型主要是凝灰岩，根据成分含量不同可分为玻屑凝灰岩、晶屑玻屑凝灰岩等。喷发沉积相主要发育在火山作用强度减弱时期的条二段底部。喷发沉积相以凝灰岩为岩性标志，凝灰岩平面分布非均质性强，已钻探井钻遇凝灰岩厚度 10～30m 不等。以马 56 井和马 7 井为例（图 3-13），凝灰岩岩心普遍呈土黄色（芦 1 井凝灰岩岩心因有机质含量高而呈黑色），岩石致密，基质含油而呈黑色，裂缝较发育。

(a)马56井，2141.8m，P_2t_2，凝灰岩

(b) 马7井，1790.8m，P_2t_2，凝灰岩

图 3-13 条湖组喷发沉积相岩心特征

凝灰岩的自然伽马、密度测井和声波测井值均介于火山岩（玄武岩、安山岩或辉绿岩）与凝灰质泥岩之间，呈齿化块状中值，其测井响应在纵向上与下部火山岩和上部凝灰质泥岩的测井曲线共同构成阶梯状（图 3–14）。

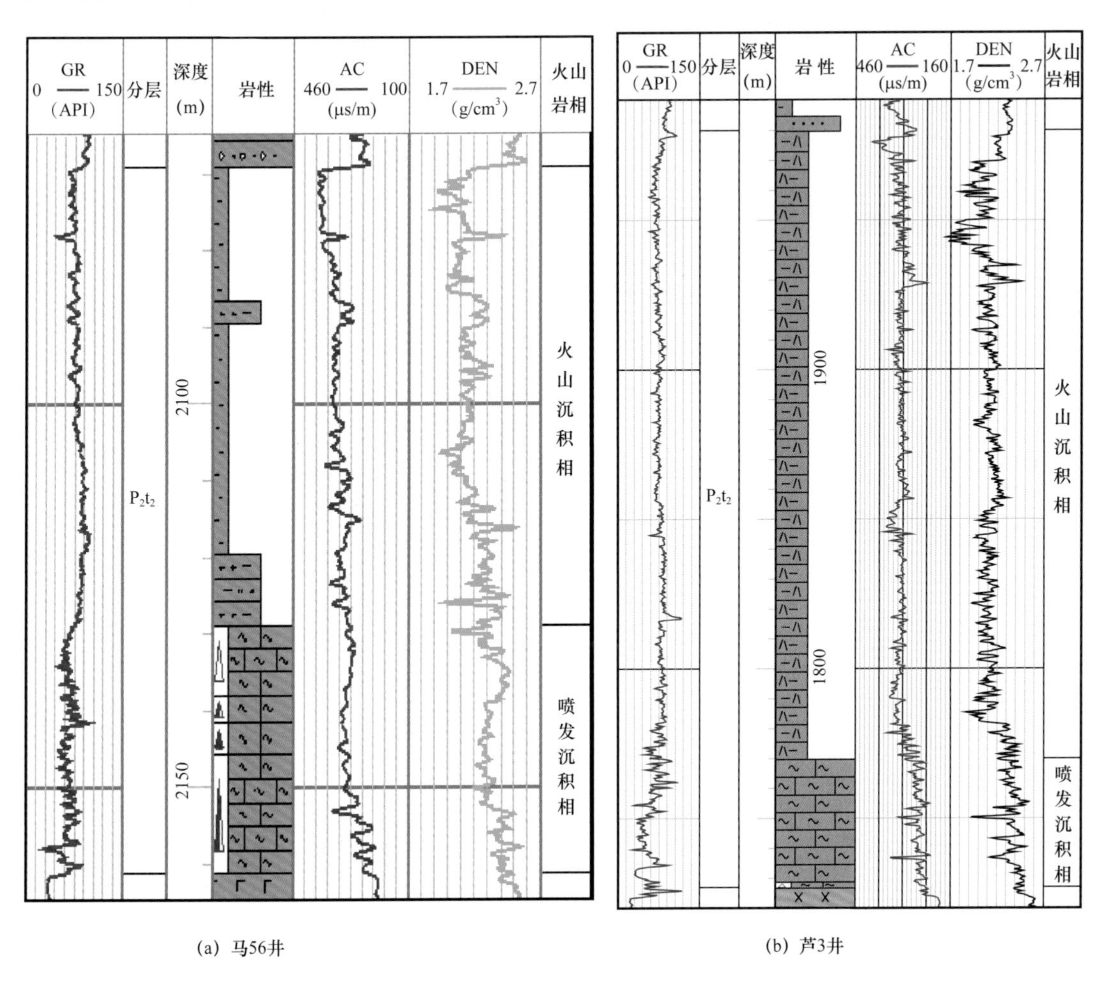

图 3–14　条湖组喷发沉积相测井相特征

5）火山沉积相

火山沉积相发育于火山喷发旋回的末期，是火山作用间歇期或远离火山机构区域形成的与陆源碎屑沉积岩互层发育的火山岩相类型。该岩相岩石类型主要是凝灰质泥岩，及少量凝灰质粉砂岩，构造类型单一，层理发育，可见钙质条带充填。火山沉积相主要发育在火山作用平静期的条二段上部及条一段火山喷发间歇期（玄武岩夹层）。

火山沉积相以凝灰质泥岩、凝灰质粉砂岩为岩性标志，本区条湖组火山旋回末期在全区沉积一套稳定的凝灰质泥岩。以马 704 井为例（图 3–15），凝灰质泥岩岩心有一定层理发育，可见方解石条带充填。

凝灰质泥岩段密度测井值明显小于凝灰岩段、呈强齿化特征，伽马测井值和声波测井值较高、弱齿化（图 3–16）。

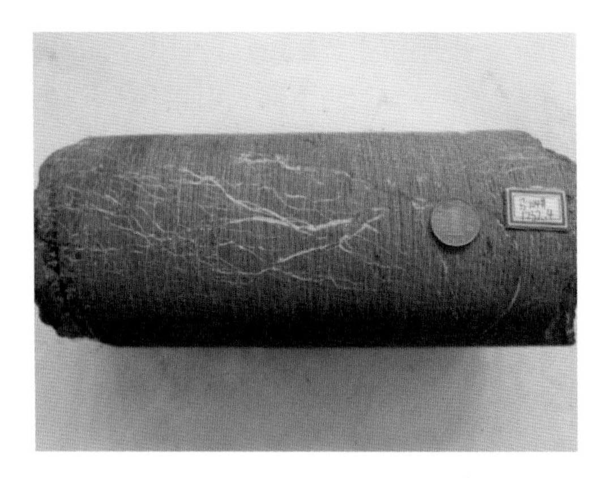

马704井，1732.4m，P_2t_2，凝灰质泥岩

图 3–15 条湖组火山沉积相岩心特征

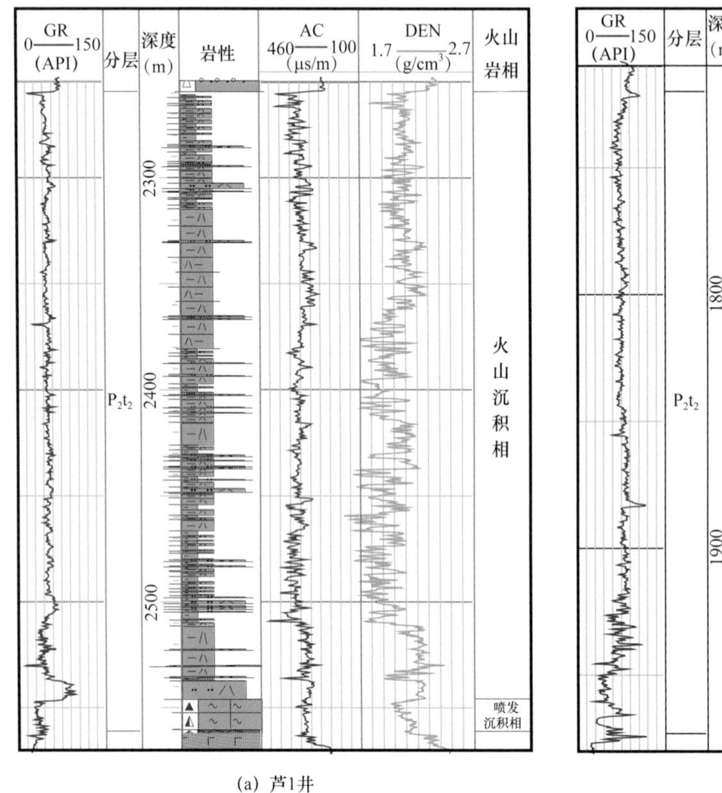

(a) 芦1井

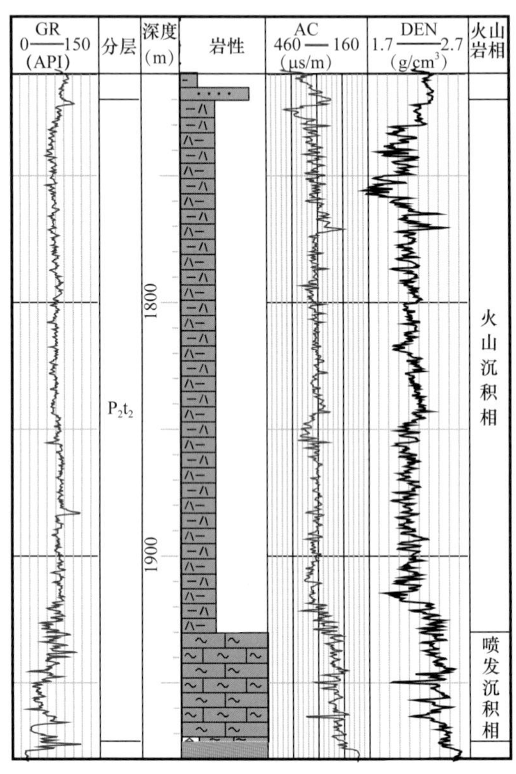

(b) 芦3井

图 3–16 条湖组火山沉积相测井相特征

4. 条湖组凝灰岩形成模式

根据火山岩相的划分，结合马朗凹陷实际地质条件，可以确定条湖组凝灰岩的形成模式，近火山口带主要发育火山通道相和侵入相，远火山口带发育喷发沉积相的凝灰岩（图 3–17）。

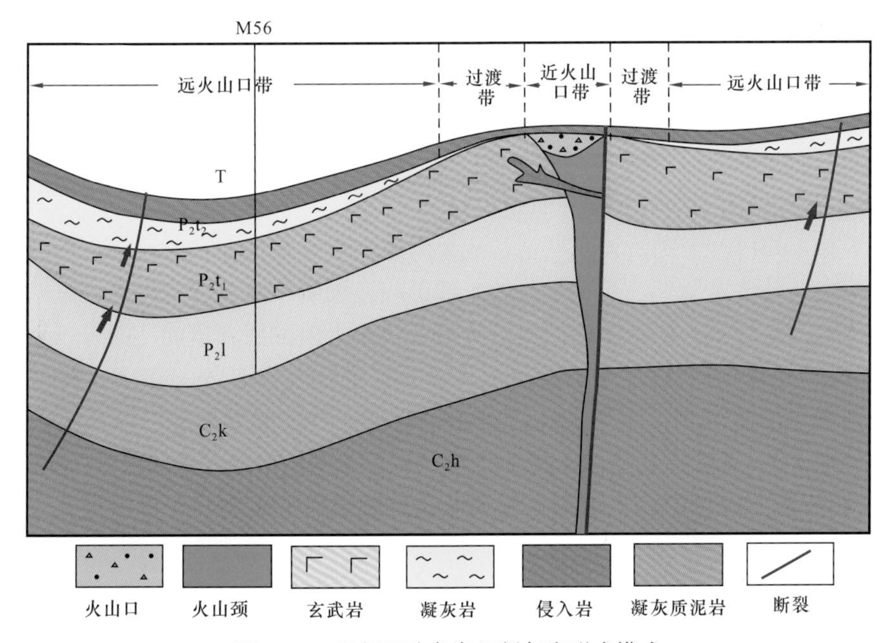

图 3-17　马朗凹陷条湖组凝灰岩形成模式

三、凝灰岩性质

条湖组凝灰岩中晶屑矿物组成主要为钠长石，少见辉石、橄榄石等暗色矿物，玻屑成分主要为长英质（Si、O 为主，其次是 Al、Na、K，少量 Mg、Fe、Ca 等），反映出凝灰岩具有酸性火山岩的特征。凝灰岩的性质也可参考元素图版，石灰岩中主量元素 SiO_2 含量分布在 52.91%～73.02%，平均值为 62.29%，TAS 图表明凝灰岩样品点主要落入中酸性火山岩（流纹岩、英安岩和粗安岩）区（图 3-18a）。条湖组凝灰岩微量元素的 Nb/Y-Zr/TiO_2 图解中，数据点主要落在安山岩和流纹英安岩—英安岩的酸性火山岩区（图 3-18b），同样说明凝灰岩的原始火山灰以中酸性为主。条湖组凝灰岩与长白山地区现代火山喷发的火山灰具有相似性，其 SiO_2 含量主要分布在 62%～72%，也属于酸性火山灰。火山岩研究中常用里特曼指数 σ 来确定火山岩的碱性程度，σ=（K_2O+Na_2O）^{2}/（SiO_2-43），σ 值越大碱

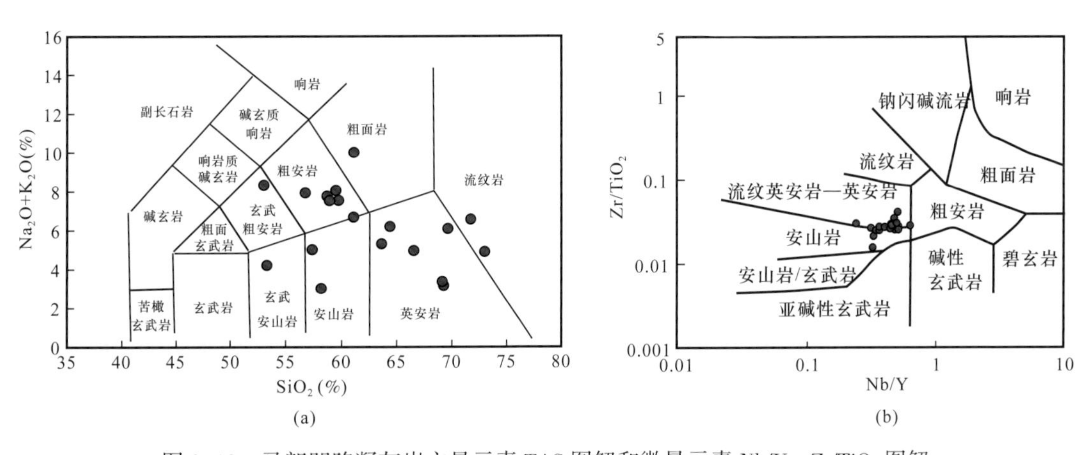

图 3-18　马朗凹陷凝灰岩主量元素 TAS 图解和微量元素 Nb/Y—Zr/TiO_2 图解

度越强，σ<4 为钙碱性系列，σ>4 为碱性系列。条湖组凝灰岩样品的里特曼指数大部分都小于 4，主要属于钙碱性系列。

第二节　凝灰岩岩石类型

朱国华等（2014）研究认为三塘湖盆地及周边在中二叠世存在普遍的火山活动，岩浆成分为安山质（石英含量少，准噶尔盆地东部）和流纹质（石英含量较高，三塘湖盆地）。火山物质喷出后，沉积下来而形成的岩石类型，根据火山碎屑含量的不同可以划分为火山碎屑岩、沉积火山碎屑岩以及火山碎屑沉积岩，其中粒级小于 2mm 的火山碎屑岩为凝灰岩，而最细的火山尘沉积下来则成为沉火山尘凝灰岩。三塘湖盆地芦草沟组由于粒度极细（泥晶级别），一直被描述为“灰黑色泥岩、粉细砂岩、白云岩、白云石化岩类和油页岩”，但这套所谓的泥岩中黏土矿物含量很低，泥岩中黏土矿物的含量应当大于 50%，因此，这套黏土矿物含量很低的岩石并不能被称为泥岩，同时由于其页理也不发育，因此，亦不能称其为页岩，它与泥岩、页岩之间在岩石学特征方面存在着明显的区别，这套烃源岩实际上是火山尘凝灰岩。三塘湖盆地条湖组也发育这套岩石，镜下和泥岩相似，但黏土矿物含量极低，实际上是凝灰岩。芦草沟组也发育凝灰岩，但其性质与条湖组凝灰岩有较大差异。

一、条湖组凝灰岩岩石类型

马朗凹陷条湖组二段主要发育凝灰岩、凝灰质泥岩和凝灰质粉砂岩 3 种岩石类型，其中，凝灰岩的含油性最好，凝灰质粉砂岩有油气显示，凝灰质泥岩不含油。

1. 凝灰岩

岩心观察发现，整个凝灰岩段非均质性很强，含油性也具有明显差异，根据凝灰岩岩石结构和主要矿物组成差异将其分为玻屑凝灰岩、晶屑玻屑凝灰岩、泥质凝灰岩和硅化凝灰岩。

1）玻屑凝灰岩

玻屑凝灰岩原始火山灰以玻屑成分为主，现今脱玻化程度已较高，可能含有少量较细粒的晶屑成分，晶屑和玻屑多为混杂堆积，由风力搬运直接沉降湖盆而形成。阴极发光技术可以反映石英等矿物的形成温度，如阴极发光条件下高温石英（>573℃）呈蓝紫色，中高温石英（573～300℃）呈褐红色，低温石英不发光（<300℃），方解石呈橘红色，长石发光多样，但长石中若含有千分之几的 Fe^{2+}，就能起激活剂的作用而发绿色光。阴极发光条件下，条湖组玻屑凝灰岩中的石英颗粒大都不发光，说明它们大都是低温条件下形成的，是火山灰玻璃质脱玻化作用的产物（图 3-19a 和 3-19b）。玻屑凝灰岩储层质量最好，矿物组成以石英和长石为主，颗粒较小，大都小于 3μm，黏土矿物含量很低，一般小于 10%。其中，黏土矿物为非陆源物质，主要是火山灰玻璃质脱玻化过程中形成的，黏土矿物种类主要是叶片状绿泥石，呈分散状分布在其他石英和长石颗粒之间（图 3-19c）。

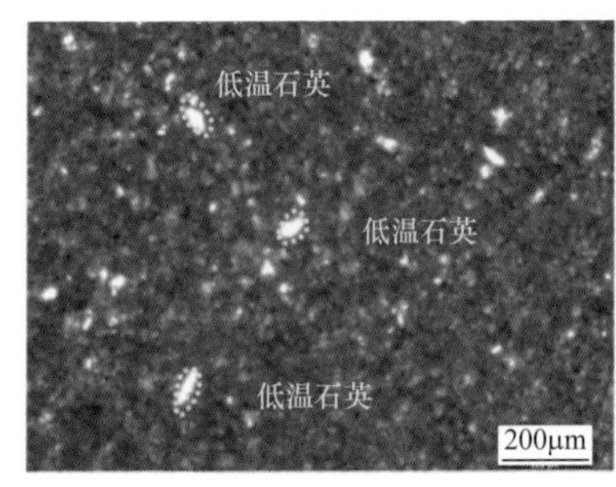

(a) 马56井，2142.18m，单偏光

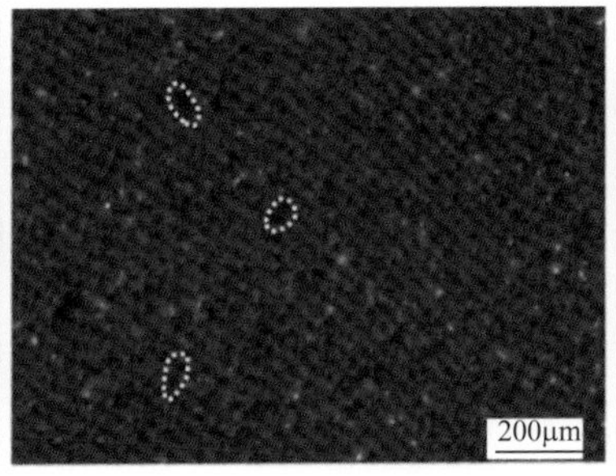

(b) 马56井，2142.18m，阴极发光

(c) 马56井，2143.3m，扫描电镜

图 3-19　玻屑凝灰岩镜下特征

2）晶屑玻屑凝灰岩

晶屑玻屑凝灰岩原始火山灰仍然以玻屑成分为主，玻屑含量大于 50%，但是晶屑含量明显增加，且晶屑颗粒粒径较大。阴极发光条件下，发现晶屑玻屑凝灰岩中既有发蓝紫光的石英，也有不发光的石英，说明这些石英既有原始晶屑中的高温石英，也有脱玻化作用形成的低温石英（图 3-20a 和 3-20b）。晶屑玻屑凝灰岩储层质量较好，但黏土矿物含量略高，主要分布在 10%～30%，黏土矿物会充填、分割孔隙，使孔隙结构复杂化，导致孔隙度下降，喉道变细。晶屑玻屑凝灰岩中黏土矿物成因与玻屑凝灰岩一致，但伊蒙混层含量明显增多（图 3-20c），主要是因为原始晶屑中富含钾，玻璃质脱玻化作用中形成的黏土矿物向伊蒙混层转化而形成的。

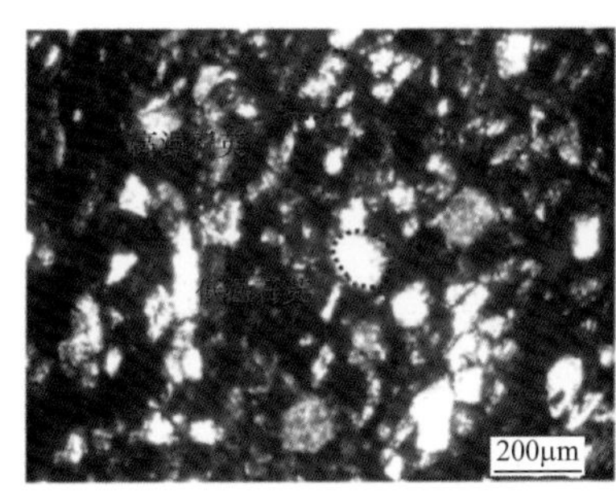

(a) 马55井，2267.7m，单偏光

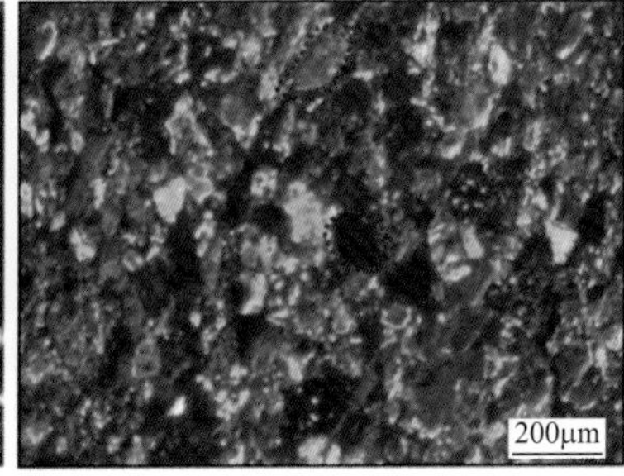

(b) 马55井，2267.7m，阴极发光

(c) 马55井，2268.25m，扫描电镜

图 3-20　晶屑玻屑凝灰岩镜下特征

3）泥质凝灰岩

泥质凝灰岩的原始火山灰虽然以玻屑成分为主，含少量细粒晶屑，但陆源泥质含量相对较高，岩石更致密（图 3-21）。它是由于距离火山口较远或者火山喷发强度较弱，火山灰供给不足，较多陆源泥质碎屑混入形成的，类似沉凝灰岩。泥质凝灰岩储层质量较差，黏土矿物含量较高，一般大于 15%。

4）硅化凝灰岩

硅化凝灰岩是条湖组特有的一种凝灰岩类型，也是以玻屑成分为主，含一定量晶屑，但最大的特点就是具有明显的硅化现象，即凝灰岩中有连片的非晶态的 SiO_2（图 3-22）。

这种类型的凝灰岩很致密，测井曲线表现为电阻率非常高，一般都大于300Ω·m。硅化凝灰岩的原始物质成分是玻屑，由于处于火山岩与凝灰岩的过渡带，底部玄武岩致密，凝灰岩脱玻化过程中流体向下交换受阻，流体中的Si离子形成SiO_2沉淀，原始脱玻化孔多被硅质胶结，从而形成非晶态为主的硅化凝灰岩。

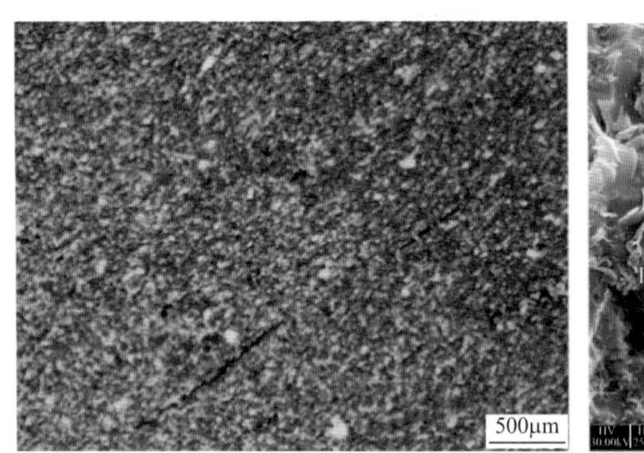

(a) 马56-12H井，2110.2m，单偏光　　(b) 马56-15H井，2248m，扫描电镜

图3-21　泥质凝灰岩镜下特征

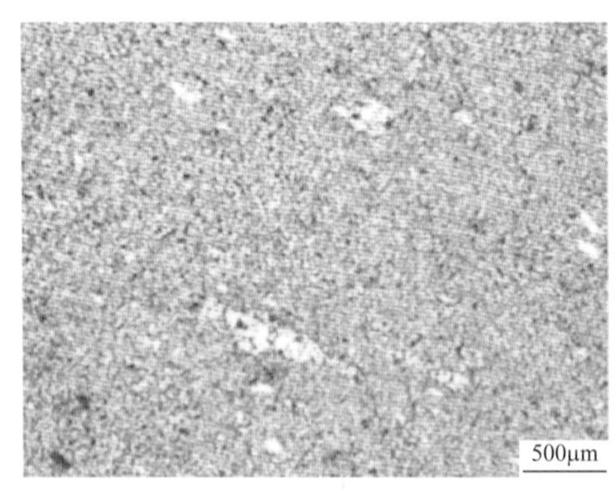

(a) 马56-12H井，2131.12m，单偏光　　(b) 马56-12H井，2131.12m，扫描电镜

图3-22　硅化凝灰岩镜下特征

2. 凝灰质泥岩

凝灰质泥岩中原始火山灰含量很低，主要由陆源泥质沉积物组成，属于火山—沉积碎屑岩，是在水体较深环境下形成的。矿物组成中黏土矿物含量很高，一般大于50%。凝灰质泥岩物性很差，基本不能作为储层。但凝灰质泥岩中有机质含量较高，是潜在的烃源岩。

3. 凝灰质粉砂岩

凝灰质粉砂岩中原始火山灰含量也很低，受河流搬运作用影响，由粉砂岩与火山灰混合沉积作用而形成，岩石性质更接近粉砂岩（图3-23）。岩石矿物组成主要是石英和长石，其次是黏土矿物，方解石、黄铁矿等矿物较少。凝灰质粉砂岩也是一类物性较好的储层。

(a) 马1井，1841.8m，单偏光

(b) 马60H井，2308.37m，单偏光

图 3–23　凝灰质粉砂岩镜下特征

二、芦草沟组凝灰岩岩石类型

芦草沟组凝灰岩中的晶屑主要成分是由火山灰构成，火山灰的成分决定了凝灰岩储层的性质。通过扫描电镜、全岩 X 衍射等分析，芦草沟组凝灰岩黏土矿物含量较少，平均含量小于 5%，长英质及白云石含量较高，平均总和超过 94%。

条 34 块芦草沟组主要为一套中基性火山碎屑岩沉积，沉积环境主要以浅湖亚相为主。岩性以火山尘沉凝灰岩为主，次为云质凝灰岩、凝灰质云岩。其中，芦草沟组一段以（酸性）沉凝灰岩为主，夹少量含灰泥岩；芦草沟组二段以白云质泥岩、凝灰质泥岩、凝灰质白云岩为主，凝灰岩发育较少。

条 34 块主要发育 3 种岩石类型：（1）火山碎屑岩类：凝灰岩、蚀变火山尘凝灰岩，主要分布在芦草沟组一段的顶部、芦草沟组二段的中部，分布广泛；（2）火山沉积岩类：酸性沉凝灰岩、沉凝灰岩，分布在芦草沟组一段的顶部；（3）沉积岩类：湖相泥岩、白云岩、泥质白云岩类等。优势岩性以凝灰岩及云岩为主，储层溶孔、微裂缝发育，物性好。

1. 火山碎屑岩类

条 34 油藏主要储层为（酸性）凝灰岩，条 34 块岩心观察发现，芦草沟组凝灰岩段中，凝灰质以蚀变晶屑凝灰岩为主。粒径主要分布在 0.01～0.1mm 及 0.01mm，属于粉凝灰岩和微凝灰岩级别，具有典型的凝灰结构。主要成分为蚀变晶屑凝灰岩，在正交显微镜下具备光性（图 3–24），晶屑主要成分由火山灰构成，凝灰岩黏土矿物含量较少，平均含量小于 5%，长英质及白云石含量较高，平均总和超过 94%，火山灰的成分决定了凝灰岩储层的性质。

2. 火山沉积岩类

沉火山碎屑岩是火山碎屑岩与沉积岩的过渡类型，既含有火山爆发沉积物，也具有沉积结构和构造，一般距离火山口相对较远。岩石碎屑成分由斜长石、岩屑组成，含量占岩石的 10%～40%，其特征是具有明显的次棱角状，表明经过搬运具有一定的磨圆度；凝灰成分为晶屑、岩屑和火山灰，含量占岩石的 60%～90%。填隙物主要为火山灰，火山灰含量 10%～35%，主要包括沉凝灰岩，条 34 块芦草沟组含油目的层中，主要为蚀变火山尘沉凝灰岩（图 3-25）及白云质火山尘沉凝灰岩（图 3-26）。主要分布在芦草沟组二段中部。

(a) 条3402H井，3225.96m，单偏光　　(b) 条3402H井，3227.09m，单偏光

图 3-24　蚀变晶屑凝灰岩镜下特征

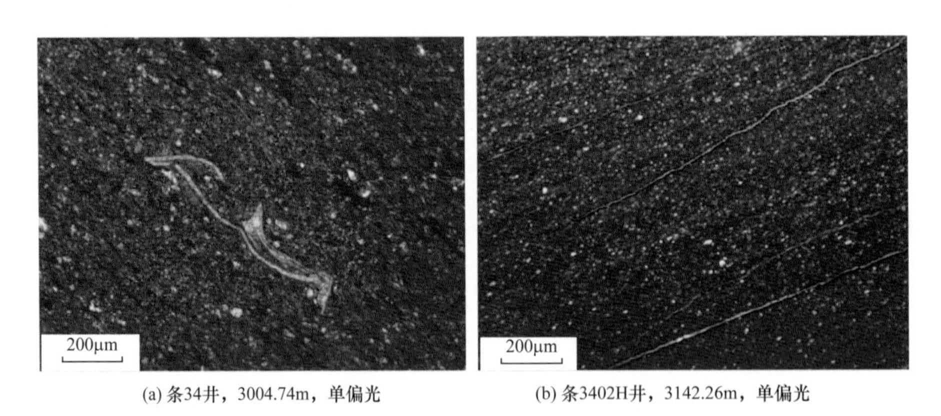

(a) 条34井，3004.74m，单偏光　　(b) 条3402H井，3142.26m，单偏光

图 3-25　蚀变火山尘沉凝灰岩镜下特征

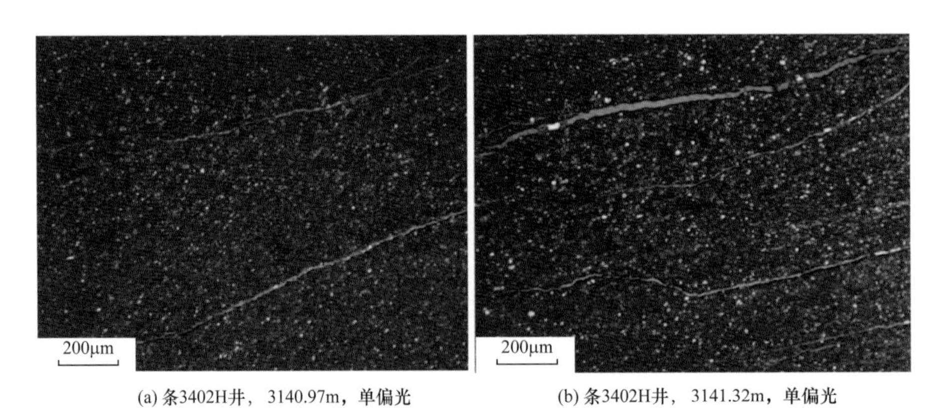

(a) 条3402H井，3140.97m，单偏光　　(b) 条3402H井，3141.32m，单偏光

图 3-26　白云质火山尘沉凝灰岩镜下特征

3. 沉积岩类

为具有明显沉积特征的碎屑岩，条 34 块芦草沟组发育有火山碎屑沉积岩，属于火山

熔岩或火山碎屑岩经过短距离的搬运沉积形成的正常沉积岩。在芦草沟组顶部均可以见到灰质泥岩、凝灰质泥岩和湖相泥岩。中部可见厚层深灰色泥岩与薄层泥晶白云岩（图3-27）、含凝灰质泥晶白云岩（图3-28）、白云质泥岩频繁互层，部分泥岩中含凝灰质，常见水平层理，反应水体总体处于较为安静的浅湖亚相环境。

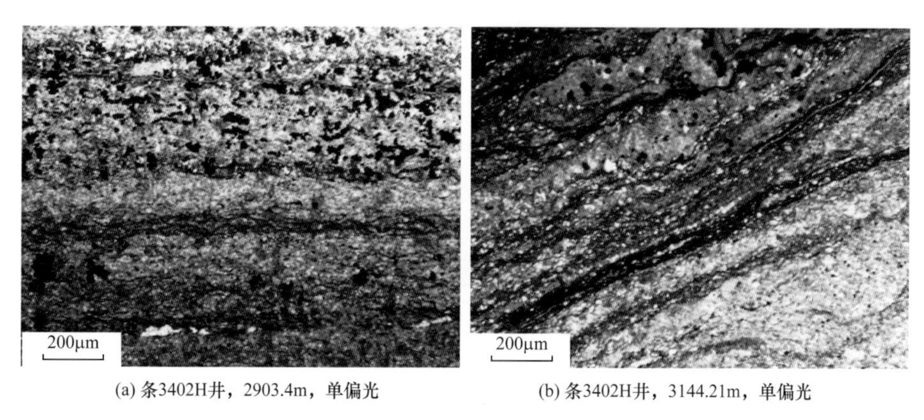

(a) 条3402H井，2903.4m，单偏光　　(b) 条3402H井，3144.21m，单偏光

图 3-27　泥晶白云岩镜下特征

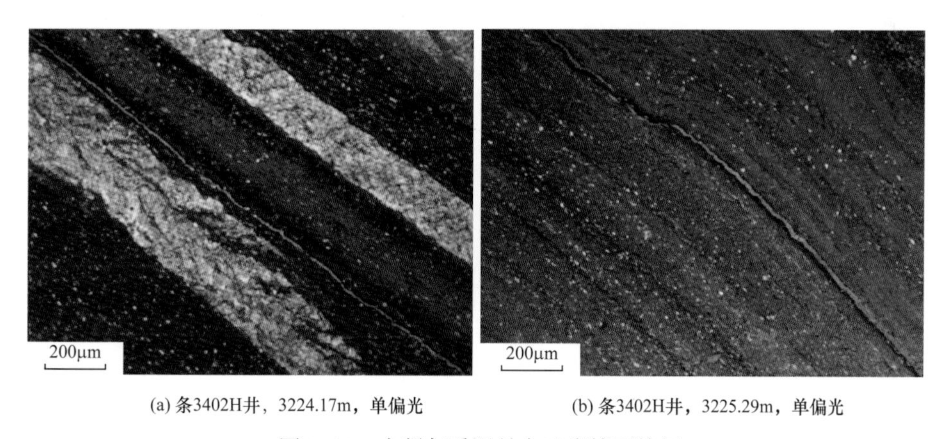

(a) 条3402H井，3224.17m，单偏光　　(b) 条3402H井，3225.29m，单偏光

图 3-28　含凝灰质泥晶白云岩镜下特征

第三节　条湖组凝灰岩分布规律与分布模式

条湖组凝灰岩厚度受火山活动带分布和沉积古地形共同控制，火山活动带两侧的古沉积洼地是凝灰岩分布的主要部位。纵向上，马朗凹陷条湖组凝灰岩分布在条湖组二段的底部，厚度主要在30m左右，这套凝灰岩与上下地层岩性均具有明显的区别。平面上，凝灰岩岩相区分布在凹陷的北部斜坡，局部被剥蚀。与碎屑岩储层受沉积相控制不同，凝灰岩的分布还受距离火山活动带远近等因素的影响。

一、垂向分布特征

二叠系条湖组不同类型的凝灰岩在垂向上的分布有一定的规律性（图3-29）。玻屑凝灰岩垂向上主要分布在凝灰岩段的中—下部，是火山喷发末期较早阶段的产物。晶屑玻屑凝灰岩垂向上也主要分布在凝灰岩段的中—下部，晶屑分布受到火山喷发强弱的控制，一次火山喷发形成的晶屑应主要呈环带状或者扇形分布在火山口周围，而下一次火山喷发变强或者减弱，就会使晶屑分布环带或扇形超过或者小于早期的晶屑分布范围，这样多次火山喷发强弱不同，相互叠加，在垂向上就形成了玻屑凝灰岩与晶屑玻屑凝灰岩呈不等厚互层的现象。泥质凝灰岩垂向上主要分布在凝灰岩段的上部，由于火山喷发末期火山灰供应不足造成的。硅化凝灰岩垂向上主要分布在凝灰岩段的底部，与下部玄武岩直接接触，厚度较薄。

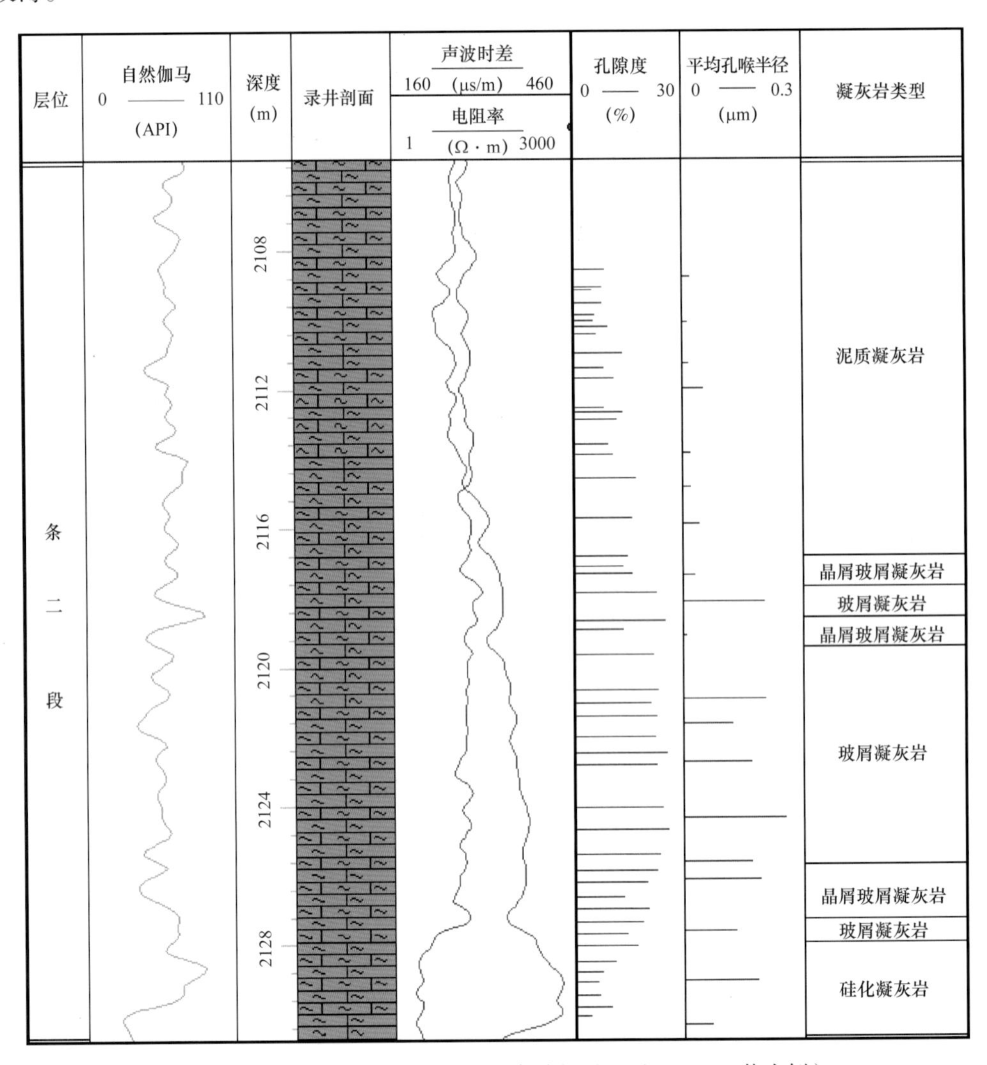

图 3-29　不同类型凝灰岩垂向分布特征（以马 56-12H 井为例）

二、凝灰岩平面分布特征

图 3-30、图 3-31 分别为马朗凹陷条湖组二段底部凝灰岩段及对应层段厚度分布图与

油显示厚度分布图，油显示厚度反映的是有效储层的厚度。整体上该目的层段由北向南逐渐增厚，最厚位于马9井区，在50m左右，在古构造高部位地层变薄；油显示层（凝灰岩储层）主要分布于凹陷北部，且在古火山洼地分布较厚，最厚在马56井块为25m左右，其次是芦1井块和马1井块，为15m左右，洼地边缘较薄，一般小于8m。另外向南的ML2井区为古火山洼地，并推测靠近凝灰质物源区，目的层显示厚度可能较周边古构造高部位变大，估计大于8m。

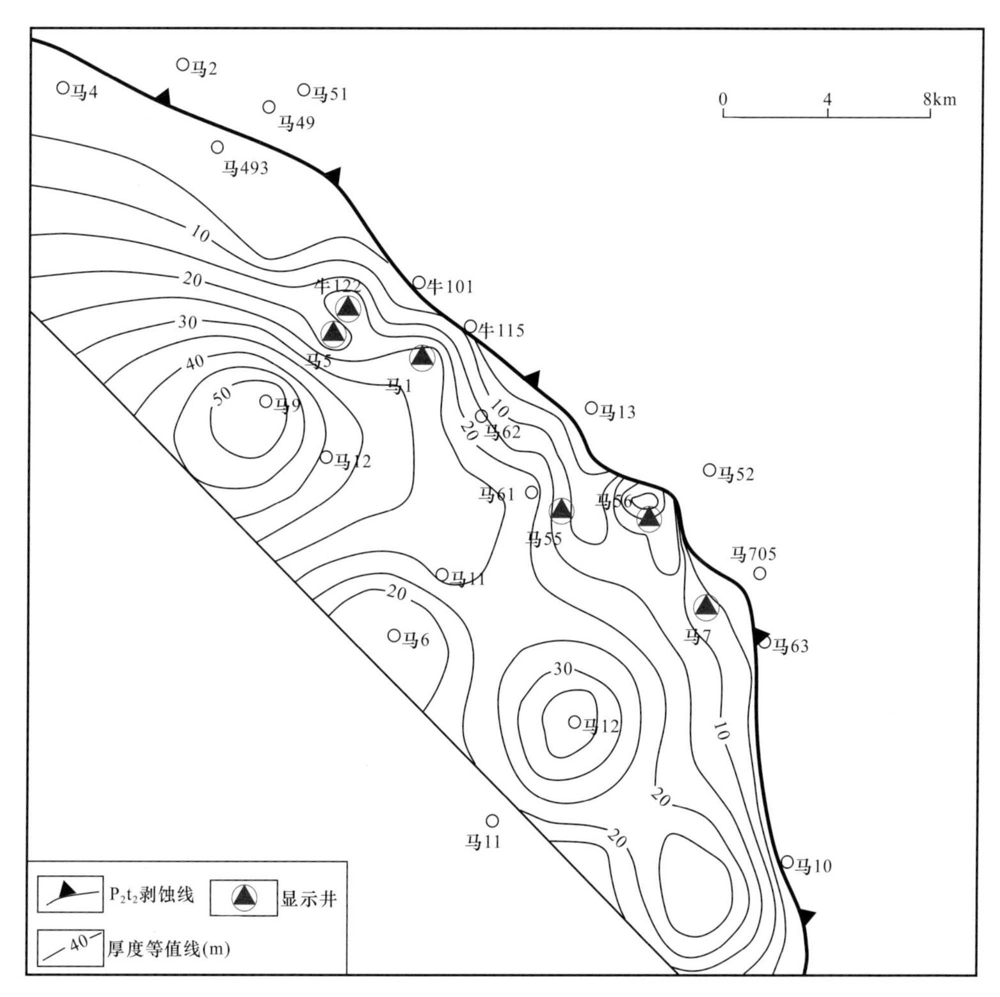

图 3-30 马朗凹陷条湖组二段底部凝灰岩段及对应层段厚度分布图

三、凝灰岩岩相分布模式

马朗凹陷条湖组凝灰岩是火山灰直接降落湖盆中形成的，火山口（火山活动带）是凝灰岩的物质来源，不同类型凝灰岩的形成与距离火山活动带的远近有直接关系（图3-32）。一般来说距离火山口越近，晶屑含量越高，较大的晶屑颗粒不能被风搬运太远，就近沉积形成晶屑玻屑凝灰岩，即晶屑玻屑凝灰岩平面上主要分布在近火山口带。在一定范围内，距离火山口越远，玻屑含量越高，从而形成玻屑凝灰岩，即玻屑凝灰岩平面上主要分布在中远火山口带。但是距离过远则火山灰供给不足，泥质含量增加，形成泥质凝灰岩或凝灰质泥岩，所以，泥质凝灰岩平面上主要分布在远火山口带。受到陆源碎屑影响较大的地方形成凝灰质粉砂岩或凝灰质砂砾岩。

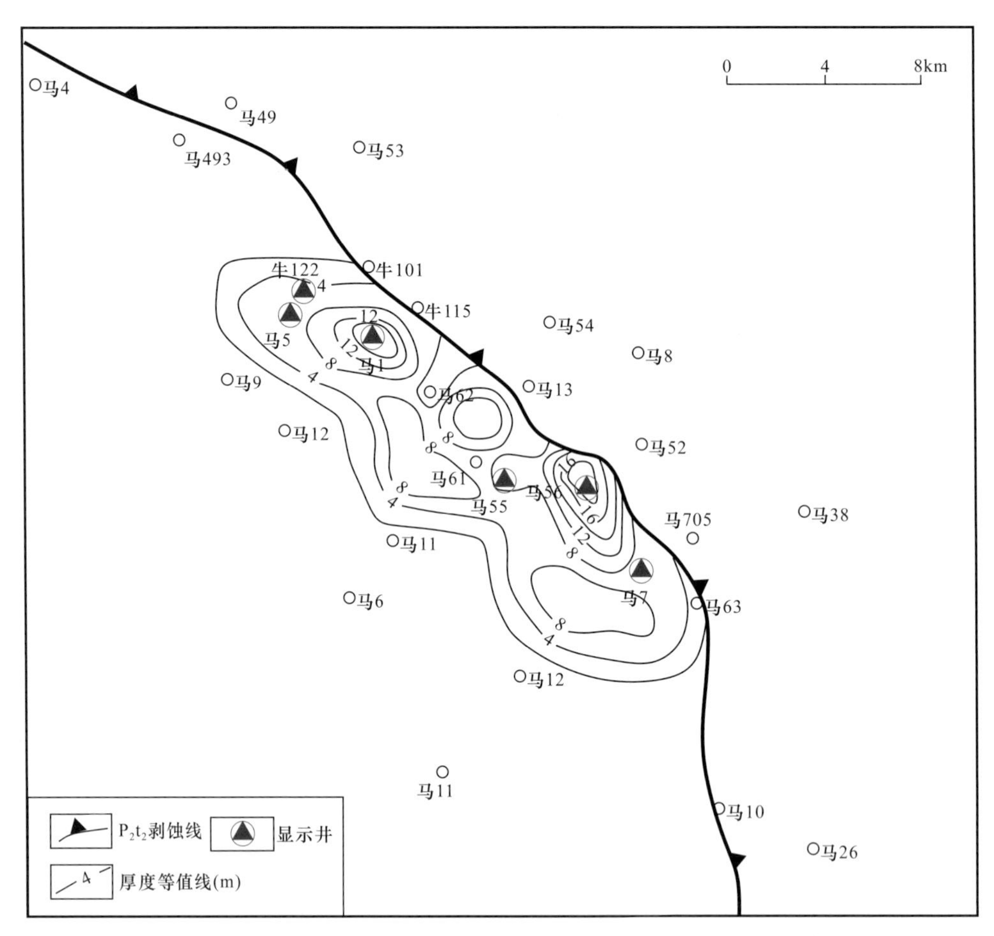

图 3-31　马朗凹陷条湖组二段凝灰岩致密油储层段油显示厚度分布图

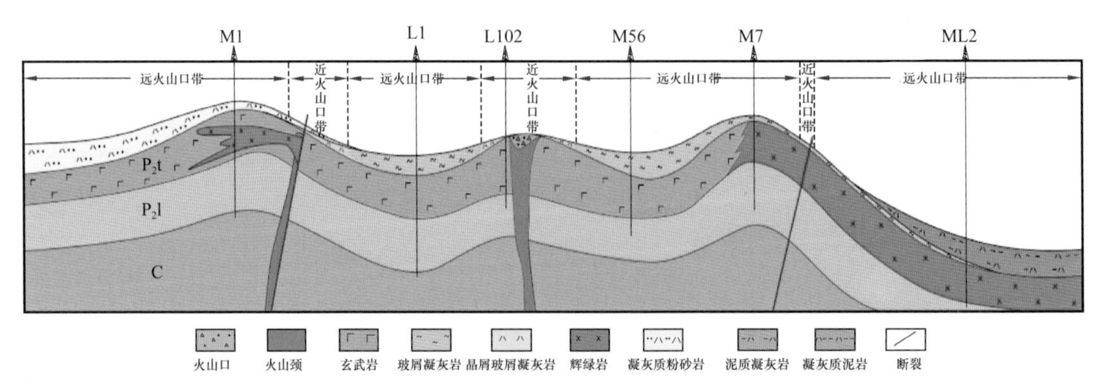

图 3-32　火山口控制凝灰岩分布模式图

马朗凹陷致密油凝灰岩储层主体发育区的芦 1 井—马 56 井—马 7 井区块为中酸性火山爆发、火山灰漂移远火山口空降较平静的浅湖—半深湖火山洼地或洼地斜坡沉积，物源主要为马 56 井块北东方向稍远区域，外围区域由于远离凝灰质火山爆发源，或由于陆源水系搬运沉积的掺和、构造或古地势高部位及滨湖区的湖水波浪扰动作用，该期中酸性火山灰难以集中富集，同时储层物性与含油性变差，其中北部缓坡为滨浅湖辫状三角洲、南部陡坡为扇三角洲沉积、凹陷中央区为浅湖—半深湖泥质岩、碳酸盐岩沉积（图 3-33）。

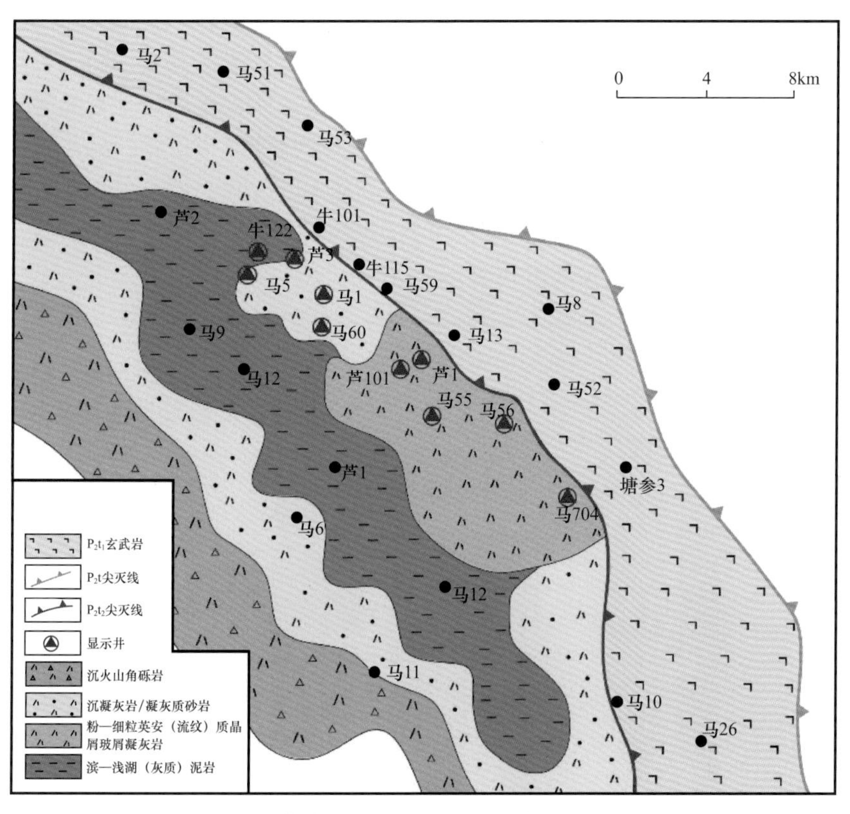

图 3-33　马朗凹陷条湖组二段到致密油储层段岩相平面分布图

第四节　条湖组凝灰岩形成环境与沉积模式

地壳上凝灰岩可以形成不同的环境，不同环境下形成的凝灰岩具有不同的岩石结构和沉积构造特征，反过来，我们可以根据凝灰岩结构和沉积特征确定凝灰岩的形成环境。

一、凝灰岩沉积特征

条湖组二段北部滨浅湖地带发育辫状河三角洲沉积，北部斜坡地区发育火山爆发远火山口沉积，南部陡坡带以粗粒（沉）火山碎屑岩或凝灰质砂砾岩沉积为特征，为火山爆发相或冲积扇—扇三角洲沉积。

北部滨浅湖地带辫状河三角洲沉积以马 1 井、马 55 井为代表（图 3–34、图 3–35）。马 1 井主要为（凝灰质）粉细—中粒长石岩屑砂岩，少量岩屑砂岩，岩心发育平行层理、条带状层理、同生内碎屑，单层厚度在 2m 左右，夹深灰色泥质条带或纹层，向上泥岩厚度增大，砂体变薄，整体为正韵律变化，薄片观察砂岩分选、磨圆好，杂基少，少量绿泥石黏土膜，斑状方解石、浊沸石胶结，表明其搬运距离稍远，沉积水体稍深，为弱碱性滨浅湖环境，砂体微相为水下分流河道、远沙坝与席状砂，为接近前三角洲的辫状河三角洲前缘地带。

北部斜坡带的浅湖地区发育远火山口火山尘（灰）凝灰岩沉积，以马 15、马 56、条 27 为代表（图 3–36 至图 3–38）。此带岩性主要为粉砂—泥级的沉凝灰岩，少量细粒级，岩心发育纹层状、波状纹理及块状或不明显正粒序层理，见泄水构造、同沉积同生凝灰岩岩屑，并发育一定量的生物碎屑；凝灰岩化学成分为长英质，碎屑组分为晶屑、玻屑、火山灰（尘）等火山碎屑物质，发育黄铁矿、泥粉晶碳酸盐等自生矿物；凝灰岩与浅湖相深色泥岩互层，本身吸附较多有机质，纯凝灰质层段基本不含陆源黏土，生物屑、晶屑等长轴顺层水平排列，但没有经过一定的水动力搬运作用，因此，认为该岩石类型为火山爆发、火山灰空降、浅湖环境沉积的凝灰岩。

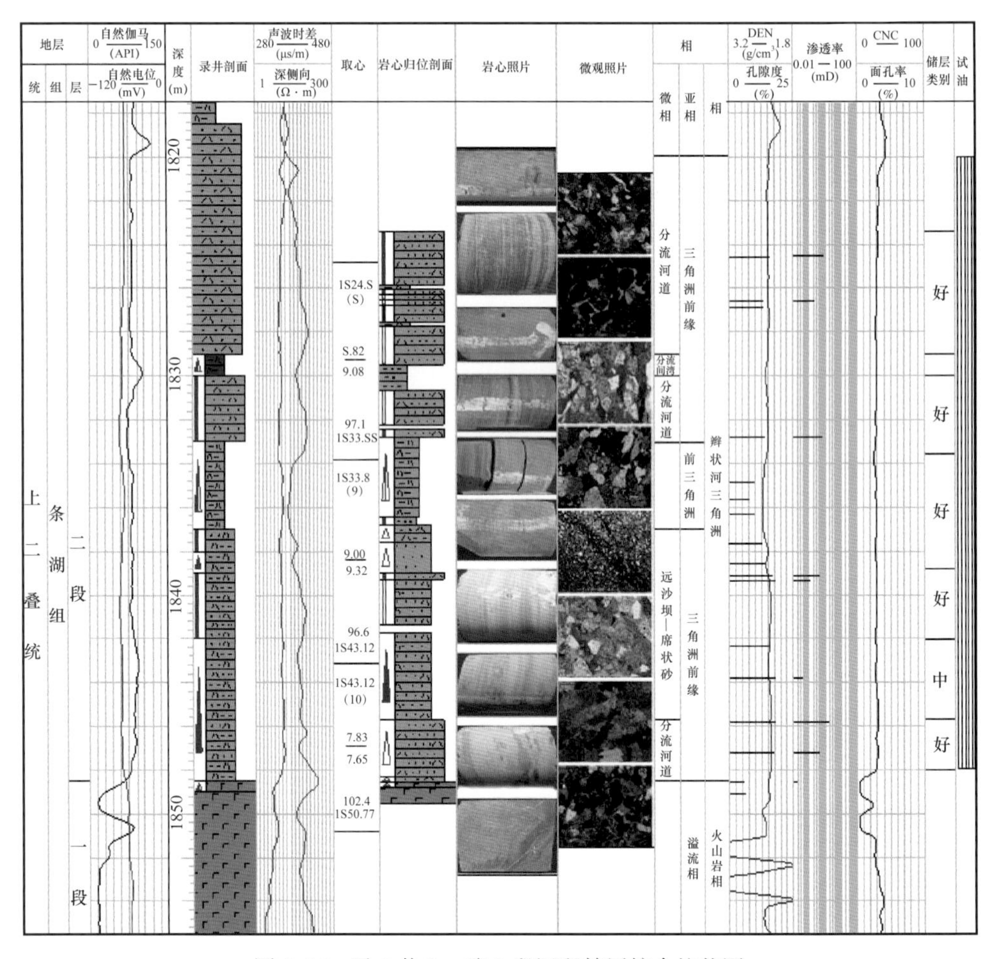

图 3–34　马 1 井 P_2t_2 取心段沉积储层综合柱状图

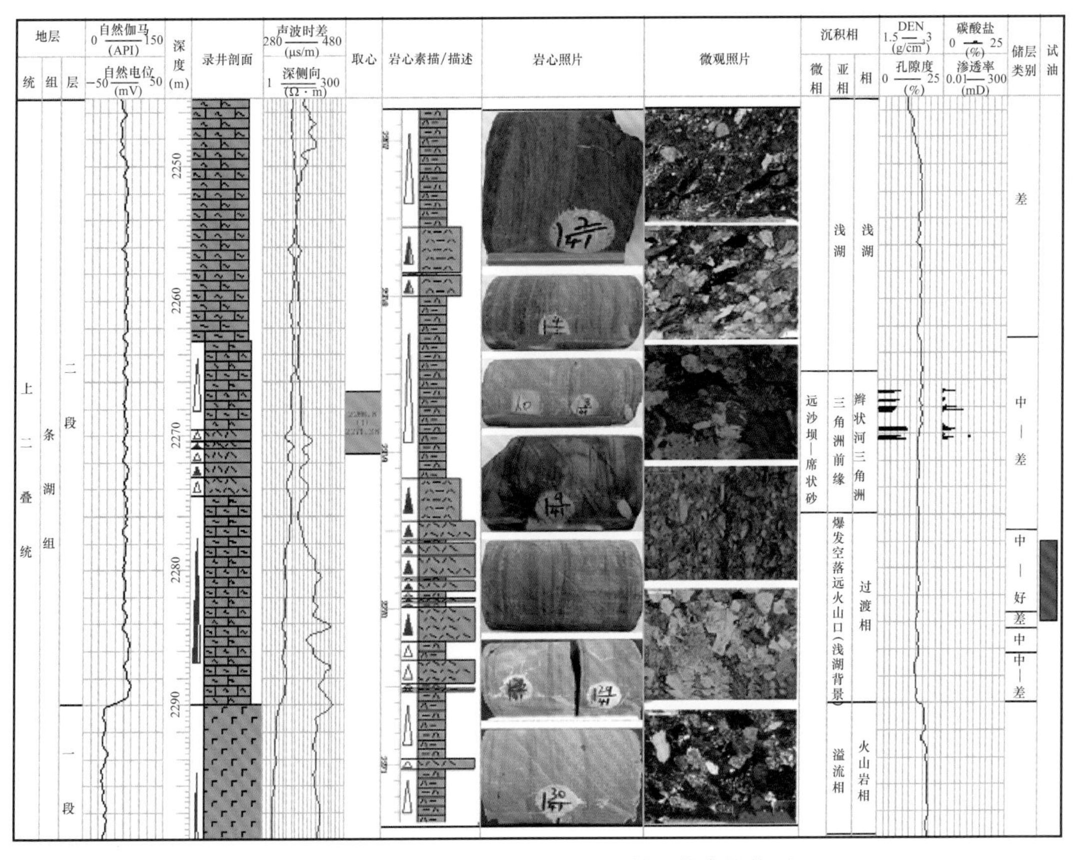

图 3-35　马 55 井 P_2t_2 取心段沉积储层综合柱状图

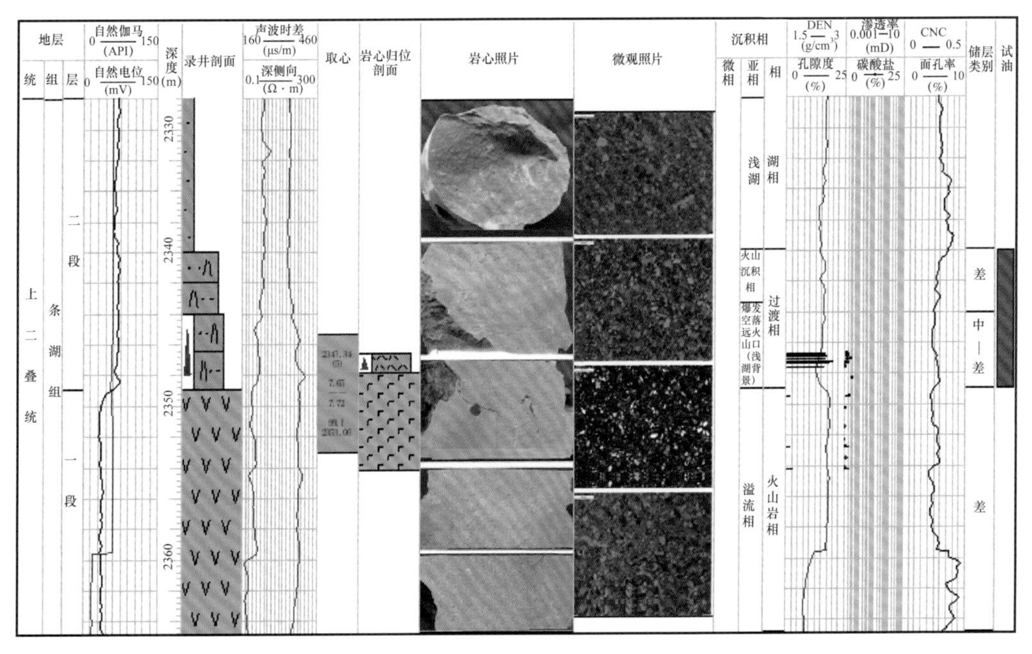

图 3-36　马 15 井 P_2t_2 取心段沉积储层综合柱状图

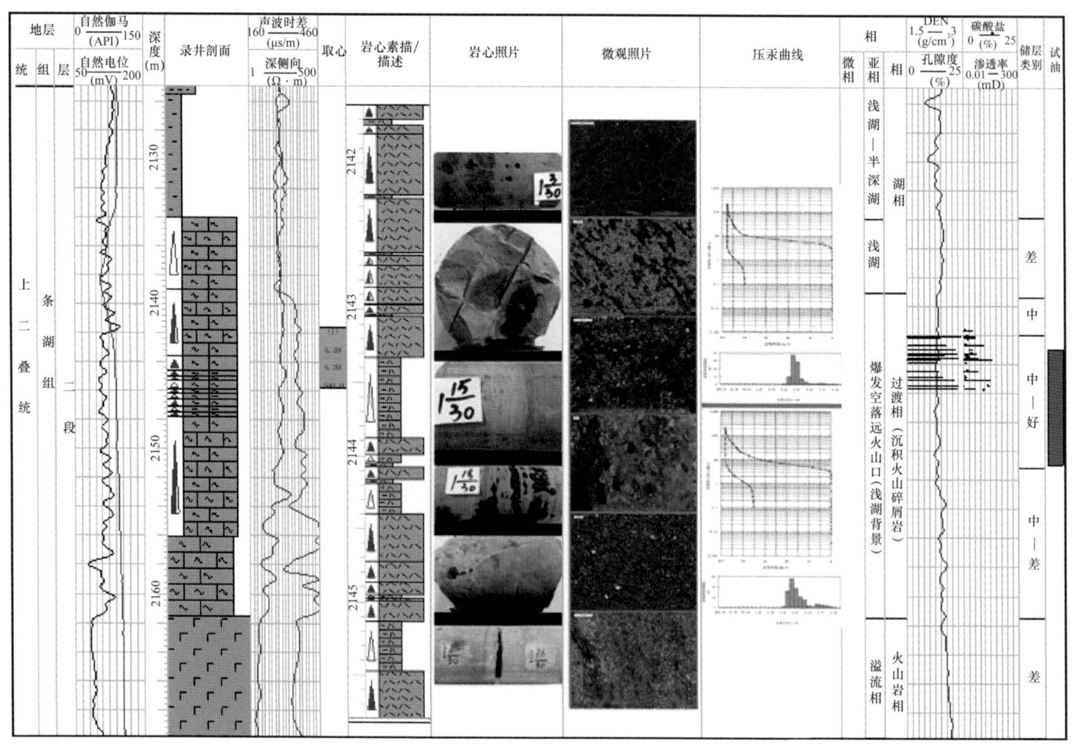

图 3-37 马 56 井 P_2t_2 取心段沉积储层综合柱状图

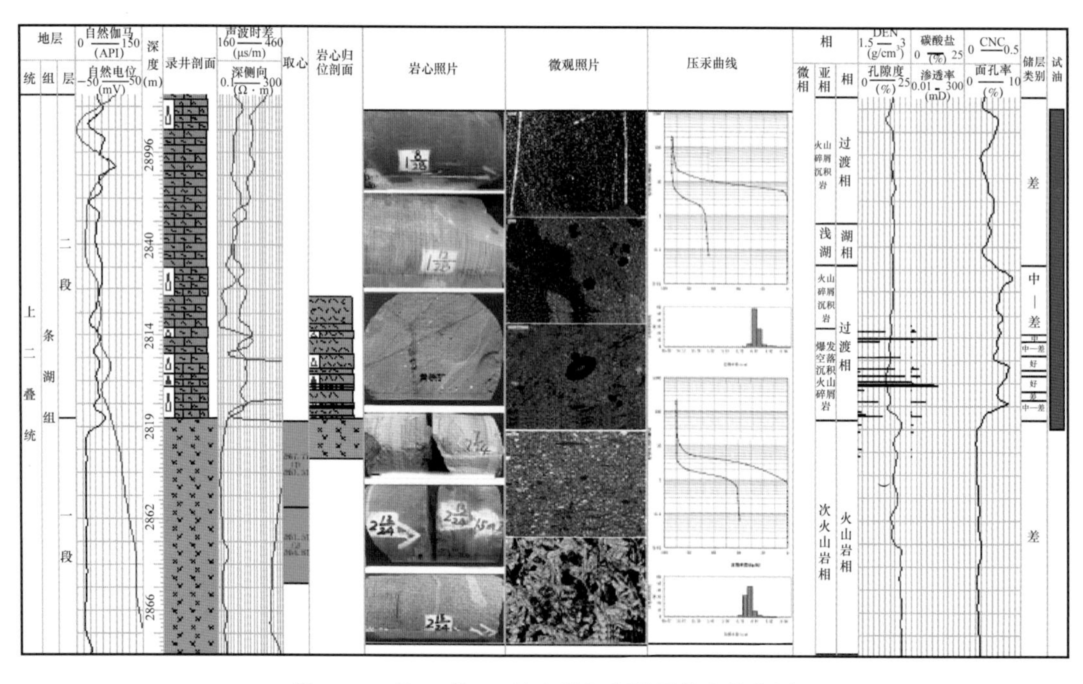

图 3-38 条 27 井 P_2t_2 取心段沉积储层综合柱状图

二、凝灰岩沉积环境

条湖组中酸性凝灰岩直接分布在一套稳定的中基性火山岩之上，形成于一个火山喷发旋回的末期，是岩浆由基性到酸性演化和火山活动由强到弱变化过程的产物。岩浆沿火山通道上升过程中，基性矿物发生结晶，分离出来，酸性岩浆 SiO_2 含量变高，黏度变大，流动能力变差，由于黏稠，堵塞火山口后，能量积压到一定程度，引起能量巨大释放的喷发作用从而形成火山灰。这种中基性火山岩与中酸性凝灰岩的接触模式称为“双峰”式火山喷发。双峰式火山岩通常被认为是在大陆裂谷中形成的，双峰式火山岩的成分间断实际上可以发生在任一 SiO_2 含量区间内，既可以是通常认为的流纹岩—玄武岩组合，也可以是中性岩—玄武岩组合或流纹岩—中性岩组合。一组时空上紧密伴生的、SiO_2 含量集中分布在两个区间或其间存在一定成分间断的火山岩系都称为一套双峰式火山岩组合。“双峰”式火山喷发的实例很多，如青海锡铁山矿床剖面的底部为一套中基性火山岩—酸性凝灰岩段，酸性火山岩多保留着火山岩的原岩结构，除少数薄层熔岩外，主要为流纹质凝灰岩，这在化学成分上显示为钙碱质特征的双峰型火山组合。东天山博格达陆内碰撞造山带属于大陆裂谷，全区早石炭世火山岩的 SiO_2 含量在 55%～64% 之间出现了明显的间断，其刺梅沟七角井组玄武岩和流纹岩在时空上紧密伴生，也为一典型的双峰式火山岩组合，且 Sr 同位素初始比值的一致性表明两者为同源同期的产物，玄武岩岩石来源于亏损地幔，与之伴生的流纹岩是由玄武岩岩浆分离结晶作用形成的。Pearce and Cann（1973）最先提出了可以利用地球化学方法区别产生于不同大地构造背景的玄武岩，并建立了构造—岩浆判别图解，而后又发展到对花岗质岩浆的判识。之后，又有很多学者提出了基于化学成分判断岩浆源区大地构造环境的众多图解。前人研究表明三塘湖盆地二叠系火山岩样品点均落在板内玄武岩区，微量元素比值蛛网图也显示板内火山岩的特征，推测火山岩和凝灰岩均形成于造山期后的拉张伸展陆内裂谷环境，与岛弧无关。

水下喷发与陆上喷发火山岩在与下伏地层接触关系、岩性、结构构造、产状等方面有显著区别，马朗凹陷条湖组呈现“火山水下喷发、凝灰岩水下沉积”的特点。

陆上喷发形成的火山岩地层受火山斜坡影响，常与下伏地层呈角度不整合接触关系。马朗凹陷芦草沟组为湖相沉积环境，条湖组是在芦草沟组沉积基础上继承性形成，两者之间表现为明显的整合接触关系（图 3-39），钻井未发现明显的风化壳；且已钻探井表明，条一段火山岩间有凝灰质泥岩（或泥岩）夹层，显示火山在湖盆中水下喷发的特征。

镜下观察发现，部分凝灰岩内含有少量的安山岩岩屑，棱角明显，表明未经远距离搬运磨圆，是火山口位于湖盆内的证据（图 3-40）。即认为安山岩岩屑是火山活动时，火山口处中性火山岩体随火山灰一起崩落形成的。

此外，若为远源火山灰飘落到湖中沉积，形成的凝灰岩厚度一般较小（往往为厘米级与泥岩互层），而马朗凹陷条湖组凝灰岩厚度一般为 10～30m，也是火山水下喷发、火山灰就近飘落在湖盆水下沉积形成凝灰岩的有力证据。水下沉积有利于有机质的形成，条湖组凝灰岩中含有沉积有机质，扫描电镜下能观察到有机质，且发育少量有机质孔（图 3-41a），凝灰岩中发育黄铁矿（图 3-41b），表明凝灰岩形成于还原环境。

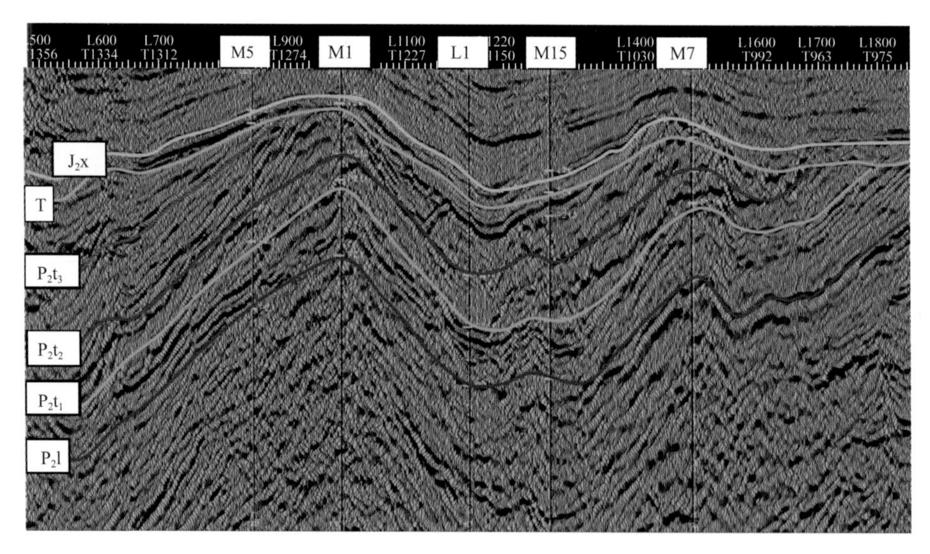

图 3-39　条湖组和芦草沟组地层展布特征

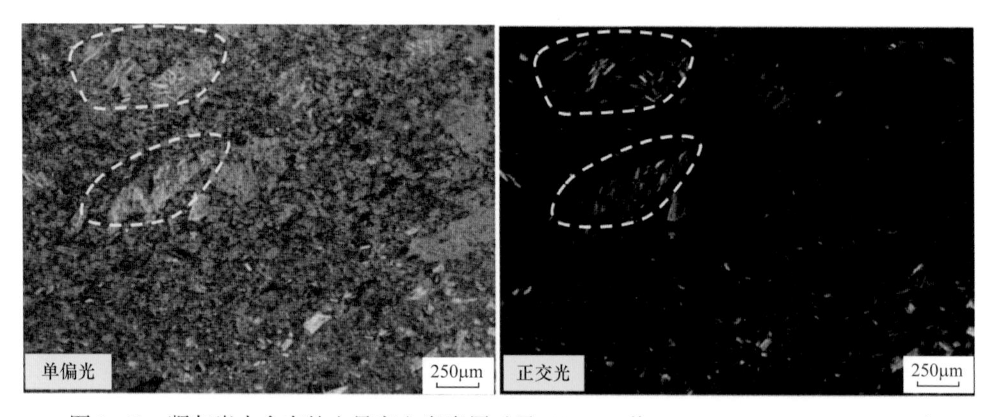

图 3-40　凝灰岩内含有的少量安山岩岩屑（马 56-15H 井，2255.28～2255.46m，P_2t_2）

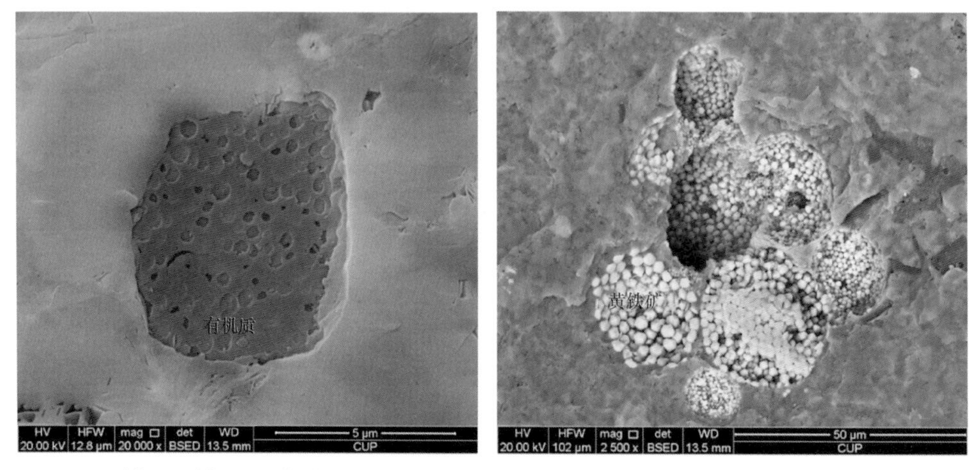

(a)有机质及有机质孔，芦1井，2548.7m　　(b) 黄铁矿，芦1井，2548.7m

图 3-41　条湖组凝灰岩中有机质及黄铁矿镜下特征

三、凝灰岩沉积模式

马朗凹陷条湖组沉积时期主要发育扇三角洲—湖泊沉积体系（图 3–42）。从条湖组一段到二段，地层岩性由以火山岩为主变为以凝灰岩、泥质岩为主，其中，条二段底部主要为凝灰岩，向上演变为泥岩或凝灰质泥岩，表明沉积相由火山岩相变为碎屑岩沉积相。根据单井相的划分，条一段主要为火山岩岩相，条二段底部凝灰岩段主要为半深湖—浅湖相，条二段上部主要为浅湖相，在凹陷的不同部位略有差异（图 3–43）。

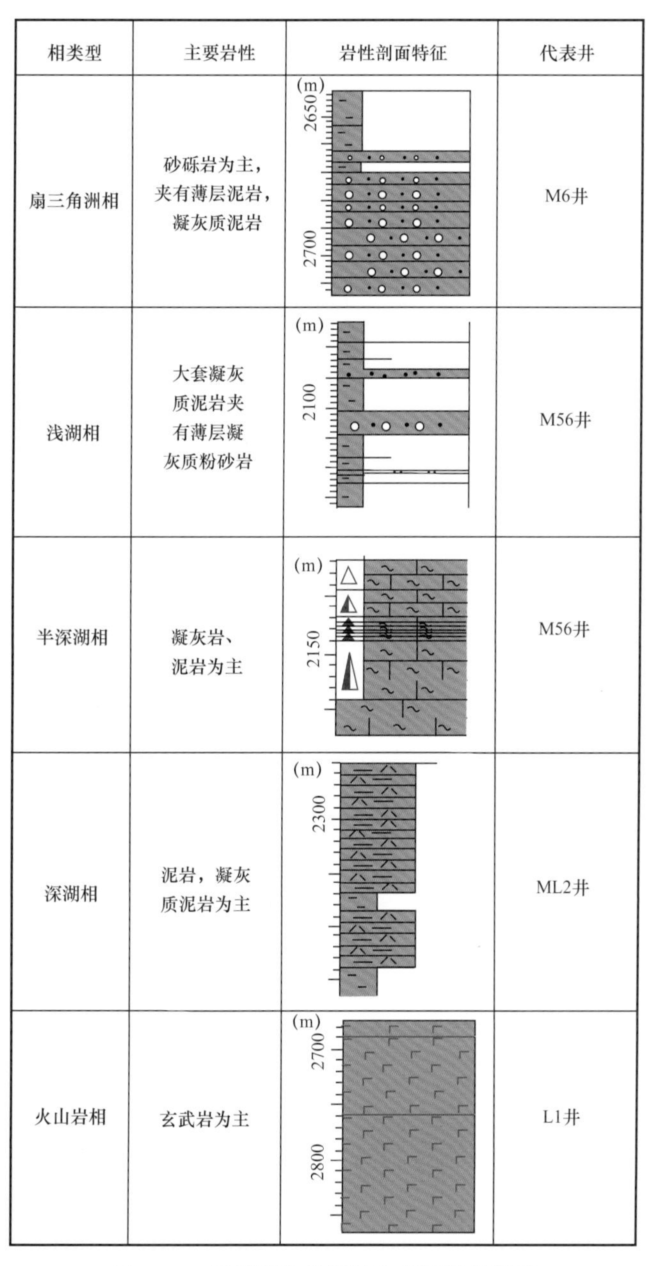

相类型	主要岩性	岩性剖面特征	代表井
扇三角洲相	砂砾岩为主，夹有薄层泥岩，凝灰质泥岩	(m) 2650 2700	M6井
浅湖相	大套凝灰质泥岩夹有薄层凝灰质粉砂岩	(m) 2100	M56井
半深湖相	凝灰岩、泥岩为主	(m) 2150	M56井
深湖相	泥岩，凝灰质泥岩为主	(m) 2300	ML2井
火山岩相	玄武岩为主	(m) 2700 2800	L1井

图 3–42　马朗凹陷条湖组主要沉积相类型

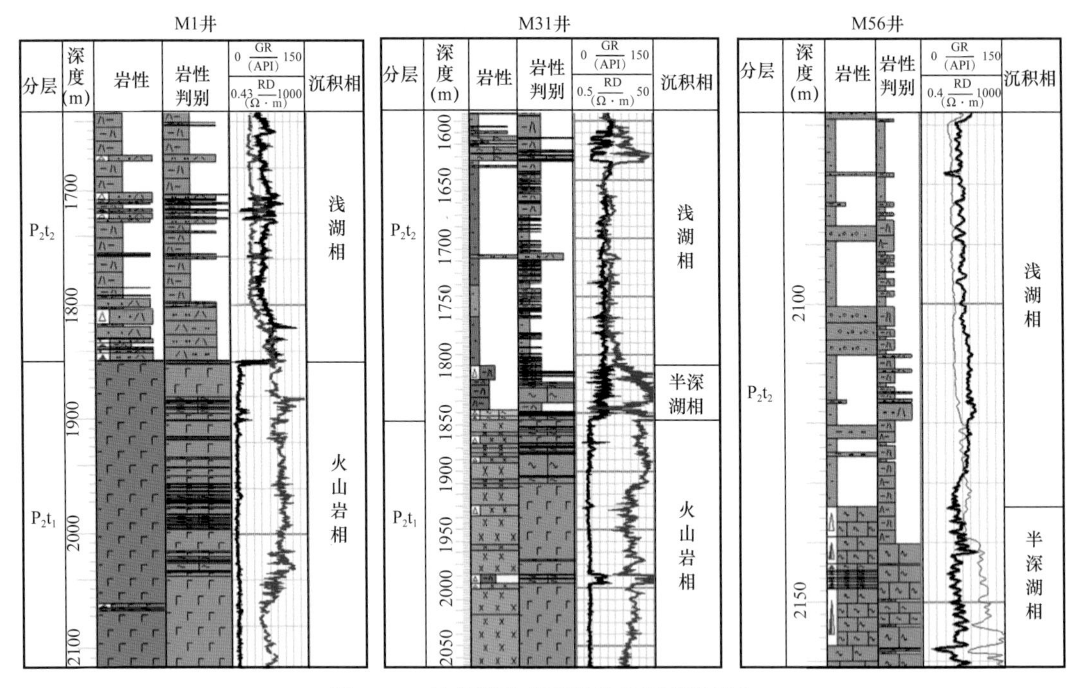

图 3-43　马朗凹陷条湖组单井沉积相划分

条湖组沉积时期，马朗凹陷表现为南陡北缓的特征，是一个南东—北西走向的狭长断陷湖盆。条湖组二段底部凝灰岩形成时，盆地的大部分区域都处于半深湖相，盆地中心处发育深湖—半深湖相，盆地边缘局部发育浅湖相（图 3-44）。从条二段底部到条二段上部，是一个水体逐渐变浅的过程，深湖—半深湖范围变小，浅湖范围增大，逐渐变为以粗碎屑岩沉积为主。在凹陷的西南部发育有砂砾岩，推测有扇三角洲沉积，但范围可能较小。马朗凹陷西南部边界断裂附近还发育溢流相火山岩，火山喷发早期主要是基性玄武岩，晚期有中性的安山岩，部分地区有侵入岩，火山活动间歇期沉积了少量的碎屑岩。西

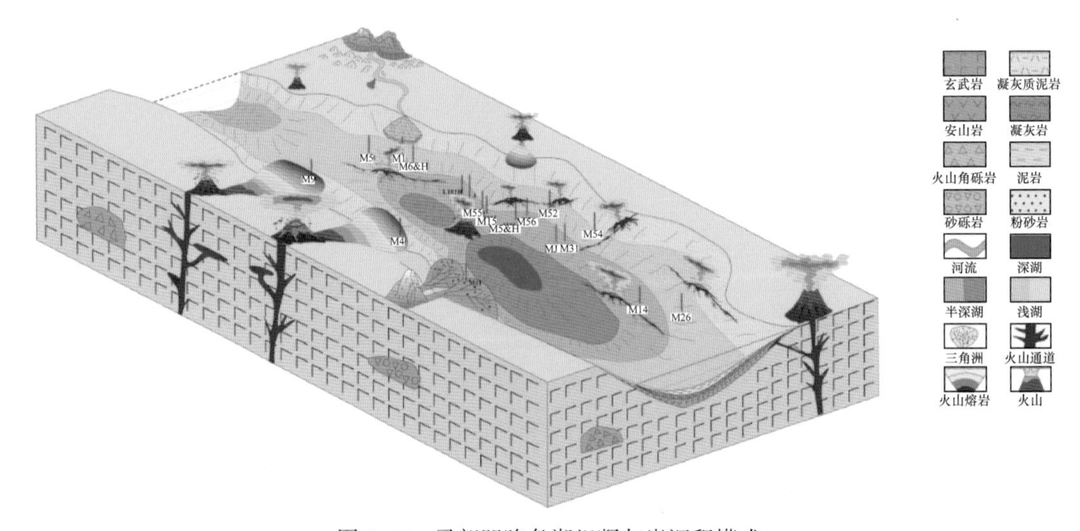

图 3-44　马朗凹陷条湖组凝灰岩沉积模式

北部缓坡区有河流注入，也有溢流相火山岩分布，但大部分被剥蚀，现今残留的不多。由于条湖组沉积时期火山喷发强度逐渐减弱，条二段沉积早期，火山灰集中降落水中，主要在凹陷的半深湖—浅湖区沉积了一套凝灰岩，厚度不大，后期则以正常碎屑岩沉积为主，中部深凹带的深湖区也可能发育凝灰岩或凝灰质泥岩。

第四章　含沉积有机质凝灰岩致密储层孔隙形成机理

与碎屑岩储层特征不同，凝灰岩储层成岩作用和孔隙形成与演化机制有其独特性，凝灰岩储层质量的控制因素也与碎屑岩有差异。本章主要介绍条湖组含沉积有机质中酸性凝灰岩储层的特征及孔隙形成与演化机理。

第一节　凝灰岩致密储层物性特征

凝灰岩储层岩石学特征已在第三章中阐述，这里主要介绍条湖组凝灰岩储层物性特征和孔隙结构特征。

一、孔渗特征

凝灰岩的物性直接决定其储集油气的能力，从大量实测的条湖组含沉积有机质凝灰岩的孔隙度和渗透率数据统计结果来看，凝灰岩储层具有中高孔低渗的特点，孔隙度主要分布在10%～25%，空气渗透率大都小于1.0mD，主要分布在0.01～0.5mD（图4-1）。含沉积有机质凝灰岩的孔隙度明显大于其他类型致密储层的孔隙度，致密的粉细砂岩和碳酸盐岩的孔隙度一般小于10%～12%。

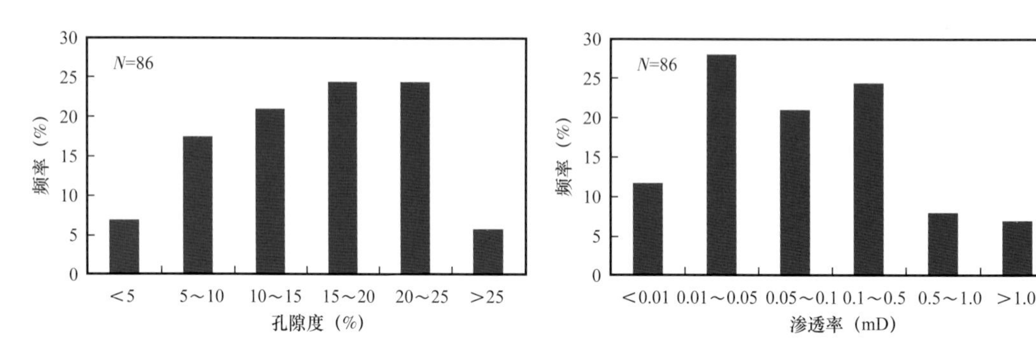

图4-1　条湖组凝灰岩孔隙度和渗透率分布图

凝灰岩储层孔隙度和渗透率之间有一定的正相关性，即孔隙度越大，渗透率也越大，但比较复杂，这与其他致密储层孔渗关系类似。并且，凝灰岩的物性影响其含油性，孔隙度和渗透率越大，含油级别越高。统计发现，油斑和油浸级别的凝灰岩孔隙度大都大于15%，渗透率大于0.1mD；油迹级别的凝灰岩孔隙度主要分布在7%～15%之间，渗透率分布在0.01～0.1mD（图4-2）。

根据条湖组凝灰岩孔隙度与深度的散点图（图4-3），深度在1800～3000m范围内，凝灰岩孔隙度变化较大，从 5%～24% 都有分布，凝灰岩孔隙度并没有明显地受到深度的控制，反而在埋深较大的部位孔隙度有略微增大的趋势。其原因可能是凝灰岩颗粒较细，经过早期压实作用和熔结作用共同影响，具备了较坚硬的“岩石骨架”，在其埋藏过程中，压实作用对于孔隙度的减小只起到很小的作用，所以凝灰岩孔隙度与深度并无明显的负相关关系。对于凝灰岩孔隙度随着埋深略有增大的趋势，是由于深部温度升高，促进了脱玻化作用的进行，增孔作用增强。

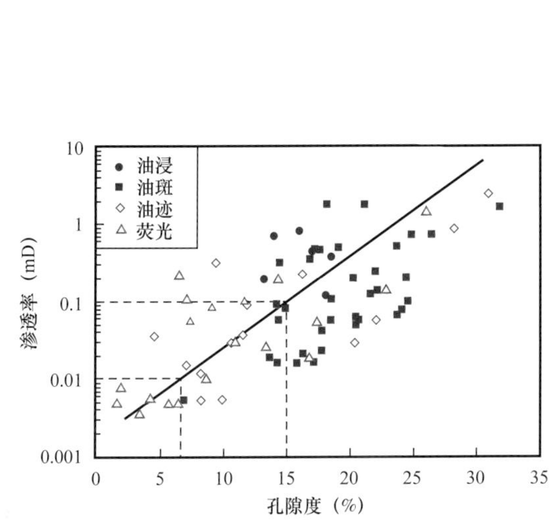

图 4-2　条湖组凝灰岩渗透率和孔隙度的关系图

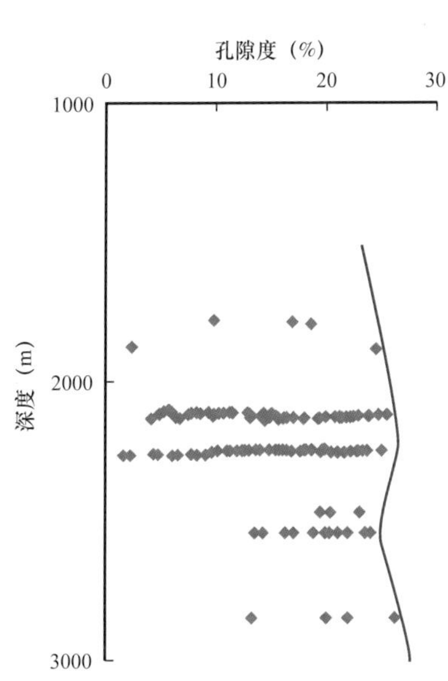

图 4-3　凝灰岩孔隙度与深度关系图

二、孔隙结构特征

1. 孔喉结构特征

孔隙结构指的是岩石中孔隙和喉道的数量、大小、几何形态、分布及其连通关系等，代表着岩石的储集性能和渗流特征。采用压汞法来研究孔隙结构，压汞法所获得的孔隙结构参数大致可分为三类：（1）反映孔喉大小的参数，如最大孔喉半径、平均孔喉半径和饱和度中值孔喉半径；（2）反映孔喉分选性的参数，如偏度和分选系数等；（3）反映孔喉连通性的参数，如排驱压力、饱和度中值压力、最大进汞饱和度和退汞效率等。

1）孔喉大小

条湖组凝灰岩储层最大孔喉半径分布在 0.013～0.835μm 之间，平均值为 0.205μm；平均孔喉半径分布在 0.003～0.286μm 之间，平均值为 0.085μm；饱和度中值孔喉半径分布在 0.004～0.368μm 之间，平均值为 0.090μm。由以上数据可知，凝灰岩储层孔喉半径都在 1.0μm 以下，普遍小于 0.5μm，属于典型的微孔隙。

2）孔喉分选性

条湖组凝灰岩储层偏度主要分布在 0.07～12.8 之间，平均值为 1.90；分选系数主要分布在 0.004～0.325 之间，平均值为 0.074。表明凝灰岩孔喉分选性整体上良好，但孔喉偏细。

3）孔喉连通性

条湖组凝灰岩储层排驱压力主要分布在 0.88～58.2MPa 之间，平均值为 11.35MPa；饱和度中值压力主要分布在 2～188.6MPa 之间，平均值为 36.9MPa；最大进汞饱和度主要分布在 54.1%～99.1% 之间，平均值为 87.9%；退汞效率分布在 0～51.04% 之间，平均值为 25.1%。由以上数据可知，凝灰岩储层排驱压力整体上较高，这反映出其孔喉偏小的特点，但最大进汞饱和度和退汞效率也较高，反映出主要孔喉是彼此连通的。

研究发现，凝灰岩样品的介孔孔隙体积主要分布在 0.013～0.041mL/g，平均值为 0.028mL/g；而宏孔孔隙体积主要分布在 0.013～0.156mL/g，平均值为 0.098mL/g。从吸附法测得的介孔孔隙分布来看，介孔主要分布在 4nm 左右。从压汞测得的孔喉半径的分布来看，平均孔喉半径主要分布在 0.01～0.28μm。例如，马 56 井 2142.18～2142.30m 样品吸附测得孔隙体积为 0.013mL/g，微孔孔隙直径主要分布在 4.15nm 左右；压汞测得孔隙体积为 0.124mL/g，平均孔喉半径为 0.10μm。马 56-12H 井 2118.4～2118.49m 样品吸附测得孔隙体积为 0.03mL/g，微孔孔隙直径主要分布在 4.07nm 左右；压汞测得孔隙体积为 0.132mL/g，平均孔喉半径为 0.20μm（图 4-4 至图 4-6）。所以宏孔孔隙体积比介孔孔隙体积大得多，对于凝灰岩，孔隙类型应该还是以宏孔为主的，大孔隙对孔隙度的贡献最大。

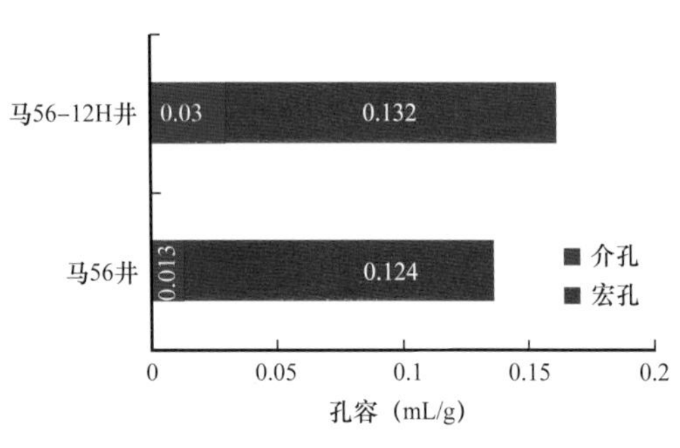

图 4-4　不同尺度孔隙体积分布

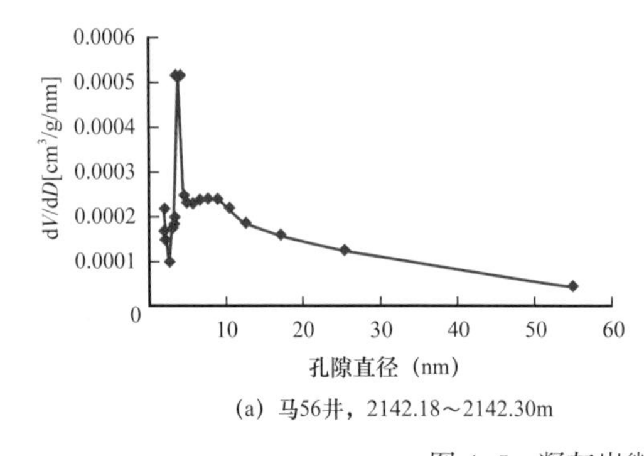

(a) 马56井，2142.18～2142.30m

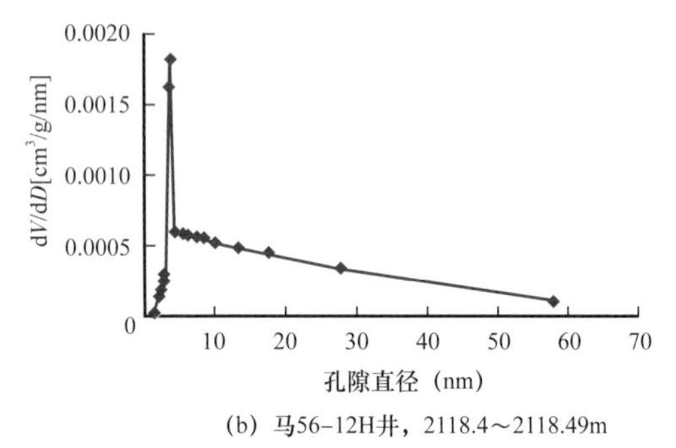

(b) 马56-12H井，2118.4～2118.49m

图 4-5　凝灰岩微孔孔隙直径分布

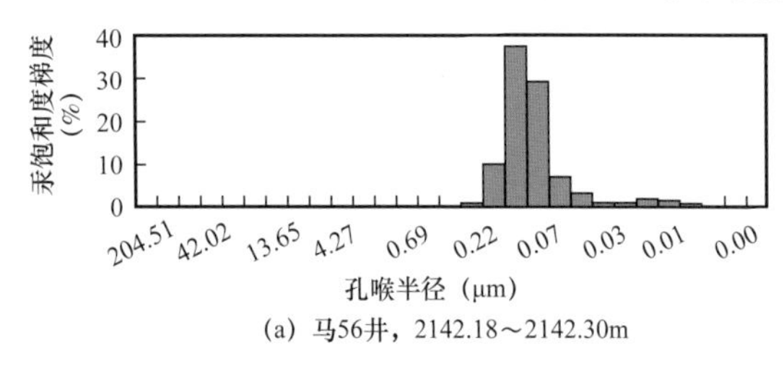

(a) 马56井，2142.18～2142.30m

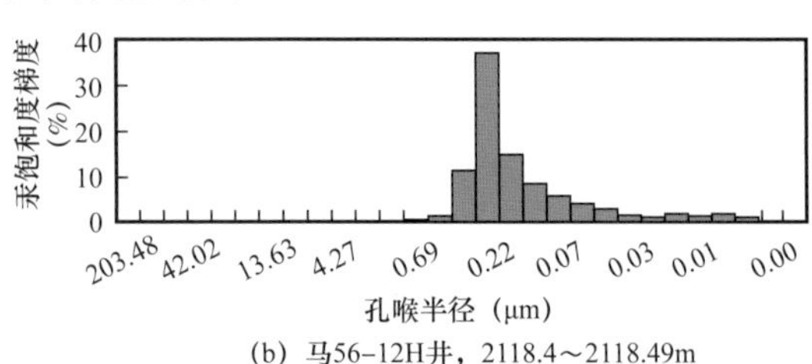

(b) 马56-12H井，2118.4～2118.49m

图 4-6　凝灰岩宏孔孔喉半径分布

核磁实验表明，凝灰岩储层骨架和杂基中顺磁性物质较少，对 T_2 谱的影响可以忽略不计。通过不同转速离心力实验确定最佳离心力约为 7900 转速，即约 300psi。由于沉凝灰岩储层以“三微”孔隙为主，T_2 谱较少有明显的“双峰”特征，主峰基本分布在 0.5～5ms 和 2～20ms 之间，不同物性的岩样在相同实验室测量参数下 T_2 截止值存在一定差异，目前确定的沉凝灰岩储层 T_2 截止值平均为 2.5ms（图 4-7）。

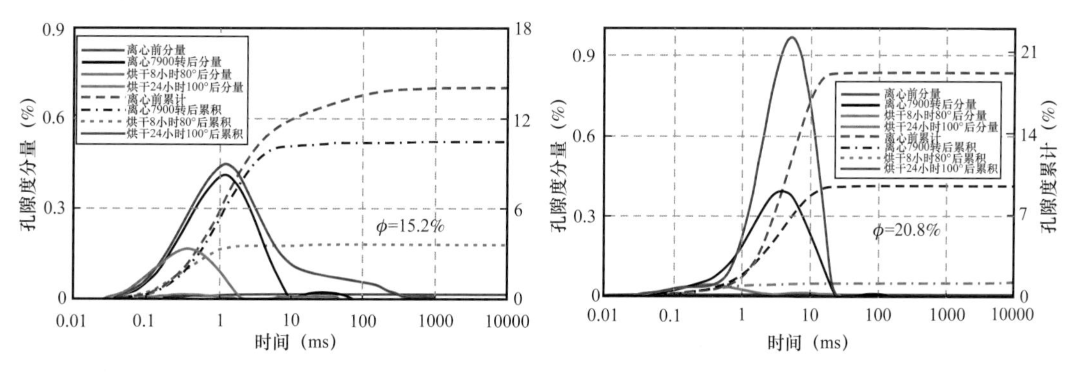

图 4-7　马 55 井、马 56 井沉凝灰岩核磁共振 T_2 谱特征

2. 孔喉结构类型

根据压汞曲线及其参数特征将条湖组凝灰岩孔隙结构类型分为四类：高孔粗喉型、中孔细喉型、低孔细喉型、特低孔中喉型。凝灰岩的孔喉结构与孔隙度之间具有较好的相关性，这四种孔隙结构类型与前文所述的四种凝灰岩岩石类型相对应（图 4-8）。

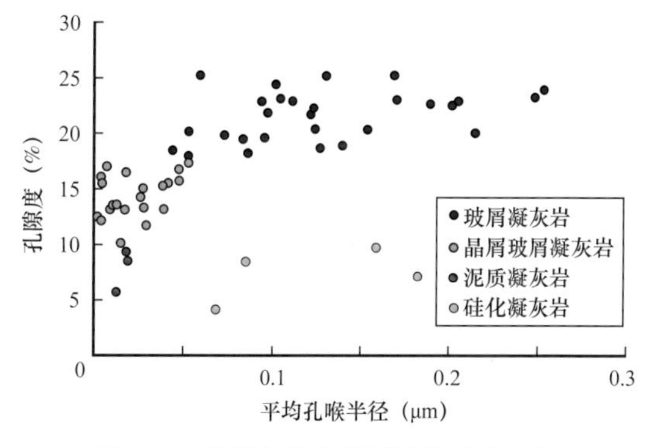

图 4-8　条湖组凝灰岩平均孔喉半径与孔隙度关系图

1）高孔粗喉型

压汞曲线直线段斜率小且较长，反映喉道分布集中，排驱压力较小，退汞效率较高（主要分布在 40%～51%），说明孔隙结构很好（图 4-9）。该类孔隙结构的凝灰岩储层物性最好，孔隙度大都大于 18%。此类孔隙结构多出现在玻屑凝灰岩中，因为玻屑凝灰岩中可供脱玻化的玻屑成分含量最高，黏土矿物含量最低，颗粒最细，脱玻化孔最多，相邻的脱玻化孔彼此连通性好，共同促进了高孔粗喉孔隙结构的形成。

2）中孔细喉型

压汞曲线直线段斜率也较小且较长，反映喉道分布相对集中，但排驱压力较大，退汞效率较高（主要分布在 10%～40%），说明孔隙结构较好（图 4-10）。该类孔隙结构的凝灰岩储层物性较好，孔隙度分布范围为 10%～18%。此类孔隙结构多出现在晶屑玻屑凝灰岩中，由于晶屑含量增加，可供脱玻化的成分减少，使孔隙度降低。此外，该类凝灰岩中伊蒙混层黏土矿物含量较高，它会充填、分割孔隙，使孔隙结构复杂化，导致孔隙度下降，喉道变细，物性变差。

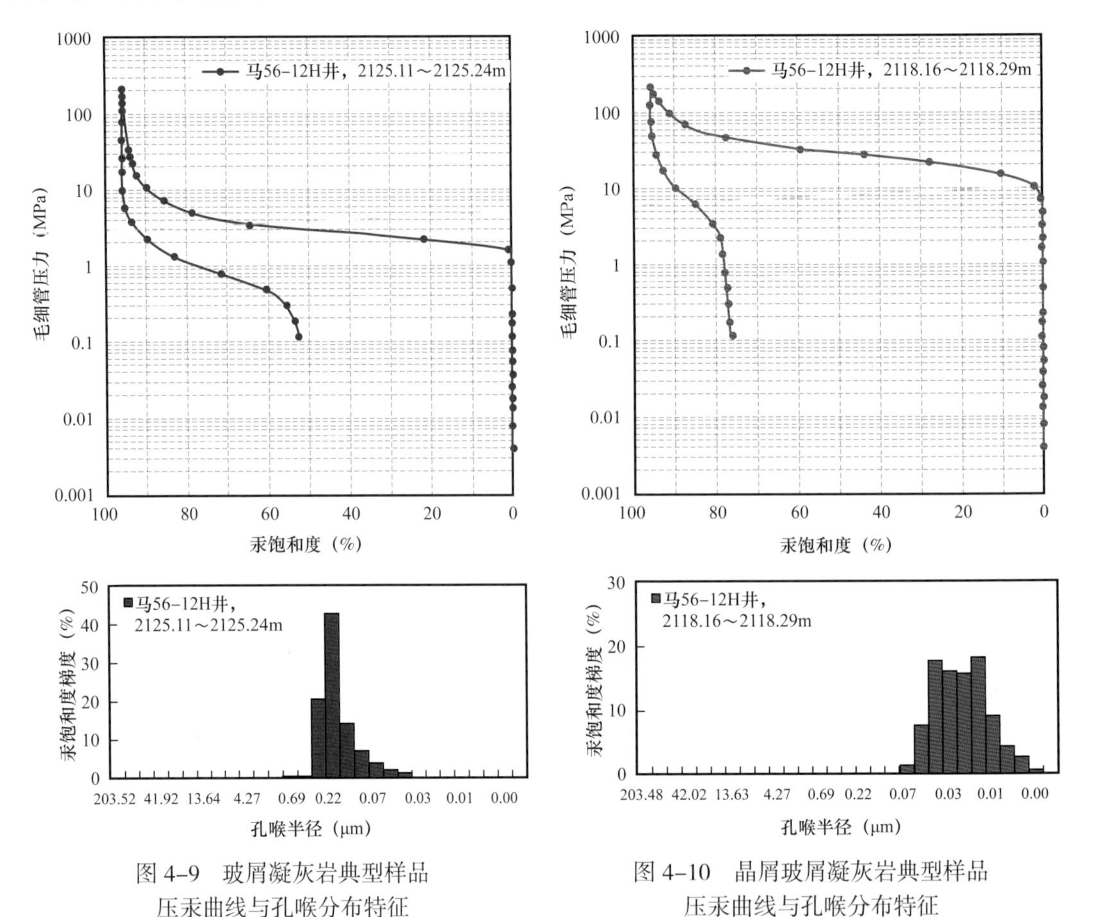

图 4-9　玻屑凝灰岩典型样品压汞曲线与孔喉分布特征

图 4-10　晶屑玻屑凝灰岩典型样品压汞曲线与孔喉分布特征

3）低孔细喉型

压汞曲线直线段斜率也较大且较短，排驱压力较大，退汞效率较低（小于 20%），说明孔隙结构差（图 4-11）。该类孔隙结构的凝灰岩储层物性较差，孔隙度一般小于 10%。此类孔隙结构主要出现在泥质凝灰岩中，泥质成分堵塞孔隙，而且原始泥质含量高，孔隙流体流动不畅，脱玻化作用受到严重阻碍，从而导致储层物性较差。

4）特低孔中喉型

压汞曲线直线段斜率既大又短，排驱压力中等，退汞效率低（小于 20%），说明这类储层孔隙结构较差（图 4-12）。该类孔隙结构的凝灰岩很致密，储层物性也较差，孔隙度一般小于 10%。此类孔隙结构多出现在硅化凝灰岩中，孔喉半径由于保留了部分原始玻屑凝灰岩的特征，表现出“双峰”的特点，大小均有，但平均孔喉半径一般大于 0.05μm（图 4-11）。

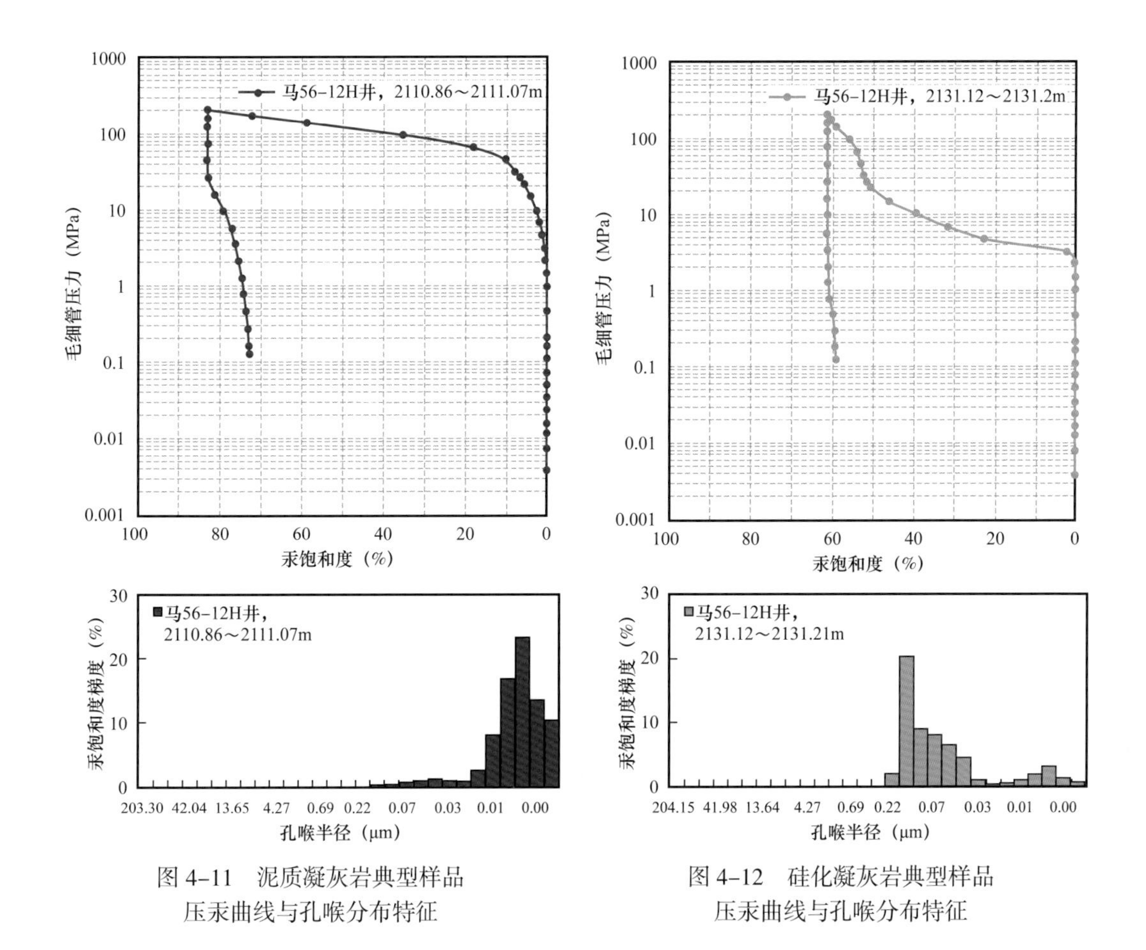

图 4-11　泥质凝灰岩典型样品压汞曲线与孔喉分布特征

图 4-12　硅化凝灰岩典型样品压汞曲线与孔喉分布特征

第二节　凝灰岩微观孔隙特征与形成机理

由于凝灰岩为细粒沉积物，孔隙往往以微孔为主。然而，与泥页岩等细粒沉积物不同，凝灰岩微观孔隙形成机理有其特殊性。

一、凝灰岩储集空间类型

条湖组凝灰岩储层致密，常规岩石薄片下很难看到孔隙，但 CT 和扫描电镜下发现微小孔隙很发育，单个微孔孔隙体积很小，但数量巨大，孔隙大小主要是微米—纳米级。为了统一，这里采用 Loucks 等（2012）对非常规泥页岩的分类方案，凝灰岩中与基质有关的孔隙可以分为四类：（1）粒间孔；（2）粒内孔；（3）有机质孔；（4）裂缝。

1. 粒间孔

凝灰岩是火山灰经固结压实作用形成的，火山玻璃质是岩浆快速冷却条件下形成的极其不稳定的混合组分，其成分主要为硅酸盐，以氧化物的形式表示有 SiO_2、Al_2O_3、FeO、Fe_2O_3、MgO、CaO、Na_2O、K_2O、H_2O 等。在埋藏过程中，随着时间、温度和压力的变化，会发生强烈的脱玻化作用，当有水介质存在时，经水解脱玻化，其中一部分组分随孔隙水流失，剩余组分发生重结晶转化为雏晶或微晶，进而形成新的矿物。脱玻化的形成过程包括了玻璃质的溶解—沉淀、重结晶、金属离子的迁移转化等一系列地球化学作用，形成新矿物时体积缩小，从而在不同矿物之间形成大量的微孔隙。凝灰岩中矿物之间的粒间孔或微晶之间的晶间孔主要是脱玻化作用形成的，可以占凝灰岩中所有类型孔隙的70%左右，这种类型的孔隙成因只有火山岩中才有。条湖组凝灰岩的岩石学特征分析表明，凝灰岩矿物成分比较单一，主要是石英和长石，所以脱玻化形成的粒间孔主要是石英和长石颗粒之间的孔隙，扫描电镜下清晰可见（图4–13a、b）。

2. 粒内孔

条湖组凝灰岩中发育的粒内孔隙主要有长石溶蚀孔，以及黄铁矿微球团孔和黏土矿物中的孔隙。溶蚀孔隙的形成主要是由于生烃过程中产生的有机酸对不稳定矿物的溶蚀作用造成的。常见的是脱玻化作用产物之一长石矿物或凝灰岩中长石晶屑的溶蚀形成的溶蚀孔隙（图4–13c），扫描电镜能谱分析溶蚀孔隙所在的矿物的成分主要是O、Si、Al、Na。三塘湖盆地条湖组凝灰岩自身含有一定的沉积有机质，埋藏过程中会产生少量的有机酸，这些有机酸是长石发生溶蚀的主要原因。凝灰岩中也发育黄铁矿，表明凝灰岩形成于还原环境，黄铁矿微球团包括很多黄铁矿晶体，这些晶体之间也有很多微孔（图4–13d），也是烃类的储集空间。虽然凝灰岩中黏土矿物含量很低，但黏土矿物成分以绿泥石为主，绿泥石呈叶片状，叶片之间发育微孔隙（图4–13e）。

3. 有机质孔

条湖组凝灰岩中含有一定量的沉积有机质，且主要处于成熟演化阶段，有机质热演化生烃后会残留下来一些有机质孔。凝灰岩中的有机质孔可以通过氩离子抛光识别，主要呈圆形、椭圆形或不规则状，大小在1μm以下，即主要是纳米级别。这些孔隙也是含有机质凝灰岩致密储层的储集空间（图4–13f）。

4. 裂缝

凝灰岩由于岩石脆性较强，所以裂缝非常发育。根据裂缝的充填情况，可以将裂缝分为完全充填裂缝、半充填裂缝和未充填裂缝，各种裂缝在本区都有发育。

1）完全充填裂缝

完全充填裂缝多是由于构造应力作用而产生的裂缝，可以切穿很多个颗粒。本区裂缝多数都被后期方解石或者沥青所充填，被方解石完全充填的裂缝就不具储集性（图4–14，图4–15）。

2）半充填裂缝

半充填裂缝的充填物主要是方解石或者是沥青，它本身可以沟通多个裂缝及粒间孔，是良好的运移、渗流通道，也具有一定储集性能（图4–16，图4–17）。岩心观察发现裂缝中含油现象普遍。

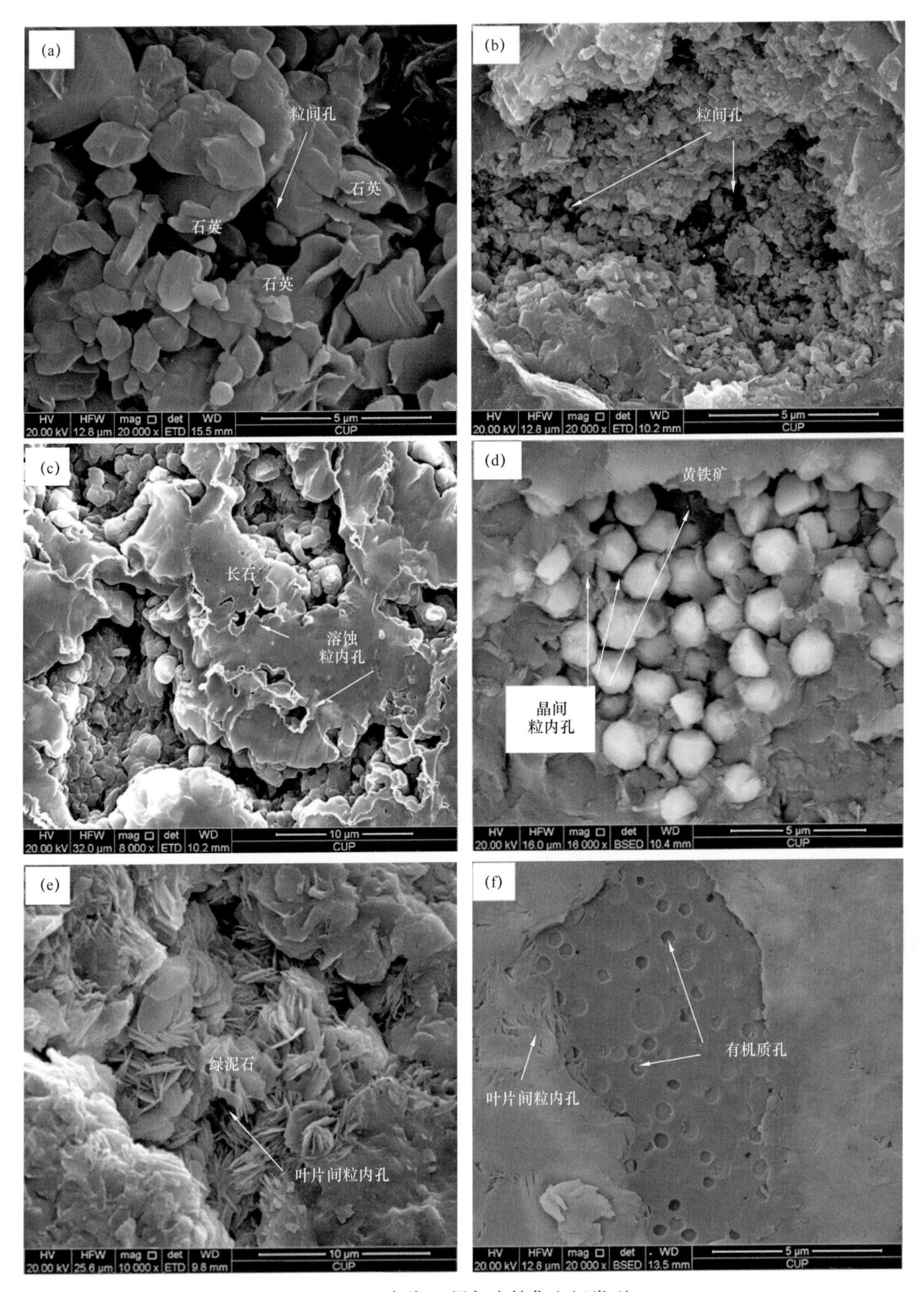

图 4-13　条湖组凝灰岩储集空间类型

（a）脱玻化作用形成的石英颗粒粒间孔，马 56 井，2143.3m；（b）脱玻化作用形成的石英、长石颗粒粒间孔，芦 1 井，2548.7m；（c）长石溶蚀形成的粒内孔，马 56 井，2143.3m；（d）黄铁矿粒内孔，芦 1 井，2548.7m；（e）绿泥石叶片间粒内孔，马 56 井，2142.5m；（f）有机质孔，芦 1 井，2548.7m

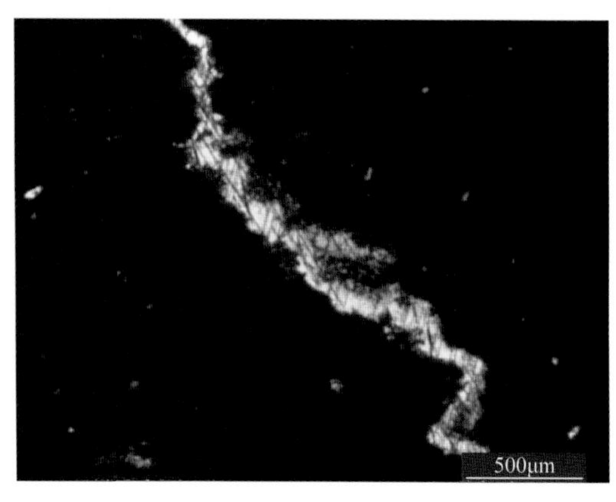

(a) 方解石充填裂缝，单偏光

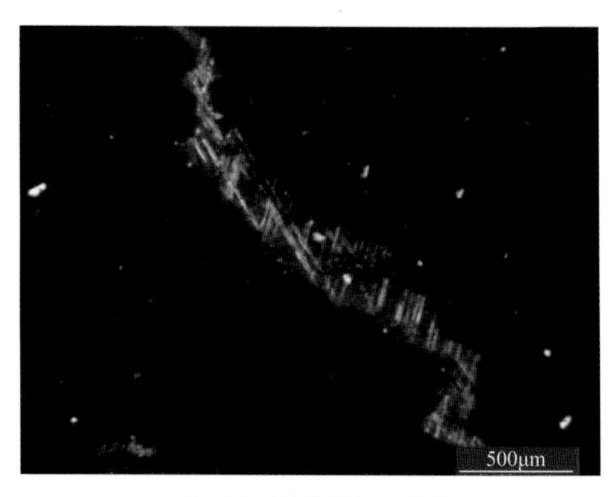

(b) 方解石充填裂缝，正交光

图 4-14 凝灰岩镜下照片（马 56 井，P_2t_2，2142.18m）

(a) 方解石充填裂缝，马56井，P_2t_2，2145.68m

(b) 方解石充填裂缝，马7井，P_2t_2，1790.97m

图 4-15 凝灰岩岩心照片

(a) 半充填裂缝，马56-15H井，P_2t_2，2247.73m

(b) 半充填裂缝，马56-15H井，P_2t_2，2251.89m

图 4-16 凝灰岩镜下照片（红色铸体）

(a) 半充填裂缝，马7井，P_2t_2，1790.97m

(b) 半充填裂缝，马56-12H井，P_2t_2，2129.88m

图 4-17　凝灰岩岩心照片

3）未充填裂缝

未充填裂缝在凝灰岩中也比较常见，这些裂缝不但可以沟通脱玻化孔和粒间孔，本身也具有很好的储集能力（图 4-18）。岩心观察看到很多开启的裂缝中富含残留油，表明这些裂缝是烃类重要的运移和渗流通道。

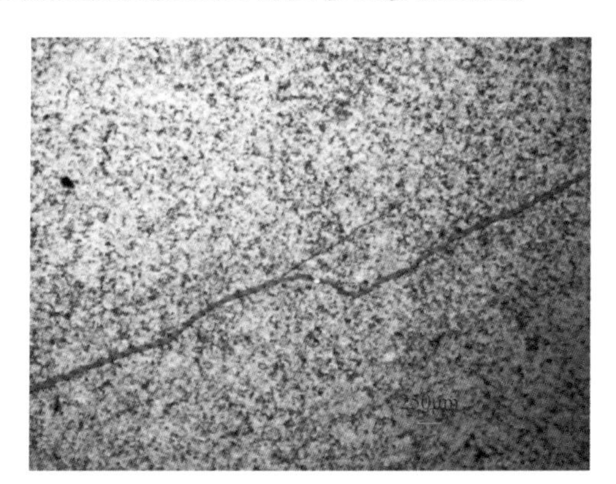

(a) 未充填裂缝，蓝色铸体，马56井，P_2t_2，2142.96m

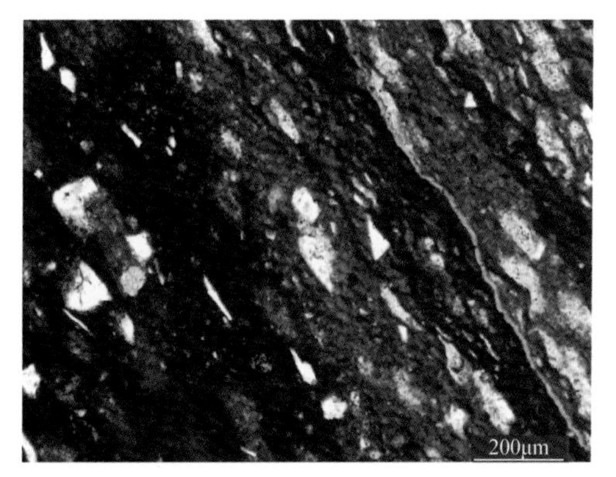

(b) 未充填裂缝，红色铸体，马56-12H井，P_2t_2，2130.16m

图 4-18　凝灰岩镜下照片

二、凝灰岩储层成岩作用

成岩作用对于储层具有非常重要的影响，特别是它对于储层孔隙演化具有重要意义，也是储层评价的重要依据。条湖组凝灰岩成岩作用包括压实作用、脱玻化作用和溶蚀作用。

1. 压实作用

压实作用是指松散的沉积物在上覆水体或者沉积物的负荷下，不断排出水分，压缩体积，孔隙度逐渐降低的过程。在沉积物形成初期，往往具有较高的孔隙度，而压实作用就会大幅度的减少沉积物的原生孔隙。压实作用伴随着整个成岩作用的始终。压实作用又可分为机械压实作用和压溶作用，机械压实是指沉积物在负荷作用下，仅发生物理变化，颗粒更加紧密的堆积；而压溶作用则包含了物理作用和化学作用两种，颗粒在负荷下首先紧密堆积，之后颗粒（主要是石英和方解石）的接触点上会发生化学溶解，发生流体迁移，在颗粒压力较低的部位沉淀下来，这样就产生了塑性变形，压溶作用会使颗粒得到更加紧密的堆积。

凝灰岩由于在沉积早期有熔结作用的存在，使火山碎屑具有一定的抗压性，然而这种抗压性还是比较薄弱的，主要的火山灰粒径都在0.01mm以下，粒度属于沉积岩中的泥级别，在其沉积之初就不会留下较大的原生孔隙，而在机械压实作用下，火山灰颗粒会进一步的紧密堆积，所保留的原始孔隙会进一步的减少。火山灰颗粒在机械压实作用下多会发生定向排列，其中较大颗粒的晶屑甚至会发生脆性碎裂，而凝灰岩的压溶作用表现的并不明显。

2. 脱玻化作用

脱玻化包括玻璃质的重结晶、溶解—沉淀、金属离子的迁移转化等一系列地球化学作用，形成新的矿物时体积缩小，从而形成微孔隙，玻璃质脱玻化形成的铝硅酸盐等矿物在酸性流体的作用下发生溶蚀，又产生了溶蚀微孔隙，二者可构成凝灰岩储集空间的主要部分。中酸性玻璃质的凝灰物质经脱玻化作用形成石英为主矿物的化学反应为

$$\text{凝灰质} + H_2O \xrightarrow{T、P} \text{石英} + \text{长石，等} \qquad (4\text{–}1)$$

脱玻化作用是凝灰岩储层最重要的成岩作用，也是条湖组凝灰岩储层最重要的增孔作用，现今凝灰岩中绝大部分孔隙都是脱玻化作用形成的。条湖组凝灰岩岩石类型以玻屑凝灰岩为主，而玻屑的主要成分是玻璃质，玻璃质是一种极不稳定组分，处于热力学不稳定状态，因而火山玻璃总是趋向晶体方向转化，即脱玻化作用。火山玻璃发生脱玻化作用，形成新矿物时体积缩小，从而形成微孔隙。另外火山玻璃脱玻化形成的可溶性矿物在酸性流体的作用下发生溶蚀，又产生了溶蚀孔隙，因此，所观察到的孔隙为矿物溶蚀孔和脱玻化孔之和，由于这两种孔隙难以区分，都散布在凝灰岩基质之中，故统称为脱玻化溶蚀孔，简称脱玻化孔。在阴极发光实验下，脱玻化的产物会有比较明显的表现。马朗凹陷条湖组凝灰岩脱玻化产物主要是石英和长石晶体。

前人曾利用脱玻化作用物理化学过程的质量守恒原理以及流体—岩石热力学相互作用原理，对玻璃质脱玻化后所产生的脱玻化孔隙进行了理论计算，认为凝灰岩中有70%的孔隙是脱玻化孔。而马朗凹陷实测的纯玻屑凝灰岩样品中，其孔隙度一般都在20%左右，因而脱玻化产生的孔隙度约为14%，可见脱玻化孔的增孔能力是十分可观的。由于脱玻化孔隙一般都比较微小，虽然数量比较大，但是喉道半径比较小，因而形成的凝灰岩储层具有高孔低渗的特点。

3. 溶蚀作用

溶蚀作用对储层具有比较积极的作用，它可以产生次生孔隙，对储层孔隙结构也有一定的改善作用。它与储层的岩性有关，同时也受到流体性质、温度和压力等条件的影响。凝灰岩中的玻屑和晶屑成分以及早期胶结、交代作用所产生的碳酸盐，在酸性流体的作用下会发生不同程度的溶解，共同促进储层孔隙度的增加。

条湖组凝灰岩储层的一个特点就是在未充填或者未完全充填的裂缝发育部位，溶蚀

作用也比较发育，裂缝周边的凝灰物质也发生了溶蚀，其形态以裂缝为中心向两边展开（图 4-19），这可能是因为裂缝为凝灰物质的溶解提供了流体交换的空间和通道，促进了溶蚀作用的进行。在裂缝不发育的部位，也存在一些溶蚀作用，主要表现为石英和长石晶屑的溶蚀现象以及玻屑成分的溶蚀现象（图 4-20）。晶屑颗粒内部或者边缘，有的溶解了一部分，有些已经完全溶蚀形成了铸模孔，晶屑的溶蚀孔隙一般较大，如果与基质孔隙连通则可以作为良好的储集空间。玻屑成分的溶孔主要表现为基质溶孔，所形成的孔隙小而多，一般都是以小片区存在，是凝灰岩储层的重要储集空间。基质溶蚀和脱玻化作用属于一个完整过程中的不同方面，其形成的孔隙也是紧密联系在一起的，其具体过程在脱玻化作用中阐述。

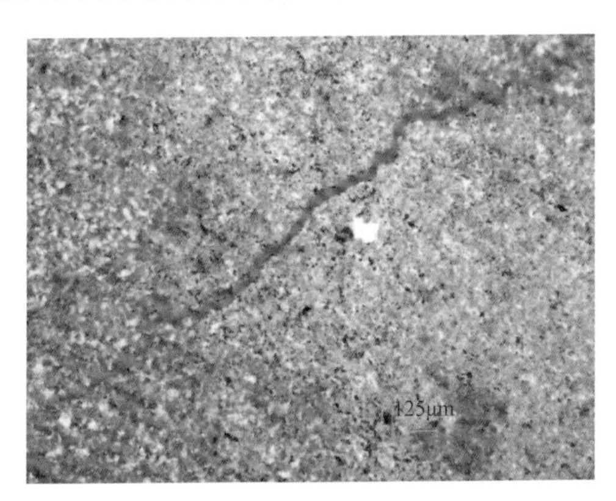

(a) 裂缝与基质溶蚀，M56-15H井，P_2t_2，2244.98m

(b) 裂缝与基质溶蚀，M56-15H井，P_2t_2，2268.35m

图 4-19 凝灰岩单偏光镜下照片

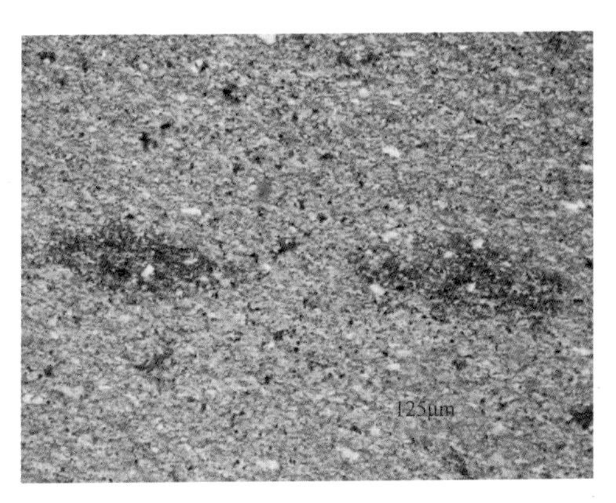

(a) 基质溶蚀，马56-15H井，P_2t_2，2252.34m

(b) 晶屑溶蚀，马56-15H井，P_2t_2，2253.91m

图 4-20 凝灰岩单偏光镜下照片

三、凝灰岩微观孔隙形成机理

1. 条湖组凝灰岩微观孔隙形成机理

1）*凝灰岩原始沉积有机质地球化学特征*

由于条湖组凝灰岩为油层，岩石中直接测得的总有机碳含量不能代表原始沉积有机质的丰度，需要把岩石中的原油或沥青抽提出去，才能判断原始沉积有机质的特征。对凝灰岩岩心样品抽提前后的 TOC 进行对比分析后发现，抽提前后总有机碳含量变化很大，所以只有抽提后样品的总有机碳含量才能作为条湖组凝灰岩生烃潜力的评价指标。条湖组二段凝灰岩样品抽提后的 TOC 反映出凝灰岩中沉积有机质丰度不高，总有机碳主要分布在 0.5%～1.0%，（S_1+S_2）主要分布在 2～6mg/g。凝灰岩沉积有机质类型为Ⅲ－Ⅱ$_2$型，HI 分布在 20～524mg /g（HC/TOC），平均为 179mg/g（图 4-21）。分布在Ⅱ$_1$型区域内数据点的样品 TOC 都很低，均小于 1.0%，而且岩性为玻屑凝灰岩。凝灰岩有机质成熟度不高，T_{max} 主要分布在 420～450℃。

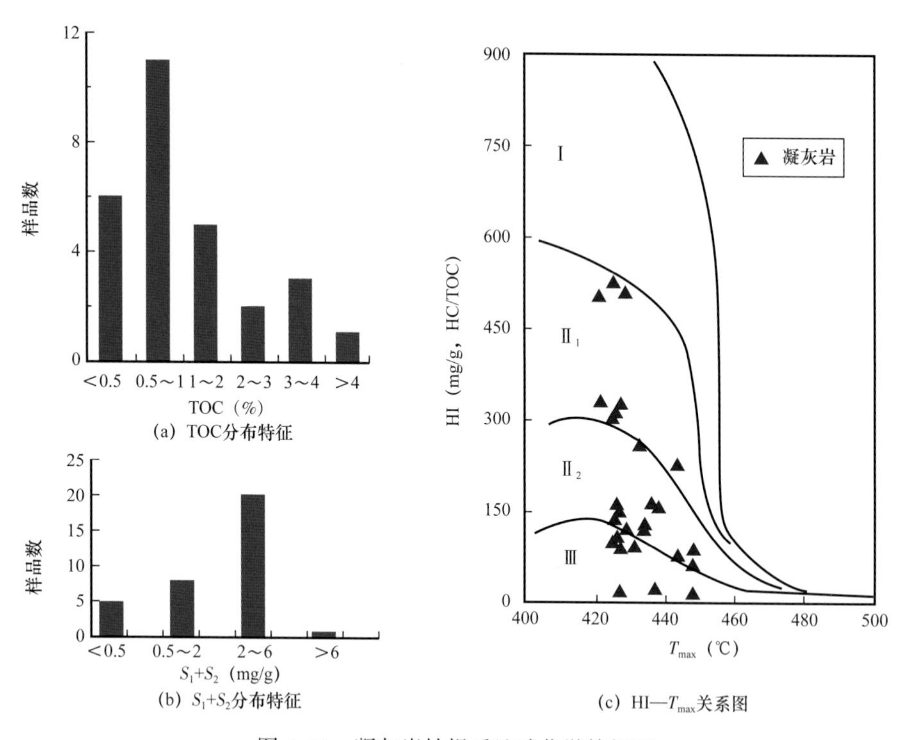

图 4-21　凝灰岩抽提后地球化学特征图

三塘湖盆地二叠系条湖组凝灰岩含有沉积有机质，形成的主要原因可能是火山灰入水后迅速释放营养物质，有利于促进藻类勃发，也不排除火山灰造成了湖相生物的死亡，导致生烃物质快速埋藏。火山灰的粒度细，比表面较大，其吸附力强，自身也可以大量吸附溶解状和颗粒状的有机质。凝灰岩形成时期马朗凹陷处于较小的湖盆环境，陆源有机质的输入也是重要的。此外，凝灰岩岩心中观察到有黄铁矿，表明水体处于还原环境，有利于有机质的保存。但凝灰岩有机质丰度不高，原因可能是火山灰沉积速率快，20～30m 厚的凝灰岩中几乎没有碎屑岩夹层，反映火山灰的集中喷发导致凝灰物质沉积速率很快，沉积速率快对有机质具有稀释作用。

2）*凝灰岩微观孔隙形成机理*

凝灰岩是火山灰经固结压实作用形成的，火山玻璃质是岩浆快速冷却条件下形成的极其不稳定的混合组分，其成分主要为硅酸盐，以氧化物的形式表示有 SiO_2、Al_2O_3、FeO、

Fe_2O_3、MgO、CaO、Na_2O、K_2O、H_2O 等。在埋藏过程中，随着时间、温度和压力的变化，会发生强烈的脱玻化作用，当有水介质存在时，经水解脱玻化，其中一部分组分随孔隙水流失，剩余组分发生重结晶转化为雏晶或微晶，进而形成新的矿物。脱玻化的形成过程包括了玻璃质的溶解—沉淀、重结晶、金属离子的迁移转化等一系列地球化学作用，形成新矿物时体积缩小，从而在不同矿物之间形成大量的微孔隙。

玻璃质的脱玻化作用受各种地质因素影响，如地层温度、压力、pH 值、流体组分、流体流速等。前人实验研究表明，在 pH 值为单一变量条件下，玄武岩玻璃质（基性）和流纹岩玻璃质（酸性）的溶解速率在 pH 值小于7.0 时，随 pH 值升高，溶解速率快速降低；当 pH 值大于7.0 之后，随着 pH 值升高，溶解速率缓慢上升；在温度为单一变量条件下，温度越高，溶解速率越高（图 4–22）。酸性条件下，有利于铝硅酸盐的溶解、铝离子的迁移和二氧化硅的沉淀，所以有利于脱玻化的进行。条湖组凝灰岩之上是一套稳定分布的泥岩，封盖条件较好，凝灰岩处于相对封闭的环境，地层中的 H^+ 主要来自有机质演化过程中产生的有机酸。条湖组凝灰岩脱玻化程度较高的一个得天独厚的有利条件就是本身含有一定的沉积有机质，这些有机质在热演化过程会产生有机酸。有机质丰度越高，生成的有机酸越多，从而越有利于脱玻化作用的进行，最终导致凝灰岩的孔隙度也就越大。凝灰岩原始有机质丰度和孔隙度的实测数据显示，凝灰岩抽提后的 TOC 和孔隙度之间有一定的正相关性，但不是线性关系（图 4–23），这说明凝灰岩自身有机质对孔隙的形成确实有贡献，但由于凝灰岩储层孔隙的形成还受到其他诸多因素的影响，目前还无法定量分析凝灰岩中有机质对孔隙形成的贡献量的大小。但同时也要考虑到热演化程度，成熟度太低时，即使丰度再高有机酸生成量也不会太大。所以，有机酸含量是有机质丰度和热演化程度共同作用的结果。

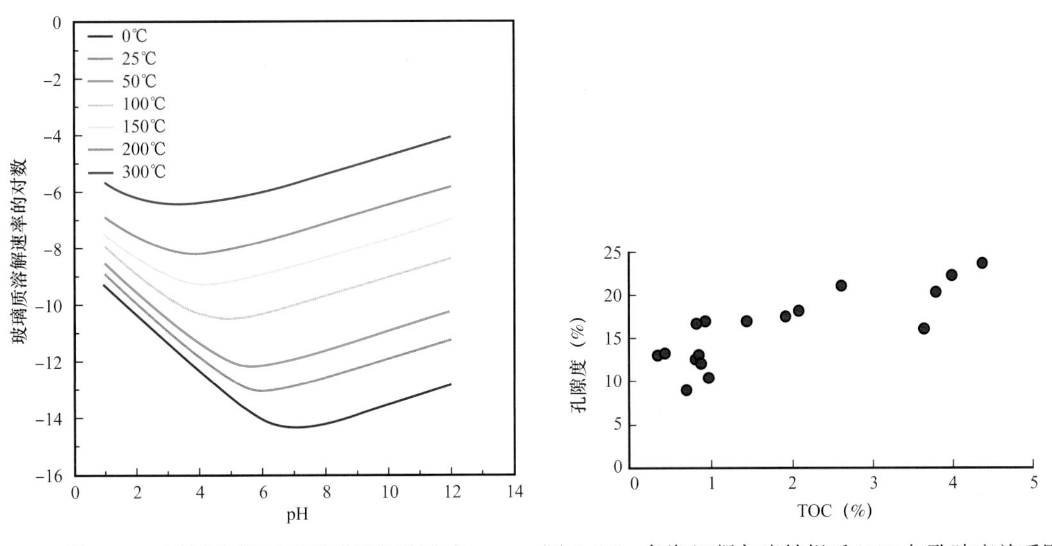

图 4–22　不同条件下玻璃质溶解的速率

图 4–23　条湖组凝灰岩抽提后 TOC 与孔隙度关系图

温度对含有机质凝灰岩脱玻化作用的影响体现在两个方面：一是提高了热演化程度，使有机酸生成量增大；二是温度能够提高脱玻化的速率，温度升高有利于促进玻璃质中质点的活动及重新排列。烃源岩在成岩温度 60℃左右到大量生成液态烃之前，都能够产生大量的有机酸。75～90℃是短链羧酸浓度最大时期，即干酪根释放含氧基团的最高峰，在此期间内有机质开始成熟并释放有机酸，80～120℃为有机酸保存的最佳温度，当温度升高到 120～160℃时，羧酸阴离子将发生热脱羧作用而转变成烃类和 CO_2，二元羧酸变成一元羧酸，溶液中的 CO_2 浓度明显提高，但有机酸的浓度降低。三塘湖盆地马朗凹陷古构造演化表明，白垩纪末时地层沉降量最大，后期抬升，所以三塘湖盆地条湖组含有机质凝灰岩在白垩纪末埋深最大。另外，白垩纪末原油充注进入储层，会对水—岩化学反应起到抑制作用，结合热史分析，白垩纪早期条湖组二段地层温度达到 60℃左右，所以，脱玻化作用主要发生在白垩纪早期到白垩纪末，后期构造抬升之后脱玻化作用较弱，说明脱玻化发生在油气充注之前。

凝灰岩脱玻化作用形成的单个微孔孔隙体积很小，但数量巨大。凝灰岩储层高孔低渗特征的形成就是与含沉积有机质凝灰岩脱玻化作用有关，脱玻化形成的单个粒间孔体积微小，但数量巨大造成了凝灰岩总孔隙度较高。凝灰岩孔喉半径都小于 1.0μm，多数小于 0.1μm，而且孔喉半径较大时，渗透率也较高（图 4–24）。由于平均喉道半径与渗透率呈正相关关系，凝灰岩喉道半径较小导致渗透率很低。

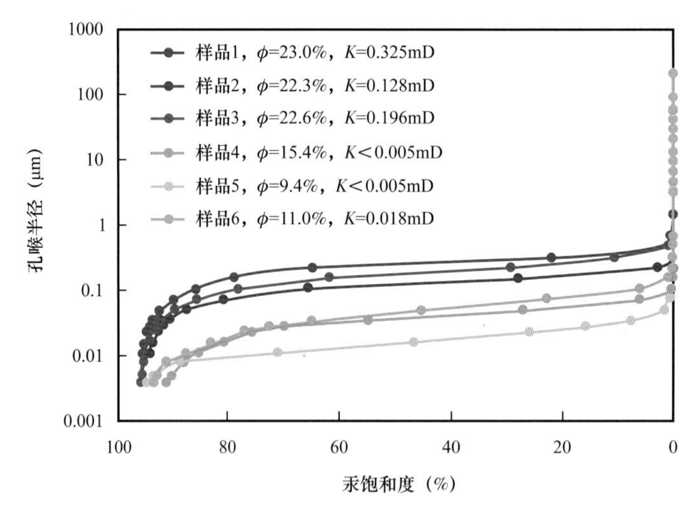

图 4–24　条湖组典型凝灰岩样品孔喉半径分布特征

2. 凝灰岩孔隙形成的主要控制因素

对条湖组凝灰岩岩性、脱玻化程度以及矿物组成等进行综合分析后发现，凝灰岩的物性主要受其岩性、脱玻化程度和黏土矿物含量的影响。

1）凝灰岩的岩性

根据距离火山口远近以及凝灰岩成分的差异，条湖组凝灰岩段可以划分为四种岩石类型，分别是玻屑凝灰岩、晶屑玻屑凝灰岩、泥质凝灰岩和硅化凝灰岩。其中，玻屑凝灰岩的物性最好，孔隙度大都大于 18%；晶屑玻屑凝灰岩物性整体上比玻屑凝灰岩差，孔隙度主要分布在 10%～18%；硅化凝灰岩和泥质凝灰岩的物性最差，孔隙度都小于 10%

（图 4–25）。这是因为在火山灰物质组分中，只有玻璃质的组分才能发生脱玻化作用，脱玻化形成石英、长石等矿物时产生的粒间孔对凝灰岩总孔隙度的贡献量最大。因此，其他地质条件相同时，玻屑凝灰岩原始火山灰玻璃质脱玻化形成的粒间孔最多，因而物性最好。

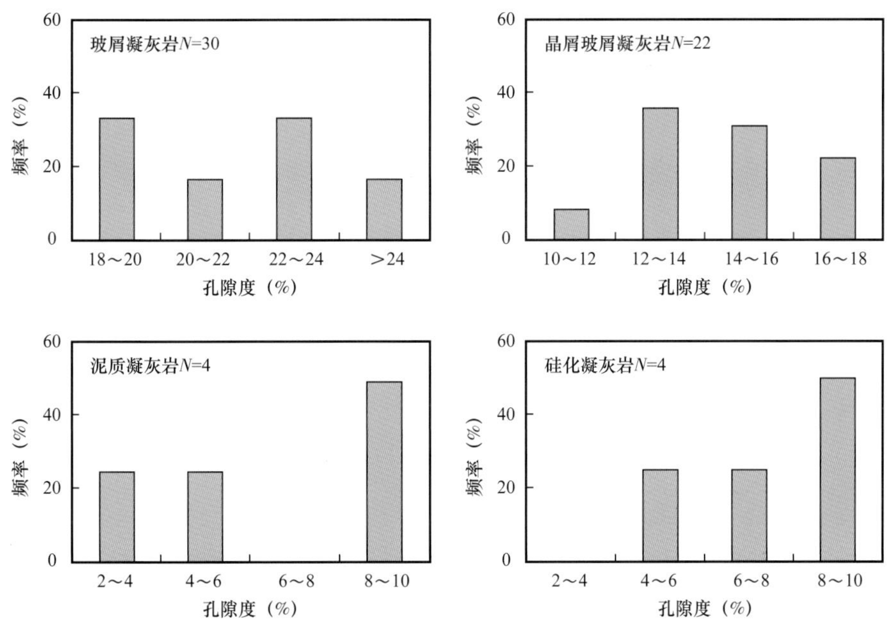

图 4–25　不同岩性的凝灰岩孔隙度分布特征

2）黏土矿物含量与类型

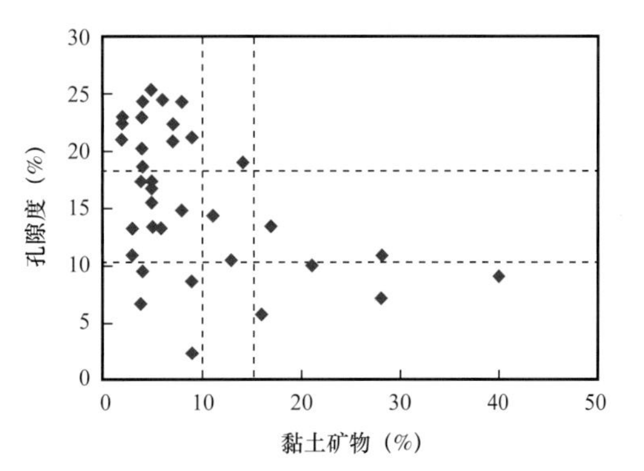

图 4–26　条湖组凝灰岩黏土矿物含量与孔隙度关系

凝灰岩的物性也受黏土矿物含量影响，即高黏土矿物含量不利于优质储层的形成。条湖组凝灰岩段上部的泥质凝灰岩中黏土矿物含量最高（多大于 15%），且黏土来源于陆源泥质，其物性差，而中下段的玻屑凝灰岩中黏土矿物含量很低，主要为自生黏土矿物，属于脱玻化作用的产物，其物性较好。统计结果表明，当凝灰岩中黏土矿物含量大于 15% 时，孔隙度一般小于 10%（图 4–26）。这是因为黏土矿物生长需要一定空间，含量高则会占据孔隙，阻塞喉道，对储层储集空间形成不利。

进一步研究表明，自生绿泥石黏土矿物比自生伊 / 蒙混层黏土矿物对凝灰岩储层物性有利。通过扫描电镜观察发现，凝灰岩储层中自生黏土矿物种类主要有两种，分别是自生伊 / 蒙混层和自生绿泥石。自生伊 / 蒙混层主要分布在凝灰岩颗粒表面以及孔隙内壁，并且朝向孔隙内生长（图 4–27a）。自生绿泥石则呈叶片状分布在孔隙中，不仅抑制了压实作用的减孔作用，而且本身对于孔隙和喉道的充填与分割作用也不明显，所以储层质量较好（图 4–27b）。对比物性有明显差异的两类凝灰岩中的黏土矿物类型后发现，物性较好的凝灰岩都含有少量的绿泥石，而物性较差的凝灰岩普遍含有一定的伊 / 蒙混层。研究还发现，晶屑含量高的凝灰岩，其钾长石含量也相对较高，说明原始钾元素含量高，这促进了黏土矿物向伊 / 蒙混层转化。

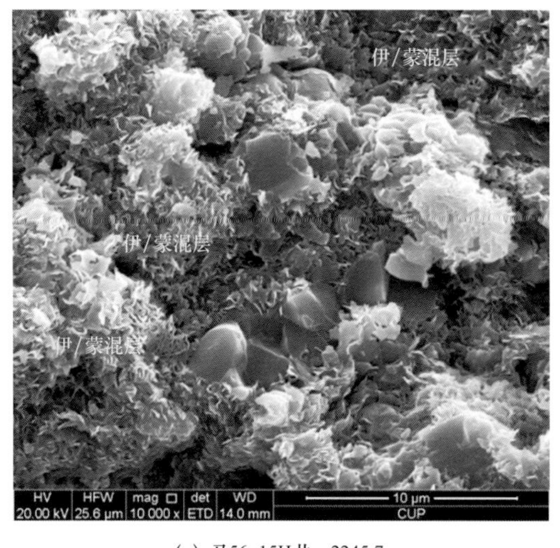

(a) 马56-15H井，2245.7m

(b) 马56井，2142.5m

图 4–27　凝灰岩中伊 / 蒙混层和绿泥石黏土矿物镜下特征

3）凝灰岩脱玻化程度

在凝灰岩储集空间类型中，脱玻化作用形成的粒间孔所占的比例最高，为凝灰岩储层最重要的孔隙类型，所以，影响凝灰岩脱玻化作用的因素也是影响储层物性的主要因素。与基性火山灰相比，酸性火山灰中的 Si—O 四面体含量较高、共用氧角顶数增多、氧的有效静电荷减少，从而对阳离子的吸引能力下降，这样的 Si—O、Al—O 结构更容易从原来的玻璃质中脱离出来，形成石英、长石等矿物，也就是说酸性火山灰本身易于脱玻化。凝灰岩脱玻化程度可以用石英的结晶度来表征，石英质矿物的结晶程度是反映火山玻璃脱玻化程度的最好标志。石英的结晶度指数反映了石英颗粒形成时的结晶温度和结晶速率，不同地质条件下形成的石英的结晶度指数差异显著。可以利用 X 衍射、差热、红外光谱等方法测定石英的结晶度，本文采用 X 衍射方法测定石英的结晶度指数（QCI）。QCI 的计算是依据 Murata 和 Norman 于 1976 年给出的经验公式：QCI = $F \times (a/b)$。式中，a 值表示石英五指峰图谱中第一个峰的峰顶值与第二个峰的峰谷值之差，b 值表示图谱中第一个峰的峰顶值与背景值之差（图 4–28）。F 为校正

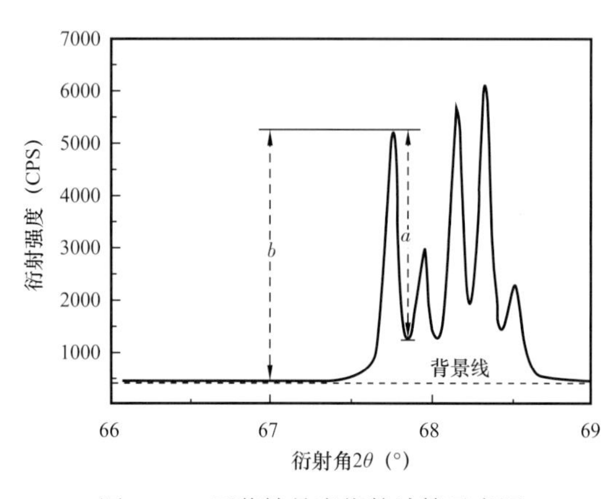

图 4–28　石英结晶度指数计算示意图

因子，各衍射仪 F 值不同，依据标准石英样品（QCI=10）多次测量计算所得，本次采用标准石英样品计算得到的 F 值为 14.85。

采用 X 射线衍射仪测定石英结晶度指数，测量的扫描角度为 66°～69°（2θ），实验误差主要有衍射仪的分辨率、样品粒度和压片好坏等。从图谱形状来看，结晶度指数 QCI 越低，五指峰图形越弥散，变为一个宽峰，而当 QCI 较高时，出现了由五个敏锐峰组成的完整的五指峰图形，因此五指衍射峰的图形也可以直接反映石英结晶度的相对大小。如 M56 井 2144.73m 凝灰岩样品石英五指峰形态清晰，背景线平直，测得 QCI 值为 7.9；而 M55 井 2266.9m 凝灰岩样品石英五指峰图形相对弥散，背景线弯曲难定，反映石英结晶程度相对较差，测得 QCI 值为 4.7（图 4–29）。条湖组含有机质凝灰岩的石英结晶度指数都比较高，大都大于 5，反映了脱玻化程度整体较高。

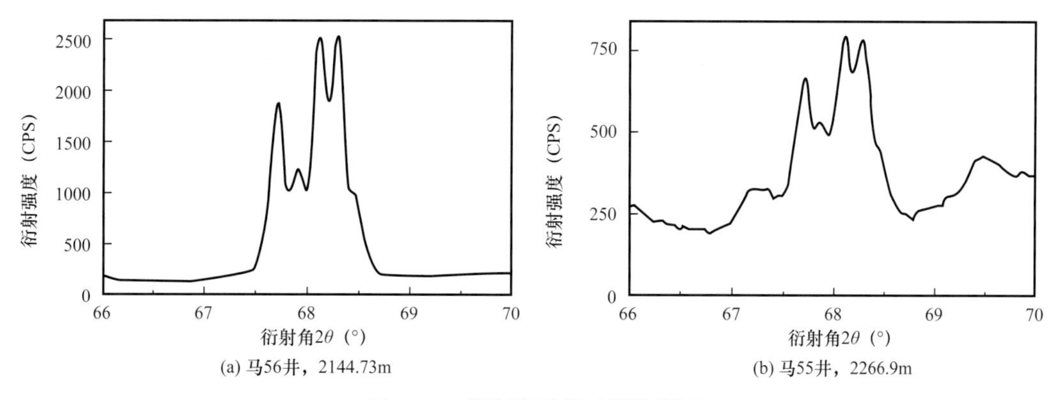

图 4–29　凝灰岩石英五指峰谱图

从全岩 X 射线衍射分析的矿物组成含量与石英结晶度指数的相关关系来看，脱玻化程度越高（QCI 值越大），石英含量也越高，两者具有正相关性，但 QCI 值一般不超过 8.5，随着脱玻化程度的增大石英含量也不是呈线性一直增大（图 4–30a）。所以在没有石英结晶度数据的情况下，可以用石英含量近似反映凝灰岩的脱玻化程度。凝灰岩石英结晶度指数与孔隙度之间也具有较好的正相关性，说明脱玻化程度越高，储层物性越好（图 4–30b）。这是因为脱玻化程度越高，产生的石英矿物越多，石英为刚性成分，随着岩石的刚性成分的增加，岩石抗压能力增强，有利于颗粒粒间孔的保存。

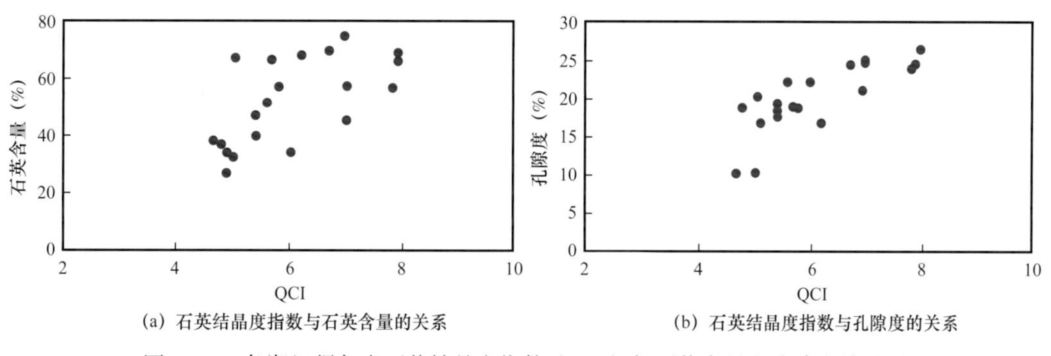

图 4–30　条湖组凝灰岩石英结晶度指数（QCI）与石英含量和孔隙度关系图

实验数据表明，石英的结晶度指数与白垩纪末凝灰岩的古埋藏深度之间有一定的正相关性，反映了温度越高，越有利于凝灰岩脱玻化的进行，脱玻化程度越大，但温度不是唯一影响因素。相同温度条件下，玻屑凝灰岩的脱玻化程度比晶屑玻屑凝灰岩高。

第三节　凝灰岩成岩阶段与孔隙演化规律

条湖组凝灰岩主要是成岩过程中玻璃质脱玻化作用下形成的，要了解凝灰岩微观孔隙演化规律也应该从脱玻化机理和作用特点去分析。

一、成岩演化阶段的划分

根据紧邻条湖组凝灰岩的上部泥岩镜质组反射率（R_o）、有机质最高裂解温度（T_{max}）、胶结物种类、岩石溶蚀特征、自生黏土矿物组合特征以及伊/蒙混层中蒙皂石含量，采用SY/T 5477—2003碎屑岩成岩阶段划分标准，确定出条湖组凝灰岩处于中成岩阶段A期（图4-31）。

实测的紧邻条湖组凝灰岩的上部泥岩R_o主要在0.6%～0.8%之间，属于低熟到成熟早期阶段。上部泥岩段绝大多数样品的T_{max}小于450℃，其中45%样品的T_{max}分布于435～440℃。自生黏土矿物主要是绿泥石和伊/蒙混层，而且混层中蒙皂石含量在30%左右，属于伊/蒙混层有序混层带。从孔隙类型上来说，条湖组凝灰岩以次生孔隙为主，原生孔隙比较少见，常见长石晶屑溶孔。

条湖组凝灰岩主要由极细粒的火山灰组成，虽然早期的熔结作用在一定程度下可以提高凝灰岩的抗压实能力，然而由于颗粒过于细密，加上早期压实作用的影响，使凝灰岩储层在早成岩阶段A以及B的前期，原生孔隙大量消失，孔隙度迅速降低至10%以下，此时虽然已经有了脱玻化作用影响，但是大量的凝灰物质并未开始溶解，因此脱玻化作用进行也比较缓慢（图4-30）。随后由于附近泥岩及其自身内部有机质的进入早成岩阶段B的中后期，有机质开始生成有机酸，有机酸进入凝灰岩，开始大量溶解凝灰物质，这非常有利于脱玻化作用的进行，另外长石晶屑也在有机酸作用下发生溶蚀，凝灰岩脱玻化孔和长石溶孔等次生孔隙迅速增加，孔隙度迅速增加至20%左右，这个过程一直持续到中成岩作用A的晚期，并且作用强度是中间强度大，增孔多，开始和结束时作用强度弱，增孔少。演化阶段进入中成岩作用A晚期有机质以生油为主，有机酸含量迅速降低，溶蚀作用减弱，胶结作用增强，脱玻化作用进入到一个缓慢增孔的过程，而压实作用虽然在整个成岩过程中都存在，但是只在早成岩阶段A期和B早期有比较明显的作用，其后对凝灰岩孔隙度的变化影响都不大，此后一直到中成岩阶段B晚期凝灰岩中增孔作用和减孔作用近乎平衡，储层孔隙度进入一个相对稳定的高孔隙度状态。在中成岩阶段B晚期以后，胶结作用（黏土矿物和碳酸盐）为主导，脱玻化作用强度进一步减弱，以胶结作用和压实作用为主导的减孔作用超过以脱玻化为主的增孔作用，促使凝灰岩孔隙度逐渐降低至20%以下甚至更低。

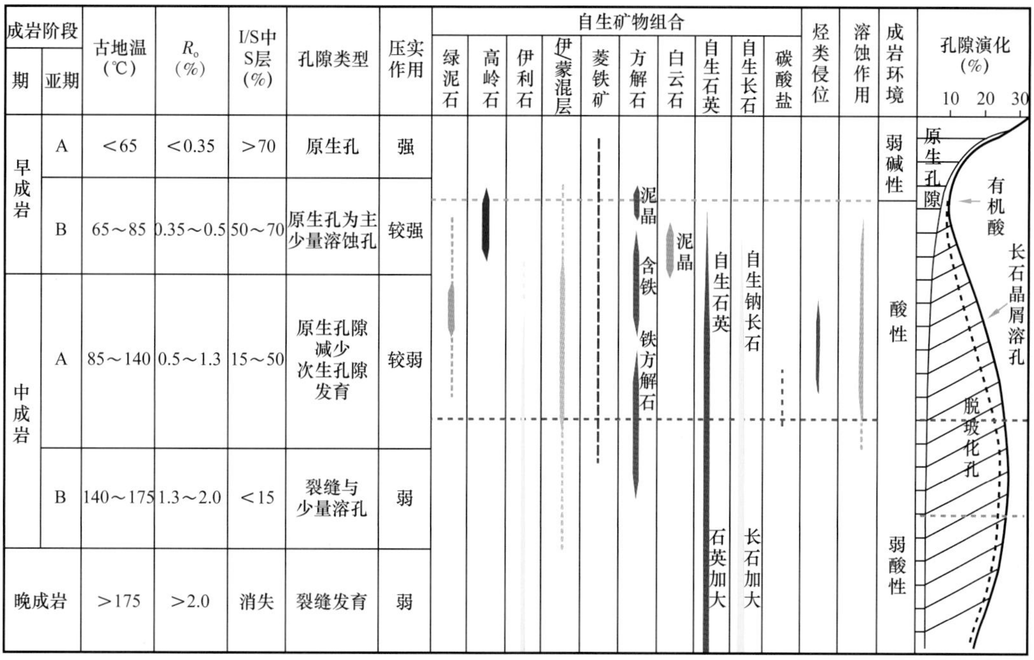

成岩阶段 期	成岩阶段 亚期	古地温（℃）	R_o（%）	I/S中S层（%）	孔隙类型	压实作用
早成岩	A	<65	<0.35	>70	原生孔	强
早成岩	B	65～85	0.35～0.5	50～70	原生孔为主少量溶蚀孔	较强
中成岩	A	85～140	0.5～1.3	15～50	原生孔隙减少次生孔隙发育	较弱
中成岩	B	140～175	1.3～2.0	<15	裂缝与少量溶孔	弱
晚成岩		>175	>2.0	消失	裂缝发育	弱

自生矿物组合：绿泥石、高岭石、伊利石、伊/蒙混层、菱铁矿、方解石、白云石、自生石英、自生长石、碳酸盐；烃类侵位；溶蚀作用；成岩环境：弱碱性、酸性、弱酸性；孔隙演化（%）：10、20、30；原生孔隙、有机酸、长石晶屑溶孔、脱玻化孔；泥晶、含铁、铁方解石、泥晶、自生石英、自生钠长石、石英加大、长石加大

图 4-31　条湖组凝灰岩成岩作用及孔隙度演化图

二、脱玻化孔隙度计算模型

脱玻化孔隙计算模型是用全岩矿物分析数据算出岩石的标准矿物含量，再用质量平衡的方法算出脱玻化形成的孔隙。如果凝灰岩中含有较多的晶屑和岩屑，还需要剔除凝灰岩中晶屑和岩屑的影响。本书建立的脱玻化孔隙度计算模型就是将原始火山物质元素组成分配成现今凝灰岩中的主要矿物，再以实测矿物之间的比例来分配各个矿物的物质的量，结合各种矿物密度计算生成矿物体积，从而计算脱玻化孔隙度。

首先确定现今全岩矿物组成（表 4-1），凝灰岩的矿物类型主要是石英、长石和少量的黏土矿物，其中黏土矿物主要是绿泥石，下面以只含有这三种矿物的凝灰岩为例进行分析；然后，根据全岩矿物分析数据，计算各个矿物物质的量的比例，假定石英矿物物质的量为 1，计算其他矿物的相对物质的量（公式 4-2 至公式 4-4）；接下来根据主量元素分析结果（表 4-2）先组合为绿泥石，其次组合长石矿物（钠长石和钾长石），最后为石英（公式 4-5 至公式 4-9）；最后，根据各种矿物的密度计算脱玻化所产生的孔隙度（表 4-3）。

表 4-1　凝灰岩主要矿物组成及对应摩尔质量和物质的量

矿物类型	绿泥石	钠长石	钾长石	石英
质量分数（%）	m1	m2	m3	m4
分子式	$(FeMgAl)_6[(SiAl)_4O_{10}](OH)_8$	$NaAlSi_3O_8$	$KAlSi_3O_8$	SiO_2
摩尔质量（g/mol）	1158	262	278	60
物质的量相对比值	a	b	c	1

表 4-2　凝灰岩主量元素含量及对应摩尔质量

主量元素	SiO_2	TiO_2	Al_2O_3	Fe_2O_3	FeO	MnO	MgO	CaO	Na_2O	K_2O	合计
质量分数（%）	M1	M2	M3	M4	M5	M6	M7	M8	M9	M10	M
摩尔质量（g/mol）	60	80	102	160	72	71	40	56	62	94	

注：M=M1+M2+… +M9 +M10。

表 4-3　凝灰岩主要矿物和火山灰密度取值

矿物	石英	钠长石	钾长石	绿泥石	火山灰
密度（g/cm^3）	2.65	2.62	2.59	2.7	2.36

$$a=\frac{\mathrm{m1}}{1158}\times\frac{60}{\mathrm{m4}} \tag{4-2}$$

$$b=\frac{\mathrm{m2}}{262}\times\frac{60}{\mathrm{m4}} \tag{4-3}$$

$$c=\frac{\mathrm{m3}}{278}\times\frac{60}{\mathrm{m4}} \tag{4-4}$$

若 $\frac{2\times\mathrm{M4}}{160}+\frac{\mathrm{M5}}{72}<\frac{\mathrm{M7}}{40}$，则 $\mathrm{M}a=1158\times a\times\left(\frac{2\times\mathrm{M4}}{160}+\frac{\mathrm{M5}}{72}\right)$　（4-5）

若 $\frac{2\times\mathrm{M4}}{160}+\frac{\mathrm{M5}}{72}>\frac{\mathrm{M7}}{40}$，则 $\mathrm{M}a=1158\times a\times\frac{\mathrm{M7}}{40}$　（4-6）

令 $\frac{2\times\mathrm{M4}}{160}$ 和 $\frac{\mathrm{M5}}{72}$ 中较小者等于 A。

$$\mathrm{M}n=262\times b\times\frac{2\times\mathrm{M9}}{62} \tag{4-7}$$

令 $\frac{2\times\mathrm{M9}}{62}=N$。

$$\mathrm{M}k=278\times c\times\frac{2\times\mathrm{M10}}{94} \tag{4-8}$$

令 $\frac{2\times\mathrm{M10}}{94}=K$。

$$\mathrm{M}q=60\times\left(\frac{\mathrm{M1}}{60}-\frac{2A}{3}-3N-3K\right) \tag{4-9}$$

$$\phi_1=1-\left(\frac{\mathrm{M}a}{2.7}+\frac{\mathrm{M}n}{2.62}+\frac{\mathrm{M}k}{2.59}+\frac{\mathrm{M}q}{2.65}\right)\Big/\left(\frac{\mathrm{M}}{2.36}\right) \tag{4-10}$$

其中：Ma，绿泥石的质量；Mn，钠长石的质量；Mk，钾长石的质量；Mq，石英的质量。

由于不同类型的凝灰岩孔隙度大小有明显差异，对玻屑凝灰岩和晶屑玻屑凝灰岩分别计算脱玻化产生的孔隙度。结果表明，脱玻化新增孔隙随埋深增大而增大，但玻屑凝灰岩增大得更快，停止增大的埋深更大，推测 3000m 左右仍具有增大趋势，而晶屑玻屑凝灰岩孔隙度首先随埋深增大而增大，随之趋于稳定，埋深 2600m 左右后孔隙度基本不再变化（图 4–32）。这是因为原始火山玻璃质的多少决定脱玻化的进程，玻屑成分越多，脱玻化程度越大。

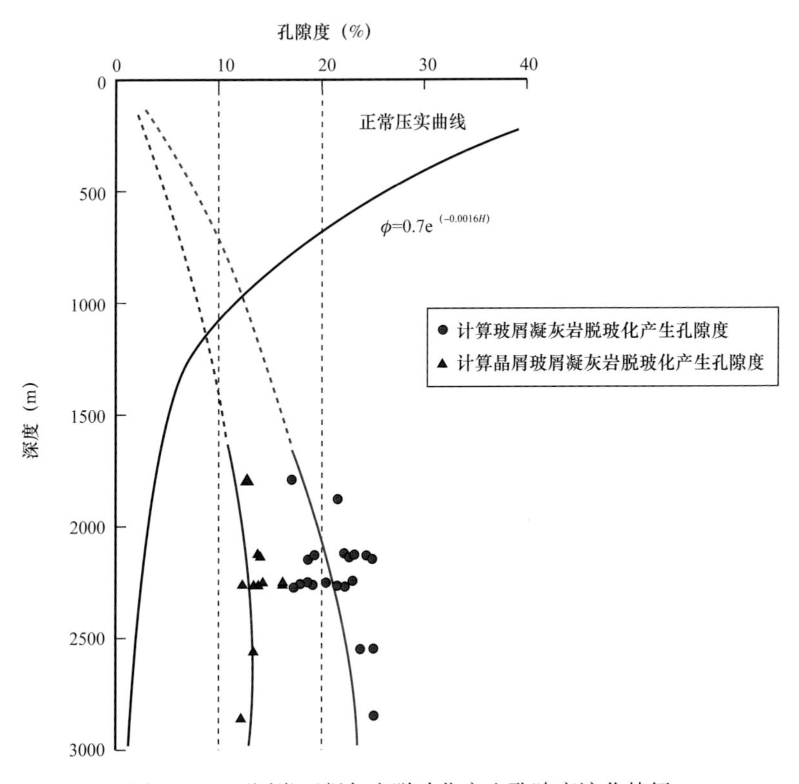

图 4–32　不同类型凝灰岩脱玻化产生孔隙度演化特征

三、凝灰岩孔隙度演化规律

1. 孔隙度演化特征

采用成岩效应叠加法来研究凝灰岩的孔隙演化特征。不同成岩作用类型对储层物性的影响可以分为破坏性成岩作用和建设性成岩作用，分别建立孔隙度减小模型和孔隙度增大模型，两个模型分别以时间为变量，地层在任何一个时间点上的孔隙度等于两个模型独立演化到该点时的效果叠加。由于条湖组凝灰岩是火山灰空降成因，原始火山灰颗粒较细，粒径相当于泥岩，火山灰固结压实形成凝灰岩的过程实际上包含了细粒沉积物的正常压实和火山玻璃的脱玻化两个过程，压实是减孔过程，而脱玻化是增孔过程。凝灰岩的孔隙度减小模型实际上就是压实模型，压实曲线可以用泥岩压实曲线来代替，由此可计算泥岩孔隙度：

$$\phi = \frac{\Delta T - \Delta T_{ma}}{\Delta T_f - \Delta T_{ma}} K \tag{4-11}$$

其中：ϕ 为计算孔隙度，ΔT_{ma}=260μs/m，为泥岩骨架声波时差，ΔT_f=620μs/m 为孔隙流体声波时差，ΔT 为测井泥岩声波时差，K 为常数。这样就可以求出各个深度的泥岩孔隙度（图 4–33）。早在 20 世纪 30 年代 Athy（1930）就已经指出，在正常压实条件下泥岩孔隙度与埋深之间存在指数关系。因此，根据所求取的泥岩孔隙度和深度的关系，结合 Athy（1930）所提出的指数关系模型，将泥岩压实曲线拟合为下面公式：

$$\phi_2=0.7 \times e^{-0.0016H} \tag{4-12}$$

其中：ϕ_2 为压实剩余孔隙度；H 为深度，m。

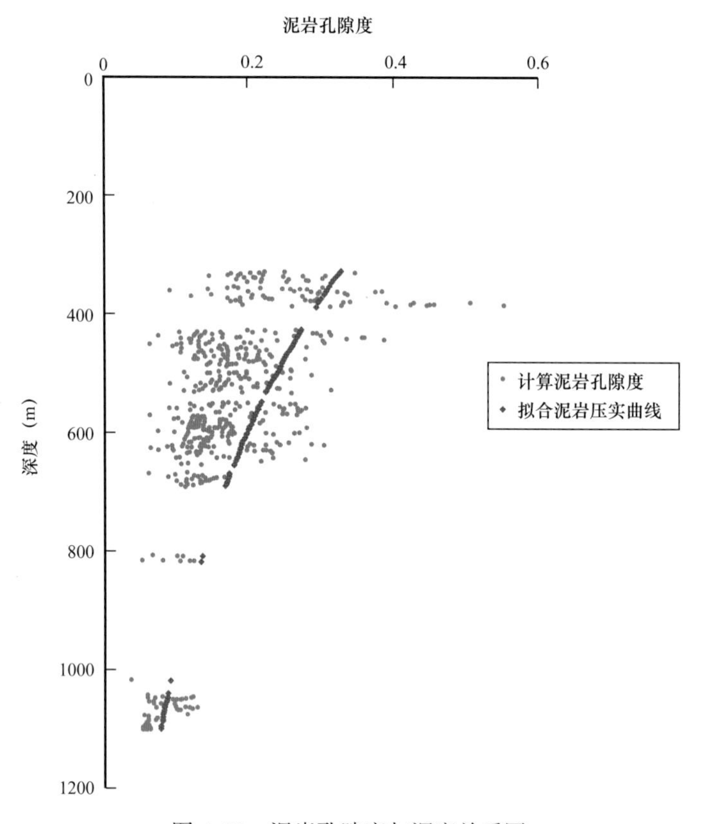

图 4–33　泥岩孔隙度与深度关系图

凝灰岩的孔隙度增大模型是脱玻化产生的孔隙度模型，将泥岩压实剩余孔隙度与计算得出的脱玻化孔隙度相加，得到理论计算的各类凝灰岩现今孔隙度。研究发现，计算孔隙度与实测孔隙度之间具有较好的正相关关系（图 4–34a），并且经过单矿物与计算孔隙度的相关性分析，发现石英含量与计算孔隙度的正相关性最好（图 4–34b），这是因为石英矿物是条湖组凝灰岩最主要的脱玻化产物，这也说明可以利用矿物组成来预测孔隙度。

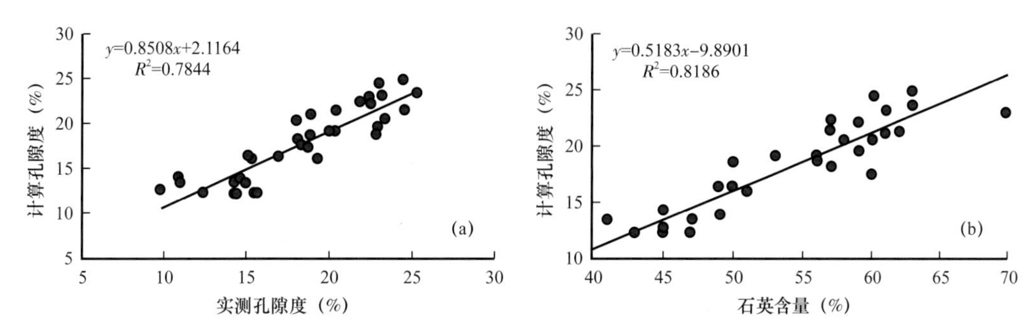

图 4-34　条湖组凝灰岩计算孔隙度与实测孔隙度及石英含量的关系

两种类型凝灰岩孔隙度随深度增大有相似的演化规律（图 4-35），即先减小后增大，这是因为浅层压实减孔作用占主导地位，较深层脱玻化作用增大的孔隙度大于压实作用减小的孔隙度，整体表现为孔隙度增大。但相同深度条件下玻屑凝灰岩的孔隙度大于晶屑玻屑凝灰岩，浅层晶屑玻屑凝灰岩随深度增大而减小的速率大于玻屑凝灰岩；较深层晶屑玻屑凝灰岩随深度增大而增大的速率小于玻屑凝灰岩。玻屑凝灰岩在埋深大于 3000m 时仍有高孔隙度特征，但晶屑玻屑凝灰岩在埋深大于 2600m 时孔隙度基本不再变化，甚至有减小趋势。这说明凝灰岩的原始物质组成和埋深均影响脱玻化程度。

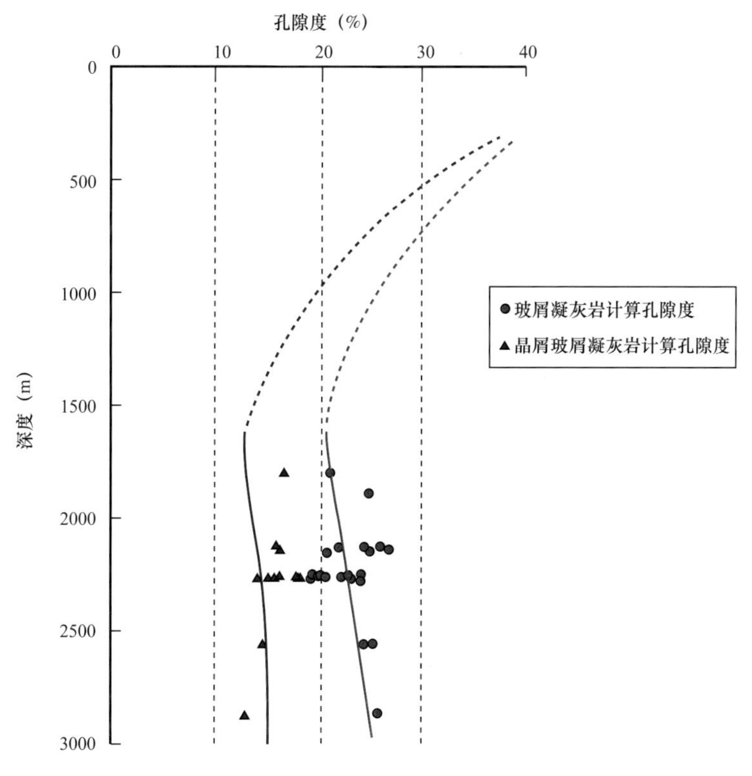

图 4-35　不同类型凝灰岩总孔隙度演化特征

2. 凝灰岩孔隙演化阶段划分

由于凝灰岩的孔隙演化特征是压实减孔和脱玻化增孔两个过程的叠加，所以压实作用和脱玻化作用的阶段性直接导致凝灰岩孔隙演化的阶段性。压实作用从沉积初期持续至今，脱玻化作用虽然也是自火山灰形成就开始存在的，但主要发生在白垩纪末构造抬升之前。

根据凝灰岩孔隙度演化特征，凝灰岩孔隙演化可以划分为3个阶段，分别是正常压实减孔阶段、脱玻化增孔阶段和增孔后演化阶段；结合条湖组埋藏史和热史分析，这3个阶段分别发生在白垩纪早期之前、白垩纪石油充注之前及白垩纪末之后（图4–36）。由此可见，白垩纪早期之前的正常压实减孔阶段，脱玻化作用微弱，压实减孔作用占主导地位。白垩纪及白垩纪末石油充注之前的脱玻化增孔阶段，脱玻化增孔作用占主导地位，脱玻化增大的孔隙足以抵消压实减小孔隙，总孔隙度增大。白垩纪末之后的增孔后演化阶段，压实作用和脱玻化作用都较弱，孔隙度变化趋势较小。

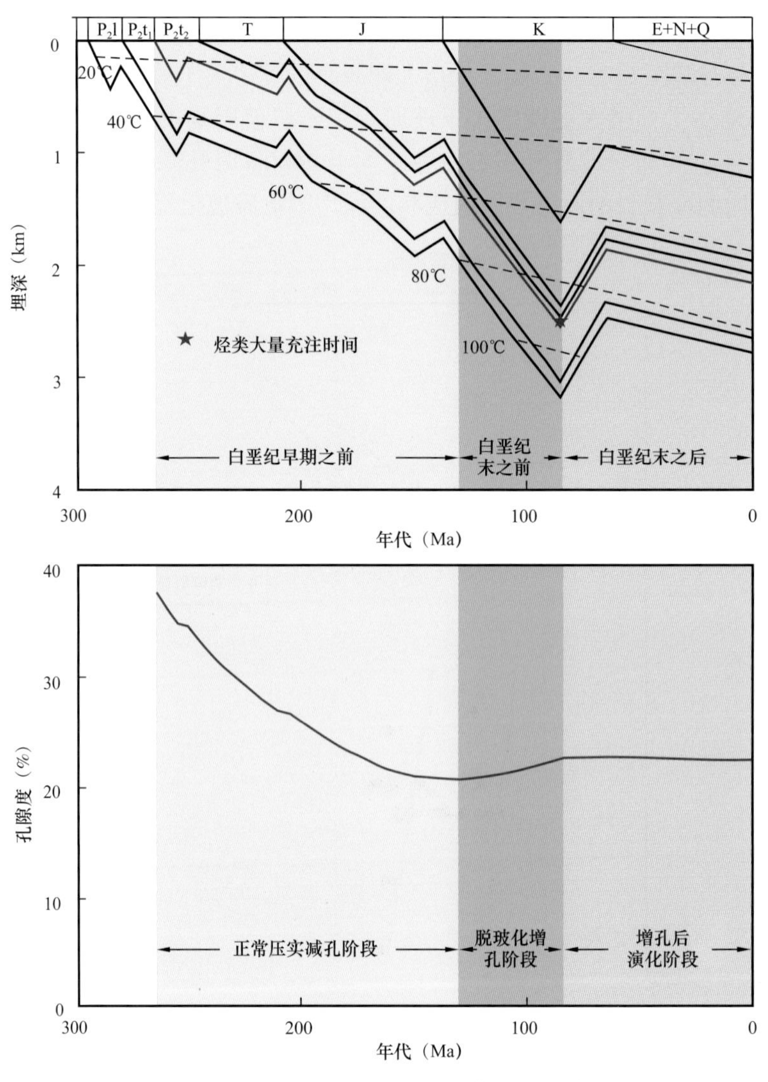

图4–36　马朗凹陷马56井埋藏史与凝灰岩段孔隙演化特征

第五章　凝灰岩优质储层发育规律与评价

优质储层指的是三塘湖盆地条湖组凝灰岩致密油藏形成的地质条件下，能够有效充注石油并形成油藏的储层。

第一节　致密油凝灰岩储层七性关系

条湖组二段凝灰岩致密油储层岩性（长英质含量）控制物性与脆性，物性控制含油性（物性越好，含油级别越高），脆性控制裂缝的发育强度；储层含油饱和度高（有机质含量与储层物性和含油性具较好的正相关，储层本身及上、下均具有生油能力，储层被烃源岩包裹）；岩性控制敏感性（储层长英质含量较高，黏土含量较低，敏感性较弱）。

一、岩性与电性关系

条湖组主要由火山岩、（沉）火山碎屑岩、火山碎屑沉积岩三大岩类，由于火山岩与碎屑岩在自然放射性和岩石密度上有较大差别，利用此响应特征首先可以先将玄武岩与沉凝灰岩区分开。与玄武岩相比，沉凝灰岩具有“三高一低”的特征，即中高伽马、高声波时差、高中子、低密度特征；而玄武岩相对而言是“三低一高”的特征，即低伽马、低声波时差、低中子、高密度。从能谱曲线看，沉凝灰岩钍和铀的含量要明显高于玄武岩，与上部的凝灰质泥岩或泥岩相当。从电成像成果图看，沉凝灰岩具有一定的水平层理，与下部火山岩的块状结构也有明显的差异；其次，沉凝灰岩与泥岩相比，二者响应特征较为相似，都具有中高伽马、高声波时差、高中子、低密度等特征，差别在于电阻率的高低，一般情况，沉凝灰岩具有中高电阻率，而泥岩通常都是低电阻率（图 5–1）。

根据上述对比分析可以看出，对岩性变化比较敏感的测井曲线是自然伽马、电阻率、声波时差和密度，由此建立条湖组复杂岩性的测井岩性识别图版（图 5–2，表 5–1），可以确定几种典型岩性的识别标准。从图中可以看出，各种岩性分布范围较为明显，玄武岩自然伽马值一般小于 40API，而沉凝灰岩和泥岩一般都大于该值；沉凝灰岩的声波时差比泥岩的略低，但远高于玄武岩，通常在 240～310μs/m 之间；而泥岩电阻率值要比沉凝灰岩的低，一般不超过 12.0Ω · m。根据敏感曲线的岩性识别范围，可以建立主要岩性的判别标准，为岩性剖面的标定、处理和后续的深入研究奠定基础。

二、凝灰岩储层脆性特征

图 5–3 为马 56 井条湖组岩石弹性参数计算成果图，从图中可以看出凝灰岩致密油储层段岩石的各种弹性模量参数比较大，杨氏模量在 16400～40000MPa 之间，即岩石的抗破坏能力比较强。

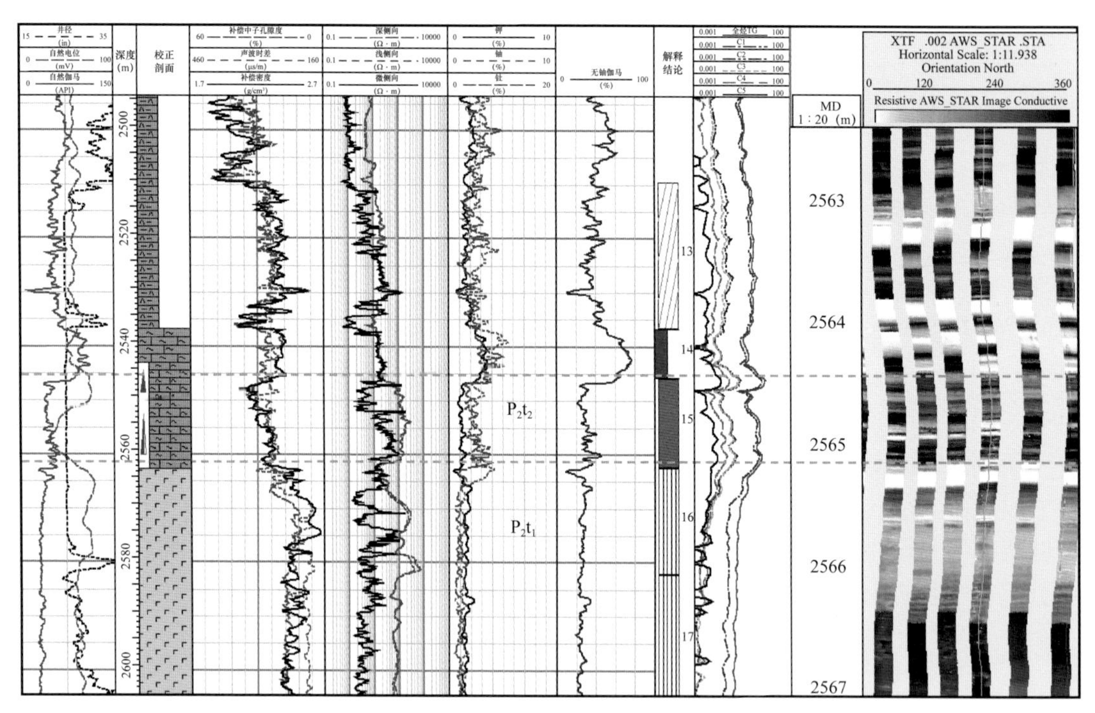

图 5-1　芦 1 井组合、自然伽马能谱测井曲线及成像处理成果图

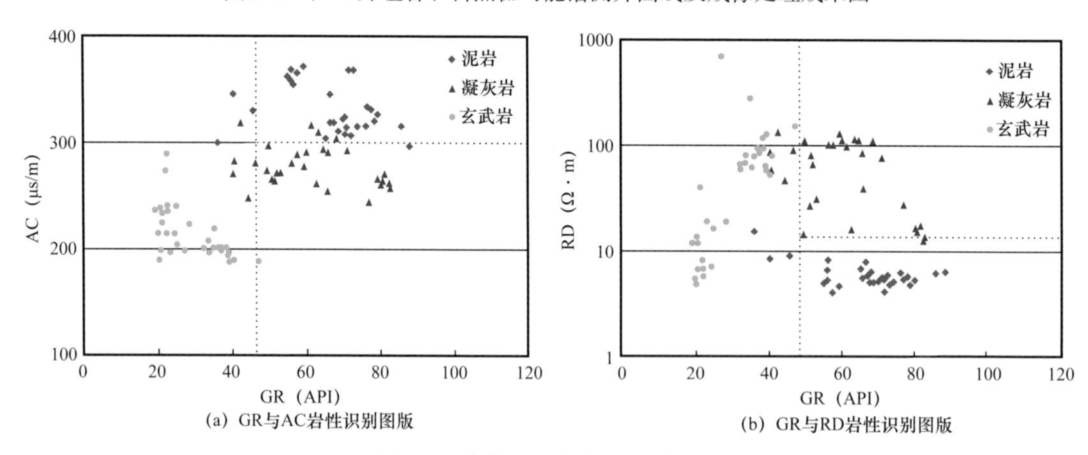

(a) GR与AC岩性识别图版　　(b) GR与RD岩性识别图版

图 5-2　条湖组测井岩性识别图版

表 5-1　条湖组 P_2t 主要岩性识别标准

岩性	测井响应特征值				
	RD（Ω·m）	GR（API）	DEN（g/cm³）	CNL（%）	AC（μs/m）
泥岩	＜10	55～77	1.75～2.25	30～45	300～390
凝灰岩	10～200	40～90	2.10～2.50	20～45	240～310
玄武岩	5～250	15～40	2.00～2.65	10～50	189～300
砂砾岩	45～150	70～100	2.45～2.65	10～20	200～250

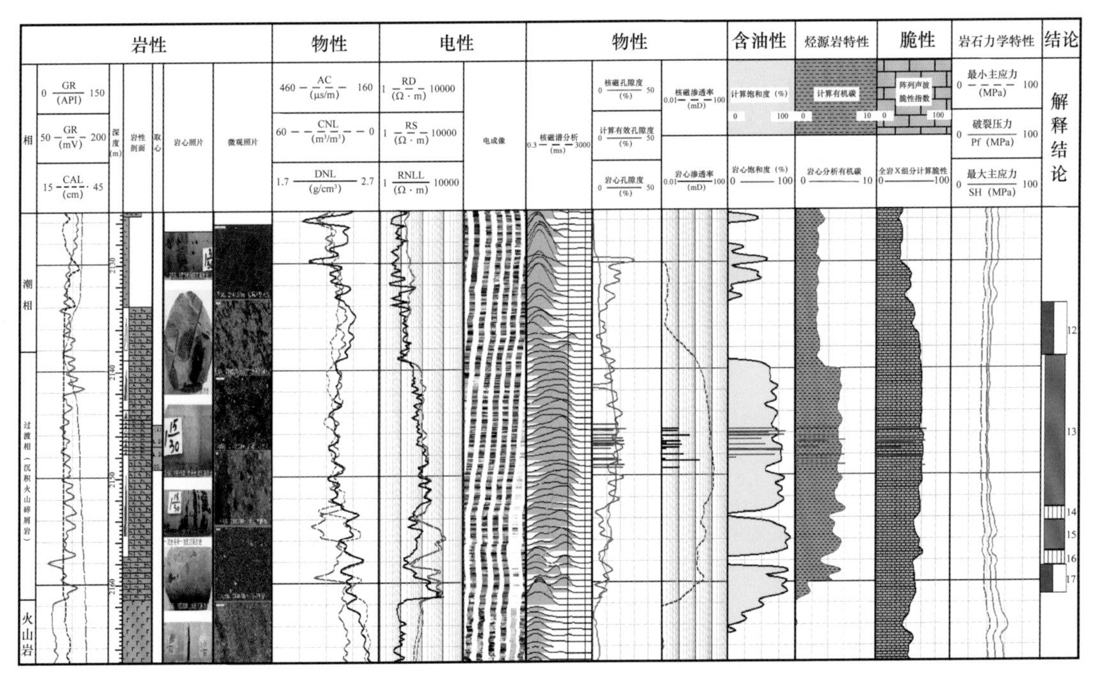

图 5-3　马 56 井条湖组岩石弹性参数计算成果图

岩石脆性是指其在破裂前未觉察到的塑性变形的性质，也就是指岩石在外力作用（如压裂）下容易破碎的性质。在条湖组沉凝灰岩储层评价中，以脆性指数刻画岩石的脆性特征。对于基质具有超低渗透的储层，在勘探开发需要进行大规模水力压裂时，裂缝网络是获得工业性油流的关键。

表 5-2 为条湖组岩石脆度评价成果表，脆度 1 为根据全应力应变曲线确定，脆度 2 为根据动态弹性力学参数确定，可以看出两者基本一致，表明利用阵列声波测井资料计算岩石脆性方法可行。图 5-4 为马 56 井、芦 1 井岩石力学实验，（a）为马 56 井单轴压缩后岩石破坏形态图，（b）为芦 1 井单轴压缩后岩石破坏形态图，（c）和（d）分别为两口井的应力应变曲线测试成果图，岩心脆度实验结果、全应力应变曲线测试及单轴压缩后岩石破坏分析可知，条湖组储层脆度较高，具备形成体积裂缝的储层条件。

表 5-2　条湖组岩石脆度评价成果表

井号，井段（m）	峰值强度（MPa）	残余强度（MPa）	脆度 1	杨氏模量（10^4MPa）	泊松比	脆度 2
马 56 井，2143.08～2151.0	33.58	17.90	47	3.08	0.22	51
芦 1 井，2548.56～2548.71	47.25	21.89	54	2.52	0.23	46

脆性指数计算采用岩石弹性参数法和岩石组分计算法。本书主要应用第一种方法即岩石弹性参数脆性计算方法开展岩石脆性评价研究，同时利用取心分析的全岩 X 衍射资料开展第二种方法计算岩石脆性加以验证。图 5-5 为马 56-12 井条湖组岩石脆性评价成果图，从图中可以看出，条湖组凝灰岩储层段的脆性比上部的凝灰质泥岩及下部玄武岩的脆

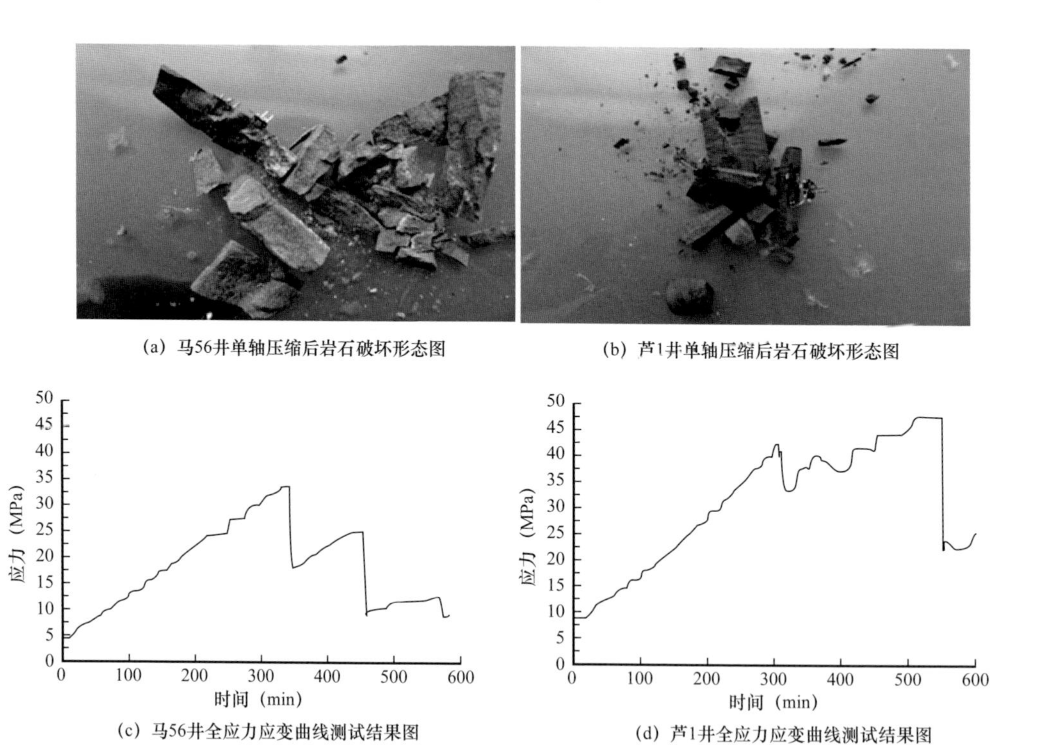

(a) 马56井单轴压缩后岩石破坏形态图　　(b) 芦1井单轴压缩后岩石破坏形态图

(c) 马56井全应力应变曲线测试结果图　　(d) 芦1井全应力应变曲线测试结果图

图 5-4　马 56 井条湖组岩石弹性参数计算成果图

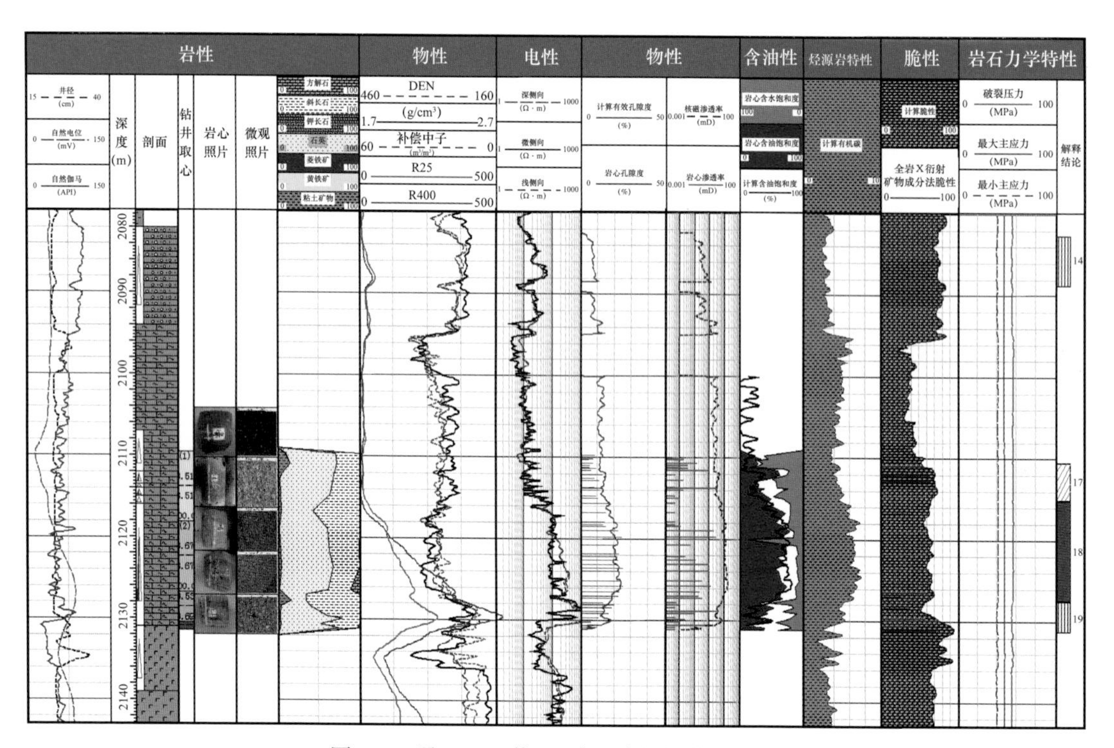

图 5-5　马 56-12 井 P_2t 岩石脆性评价成果图

性要好，脆性指数在 62% 左右，杆状图为利用全岩 X 衍射的岩石组分计算的岩石脆性指数，可以看出两者具有较好的一致性，表明利用阵列声波测井资料计算岩石脆性指数的方法切实可行。同时从图中可以看出，脆性与岩性相关，沉凝灰岩脆性较好，玄武岩次之，凝灰质泥岩、泥岩脆性最差。

三、岩性控制物性

条湖组二段致密油储层脆性及黏土总量（注：据全岩 X 衍射分析数据）与物性关系如图 5–6、图 5–7 所示，由图可知，随岩石脆性（主要是石英的含量）增加，孔隙度与渗透率逐渐增大，而随黏土总量的增加孔隙度与渗透率逐渐减小。石英为刚性成分，随石英含量增加，岩石的刚性增加，抗压能力增加，颗粒质点间孔隙保存机会增加。黏土物质为塑性、软性成分，受压易变形，其含量越多对储层孔隙保存越不利，同时黏土增多，减小孔隙，降低储层渗透性。本区条湖组二段致密油储层石英质成分含量高，全岩 X 衍射及能谱分析矿物组分绝大部分为石英与长石，石英在 30%～75%，长石在 20%～60%，石英 + 长石含量为 70%～98%，少量方解石与白云石，微量沸石，其中芦 1 井石英含量 55.1%，马 56 石英含量 57.2%，马 56–12H 井石英含量 54.0%，马 56–15H 井石英含量 51.2%，马 7 井石英含达 63%；石英 + 长石含量马 56 井达 91%，芦 1 井为 86.6%，马 56–12H 井石英含量 93.2%，马 56–15H 井石英含量 86.8%，马 7 井为 80.5%，马 15 井为 73.5%，马 1 井为 72.9%。泥质黏土总量马 56 井、芦 1 井、马 56–12H 井、马 56–15H 井均值均较低，分别为 2.0%、1.8%、5.8%、8.9%，物性均较优，而马 60H 井、马 61H 井壁取心黏土总量均较高，分别为 18.1%、21.7%，因此物性较差。

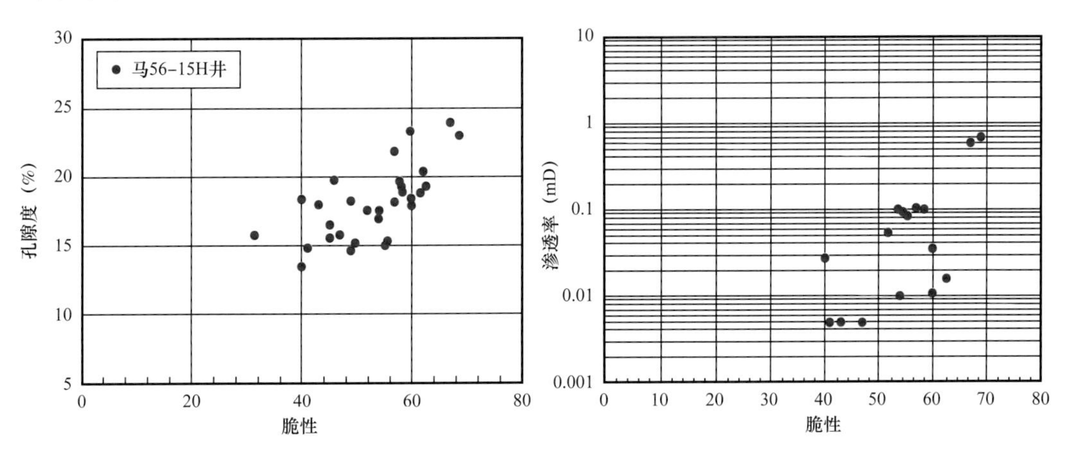

图 5–6　马 56–15H 井致密油储层岩石脆性与孔隙度、渗透率的关系

四、物性控制含油性

条湖组二段致密油储层孔隙度与含油性关系（见图 4–2），随孔隙度增加，含油级别增加，在孔隙度大于 15% 时，以油浸、油斑级显示为主，孔隙度在 7%～15% 时以油迹显示为主，在孔隙度小于 7% 时以荧光或无显示为主。

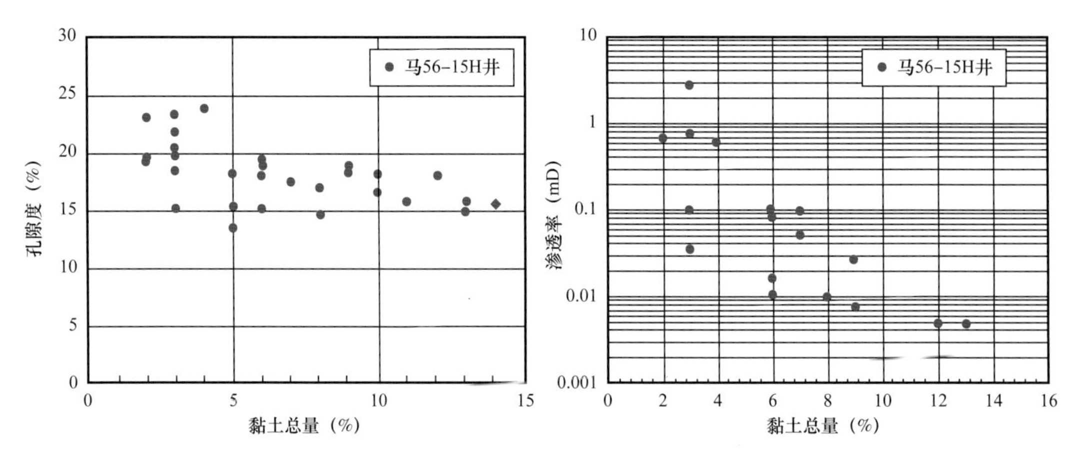

图 5-7　马 56-15H 井致密油储层岩石黏土总量与孔隙度、渗透率的关系

五、有机碳含量与物性关系

有机碳含量与孔隙度有较好的正相关关系（图 5-8）。条湖组二段致密油储层本身含较多的吸附有机质，同时混入一定量有机泥纹层；有机质热演化过程中会产生一定量的有机酸，进而对储层进行溶蚀改造，形成次生孔隙。目前条湖组二段有机质热演化处于低成熟至中等成熟期（图 5-9），也是有机酸大量生成期，同时，致密油储层长石含量较高，有利于被有机酸溶蚀形成次生孔隙。

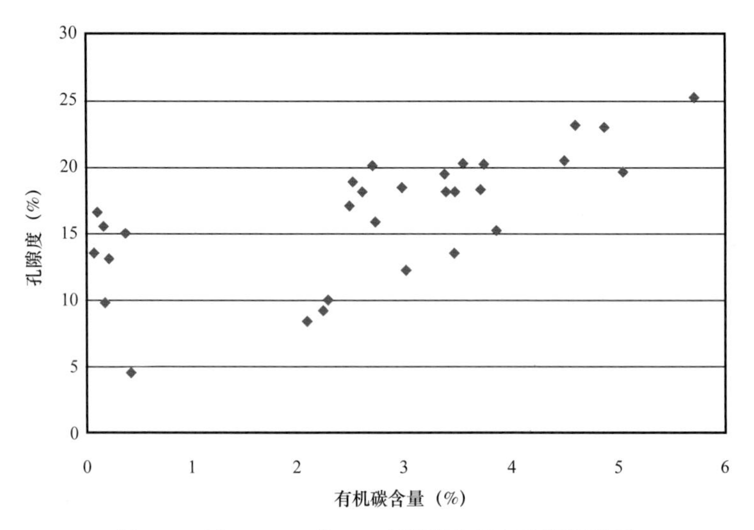

图 5-8　马 56-15H 井 P_2t_2 有机碳含量与孔隙度关系

六、物性与电性关系分析

条湖组二段致密油储层电性与物性的关系如图 5-10 所示，其中孔隙度与中子密度关系较好，与声波时差的关系尚可，孔隙度与补偿中子的关系沉凝灰岩储层较差，马 1 井与马 55 井凝灰质砂岩孔隙度与补偿中子具一定的正相关关系。

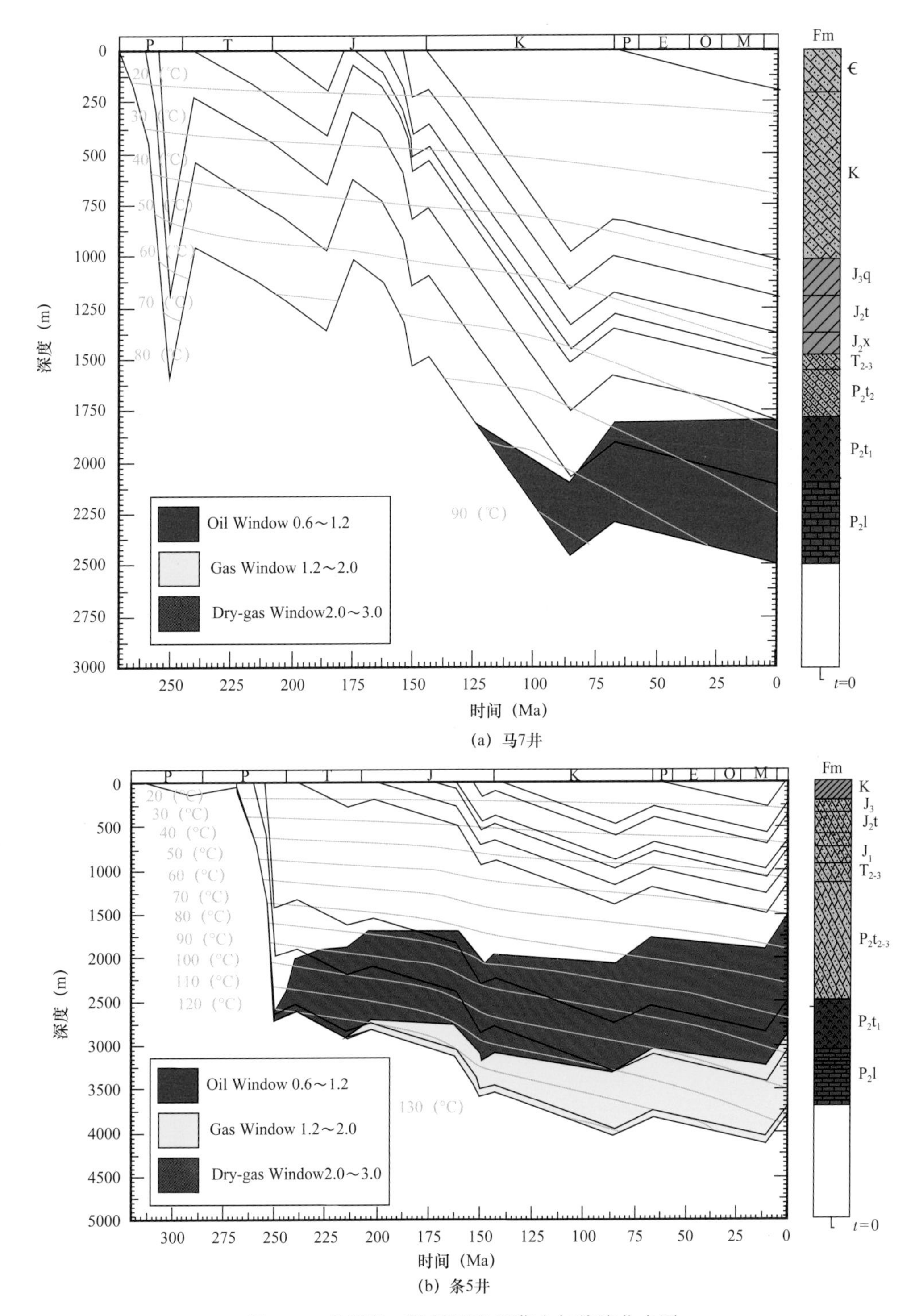

(a) 马7井

(b) 条5井

图 5-9　条湖组二段烃源岩埋藏史与热演化史图

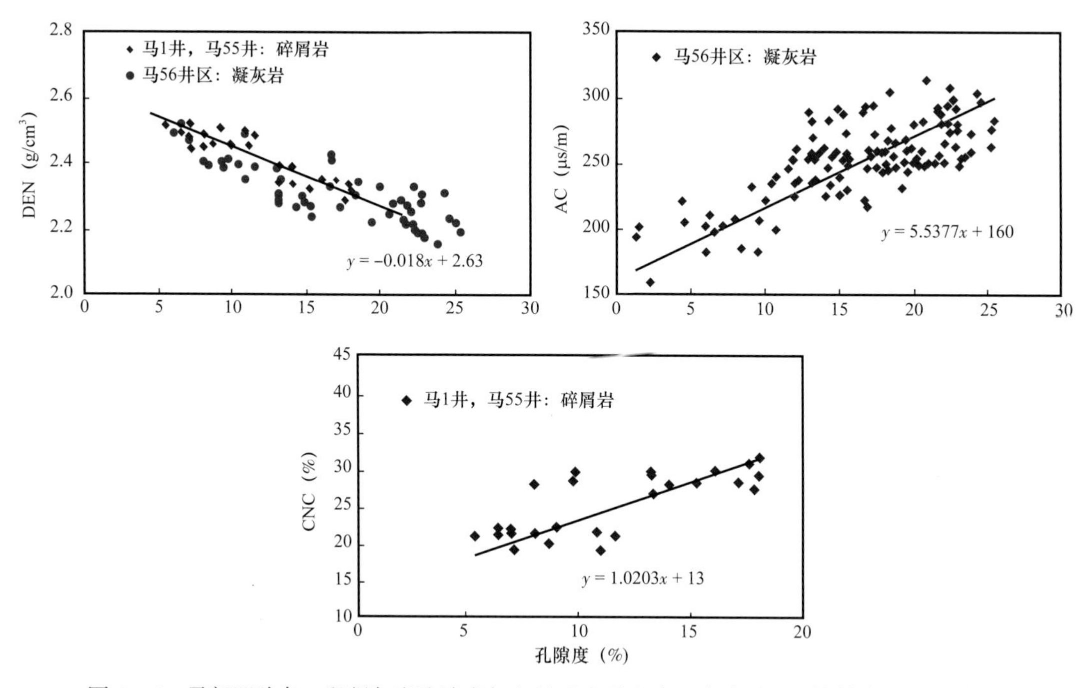

图 5-10　马朗凹陷条二段凝灰岩孔隙度与电性（中子密度、声波时差、补偿中子）的关系

七、潜在敏感性分析

根据条湖组凝灰岩储层黏土矿物 X 衍射分析（表 5-3），结合扫描电镜观察，致密油储层黏土矿物类型在芦 1—马 56—马 7 井区块以绿泥石与绿 / 蒙混层为主（图 5-11），但黏土矿物总量偏少，具较弱的潜在酸敏性，在马 1—芦 3 井区块、凹陷区由于陆湖输入较多，凝灰岩中黏土矿物以伊蒙混层或高岭石为主，且黏土矿物总量较高，具潜在的水敏性。

表 5-3　条湖组二段致密油储层黏土矿物相对含量（%）分析表

井号	样品数	深度（m）	蒙皂石	高岭石	伊利石	伊 / 蒙混层	绿泥石	绿蒙混层	S%（I/S）	S%（C/S）
马 56-15H	43	2303～2269	0	0	0	1.6	32.4	66.0	0.7	24.0
马 56-12H	27	2109～2131	0	0	4.6	4.4	29.8	61.2	5.5	23.1
马 56	4	2141～2146	0	17.8	0	0	27	55.3	0	22.5
马 7	4	1772～1781	0	7	17.3	34.5	41.3	0	27.5	0

八、流体性质及含油特征

条湖组二段沉凝灰岩致密油藏，原油密度为 0.89～0.91g/cm³，地层温度为 53～64℃，地层中原油黏度为 58～83mPa·s，凝固点在 18℃左右，属中质、高黏、高蜡、中凝油藏；

压力系数介于 0.9～1.12，属正常压力系统。

荧光薄片分析反映出沉凝灰岩储层主要为基质含油；岩心分析的含油饱和度较高，统计的分析样品中含油饱和度大于 50% 的占 80%，一般在 40%～90% 之间；孔隙度与含油性呈正相关的关系（即孔隙度越大含油饱和度越高），属于高孔、特低渗、高含油饱和度致密油藏的特点；从分布规律看，岩性控制物性，物性控制含油性，即沉凝灰岩越纯、脱玻化作用和溶蚀作用越强，储层物性越好，含油性也越好。

图 5-11　条湖组二段致密油储层扫描电镜下黏土矿物类型

（a）马 1 井，1839.14～1839.24m，细砂岩，粒表绿泥石；（b）马 1 井，1847.44～1847.6m，细砂岩，粒表绿泥石；（c）、（d）马 56 井，2143.2～2143.33m，火山灰沉凝灰岩，少量自生绿泥石

岩电实验表明，地层因素与孔隙度、电阻增大率与饱和度拟合呈线性关系（图 5-12），目前认为条湖组沉凝灰岩致密油层岩电关系仍符合阿尔奇公式，但孔隙结构细小，原油驱替不充分，岩电参数存在一定误差。利用孔隙度与饱和度的正相关关系，建立基于孔隙度的含油饱和度经验公式，应用效果较好。

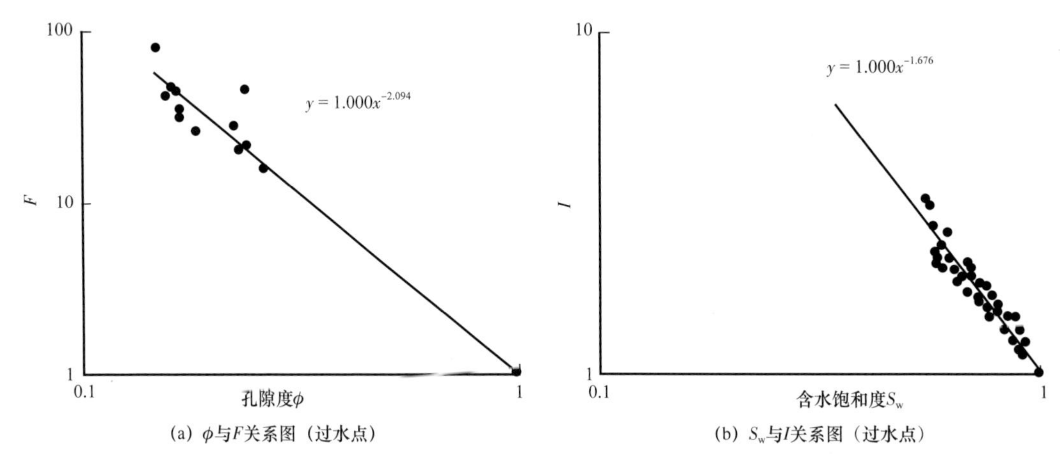

（a）ϕ与F关系图（过水点）　（b）S_w与I关系图（过水点）

图 5–12　马朗凹陷条湖组二段沉凝灰岩岩电实验

第二节　二叠系条湖组二段凝灰岩致密储层分类与评价

一、压汞孔喉分析与储层物性下限特征

条湖组凝灰岩致密油储层压汞实验，高含油饱和度样品对应孔喉半径与计算的最小流动孔喉半径（r_{99}，μm）接近（表 5–4，图 5–13），说明高含油饱和度样品最小流动孔喉半径可以作为有效储层孔喉的下限；同时在油充注程度高的背景下低的岩心分析饱和度储层一定程度上能代表该类储层的下限。据表 5–5，芦 1 井流动孔喉下限（r_{99}）为 0.013～0.033μm，平均 0.028μm，马 56 井流动孔喉下限（r_{99}）为 0.02～0.06μm，平均为 0.042μm，马 56–12H 井流动孔喉下限（r_{99}）为 0.009～0.128μm，平均为 0.05μm；综合芦 1 井、马 56 井、马 56–12H 井资料，致密油有效储层流动孔喉下限（r_{99}）的下限值可取最低下限值 0.01μm；取马 56–12H 平均流动孔喉下限（r_{99}）0.04μm，作为好储层的下限；依据条湖组二段致密油储层流动孔喉下限与渗透率的关系（图 5–14）确定渗透率下限为 0.01mD [对应流动孔喉下限（r_{99}）0.013μm 左右]，好储层下限为 0.1mD [对应流动孔喉下限（r_{99}）0.04μm 左右]。

表 5–4　马朗凹陷条湖组二段油藏岩心压汞分析统计表

井号	层位	样数	含油饱和度（%）	孔隙度（%）	渗透率（mD）	p_c（MPa）	$r_{中值}$（μm）	$r_{平均}$（μm）	最大进汞饱和度（%）	退汞效率（%）	r_{95}（μm）	r_{99}（μm）
芦 1	P_2t_2	4	77.73	20.55	0.09	1.95	0.05	0.06	96.38	29.32	0.04	0.03
马 56		5	72.64	21.36	0.08	4.11	0.09	0.1	96.18	25.08	0.07	0.04
马 15		1	86.5	19.2	0.016	6.72	0.042	0.05	91.97	21.81	0.031	0.025
条 27		3	—	19.67	0.33	3.57	0.12	0.16	87.36	41.71	0.12	0.08
马 56–12H		19	51.4	15.73	0.39	11	0.09	0.1	89.84	24.89	0.09	0.05

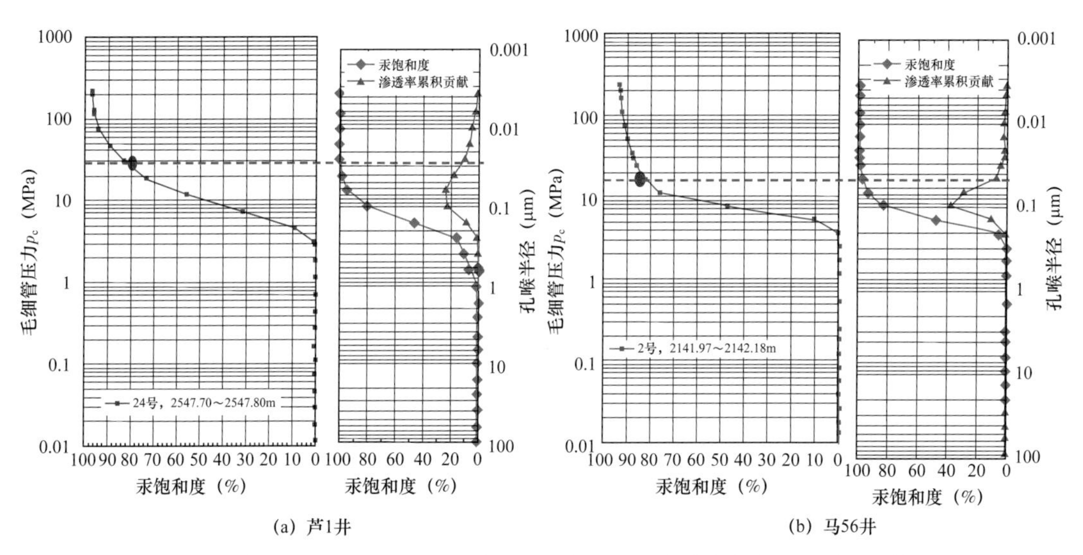

(a) 芦1井　　(b) 马56井

图 5-13　条湖组二段致密油储层典型压汞曲线、孔喉分布与渗透率累积贡献图

表 5-5　马朗凹陷条湖组二段油藏岩心分析孔、渗及饱和度统计表

井号	孔隙度（%）			渗透率（mD）				含油饱和度（%）		碳酸盐（%）
	最大	最小	平均	最大	最小	平均	样数	平均	样数	
芦 3	19.2	4.8	9.92	0.381	＜0.005	＜0.112	6			
马 1	18.4	13.29	16.4	1.86	0.04	0.62	8			
马 60H	16.2	1.4	7.075	0.055	＜0.005	＜0.043	6	36.1	2	
芦 1	24	13.7	19.13	0.499	0.0159	0.119	14	75.66	15	
马 61H	18.6	7.11	13.17	0.013	＜0.005	＜0.013	6			
马 15	20.5	16.3	17.77	＜0.05	＜0.05	＜0.05	6	87.58	7	
马 56	24.4	13.2	18.9	2.73	0.012	0.417	14	66.12	15	
马 56-15H	25.2	1.4	25.2	6.64	＜0.005	＜0.592	91	54.92	91	2.37
马 56-12H	25.5	4.2	14.36	4.64	＜0.005	＜0.607	44	48.64	47	0.74
马 55	11.7	5.5	8.41	0.309	＜0.005	0.072	13	48.6	14	
马 7	19.5	2.3	9	—	—	0.285	2			

二、储层含油性确定的储层物性下限特征

由于条湖组二段凝灰岩致密油储层含油饱和度高，含油饱和度大于 80% 的占 21.3%，大于 60% 的占 53.7%，大于 40% 的占 80%（图 5-15），说明油充注程度高，那么低含油饱和度样品的孔隙度与渗透率则可作为致密油有效储层孔隙度的下限，根据含油饱和度与

孔隙度的关系（图 5-16），将 S_o>40% 时的孔隙度作为有效储层孔隙度的下限，即孔隙度 6.50%；将 S_o>60% 左右时的孔隙度作为好储层孔隙度的下限为 15.0%。

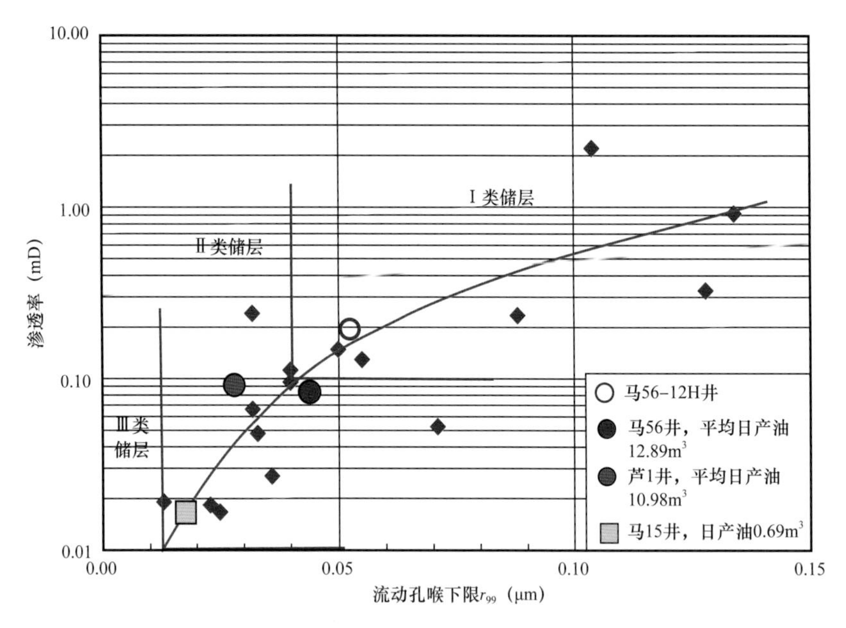

图 5-14　条湖组二段致密油储层流动孔喉下限 r_{99} 与渗透率的关系

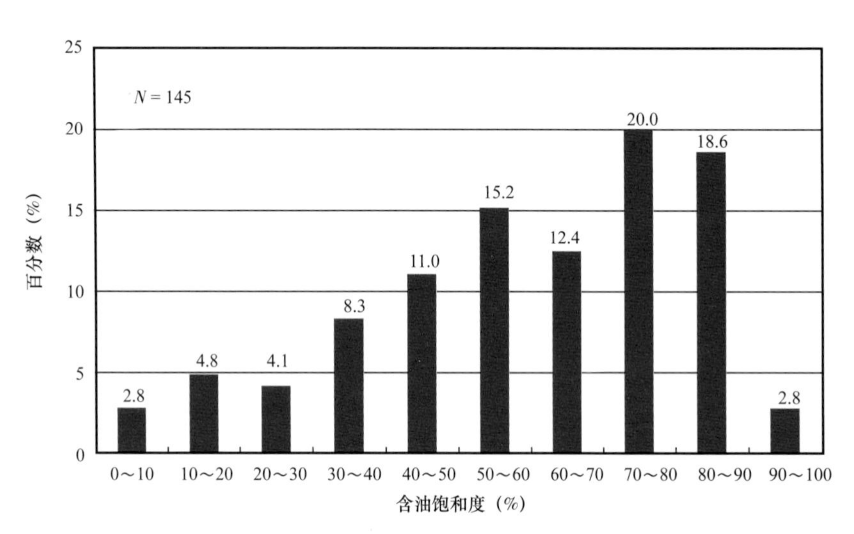

图 5-15　条湖组二段致密油储层含油饱和度分布
（资料井：马 15 井、马 55 井、马 65 井、马 56-12H 井、马 56-15H 井、芦 1 井）

上述确定的致密油好储层、有效储层下限物性值恰与油斑级显示、油迹级显示对应的物性区间一致，即油斑级显示对应的物性孔隙度一般大于 15%，油迹级显示对应的物性孔隙度一般大于 6.5%。因此，上述确定的条湖组二段致密油储层有效储层物性下限与好储层物性下限是比较可靠的。

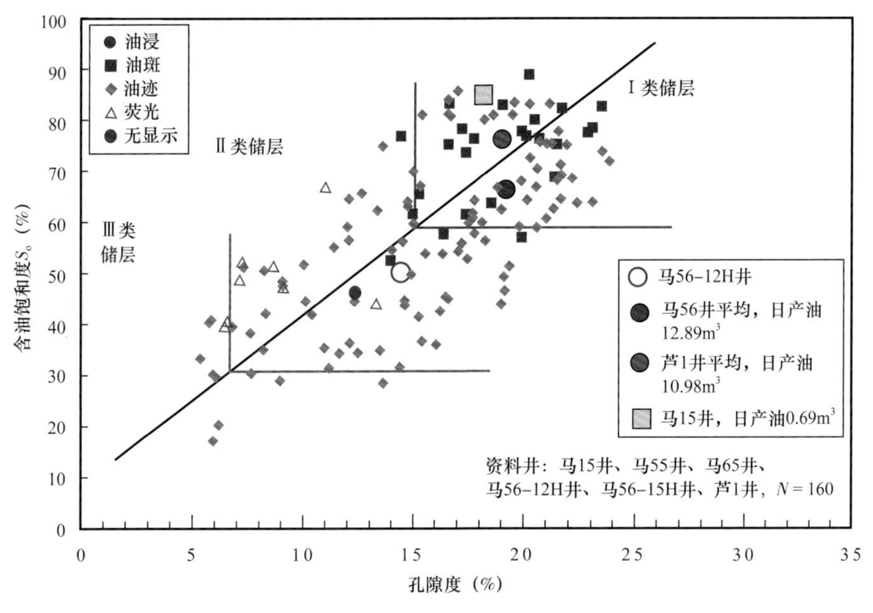

图 5-16　条湖组二段致密油储层含油饱和度与孔隙度的关系

三、储层分类评价标准

结合孔喉中值半径、排驱压力、平均孔喉半径、流动孔喉下限与渗透率的关系（图 5-17），提出条湖组二段致密油储层的分类评价标准（表 5-6）。结合岩性、脆性、物性、含油性、敏感性、压汞孔喉与储层物性含油性等资料，条湖组沉凝灰岩储层可分为三类。

表 5-6　三塘湖盆地条湖组致密油储层分类评价

储层类型	致密油储层分类		
	Ⅰ	Ⅱ	Ⅲ
孔隙度 ϕ（%）	≥15	15>ϕ≥6.5	<6.5
渗透率 K（mD）	≥0.1	0.1>K≥0.01	<0.01
含油饱和度 S_o（%）	≥60	60>S_o≥40	<40
排驱压力 p_d（MPa）	≤3	7>p_d≥3	>7
平均孔喉半径 μ（μm）	≥0.1	0.1>μ≥0.03	<0.03
流动喉道半径下限 r_{99}（μm）	≥0.04	0.04>r_{99}≥0.02	<0.02
T_2 截止值（ms）	≥5	5>T_2≥3	<3
岩石矿物脆度 CI（%）	≥50	50>CI≥30	<30
全岩 X 衍射黏土含量（%）	<5	5≤CI<10	≥10
评价	好	中	差

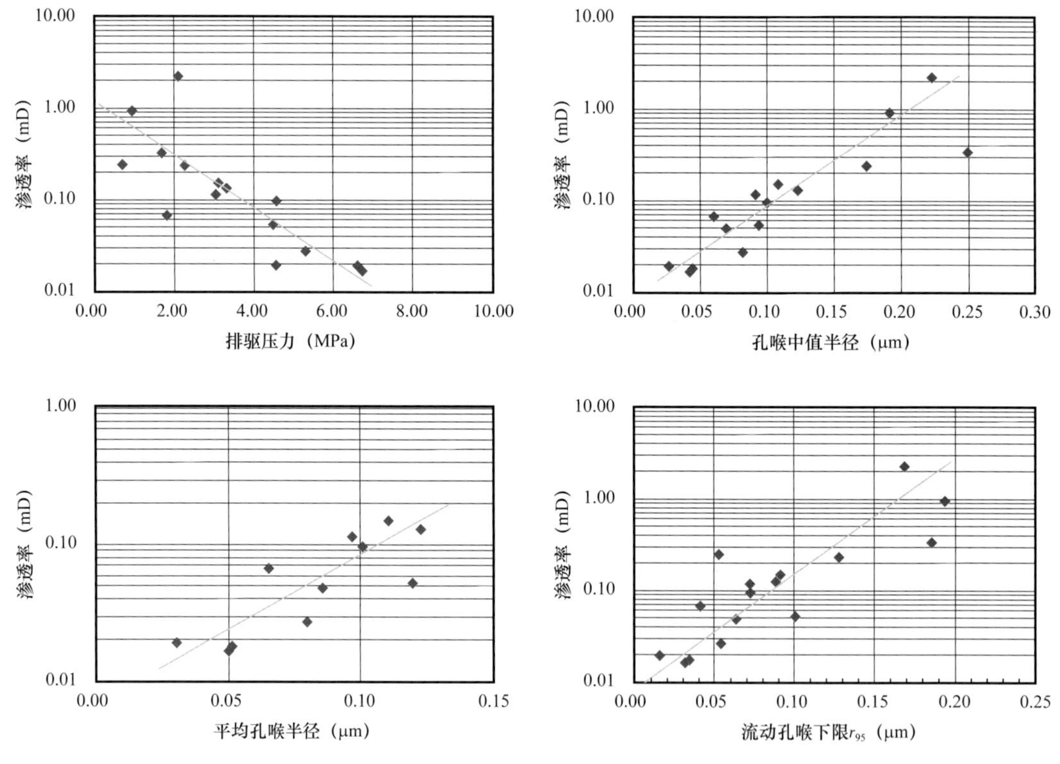

图 5-17　条湖组二段致密油储层主要压汞参数与渗透率的关系

第Ⅰ类储层孔隙主要是以凝灰质粒间微孔、溶蚀微孔与微洞、晶间微孔、微缝都比较发育的储层，储层基质孔隙度较大，储层渗透性好，孔隙度普遍大于15%，渗透率大于0.10mD，排驱压力相对较小，小于5.0MPa左右，压汞毛细管压力曲线形态较为“平缓”，储层孔隙结构配置关系好。

第Ⅱ类储层主要发育溶蚀微孔与微洞、晶间微孔、残余粒间孔，孔隙度介于6.5%～15%，渗透性相对较低，一般小于0.1mD，最大进汞饱和度小于45%，压汞曲线形态较“陡”，储层孔隙结构配置关系较差。

第Ⅲ类储层孔隙不发育，有少量的次生溶孔和微孔，孔隙度小、渗透性差，孔隙度一般小于6.5%，渗透率小于0.01mD，压汞曲线形态陡，排驱压力大于5.0MPa，最大进汞饱和度小于20%，这类储层非常致密。

第三节　凝灰岩优质储层发育规律

一、凝灰岩储层物性分布特征

马朗凹陷条湖组二段具中高孔、特低渗、微细孔喉特征，孔喉比低，孔喉分选好。岩心、井壁取心分析孔隙度、渗透率、饱和度统计表明，各井孔隙度平均在7.07%～19.13%，其中马55井、马60井、马61井、芦3井偏低，平均分别为8.41%、

7.07%、13.17%、9.92%，主要与其中酸性凝灰质占比少，陆源泥质较多有关。而中酸性凝灰质主体发育区各井孔隙度较高，平均在 16% 以上；凝灰岩所有样品孔隙度大于 18% 的占 46.3% 以上，大于 14% 的占 68.3% 左右，大于 6% 的占 97.2%，具中高孔隙的特征。

平面上马 56 井区和芦 1 井区孔隙度较高，向凹陷中部、西部和南部孔隙度减小，凹陷南部孔隙度较低，一般小于 10%（图 5-18）。各井凝灰岩渗透率平均值均较低，一般小于 0.5mD，所有样品渗透率大于 0.5mD 的占 33% 左右，小于 0.1mD 的占 66.8% 左右，而小于 0.05mD 的占 58% 左右，因此，条湖组凝灰岩储层具特低渗特征。

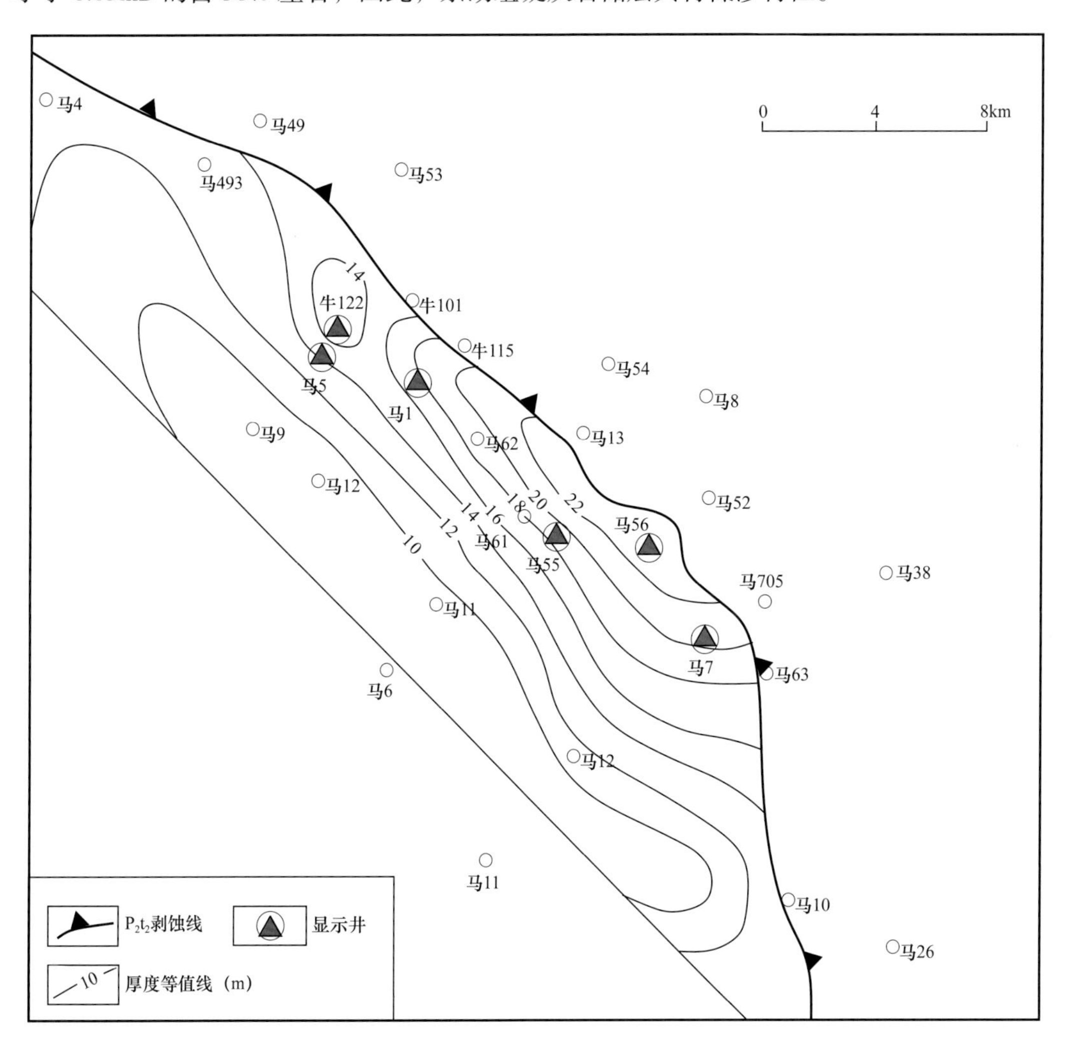

图 5-18　马朗凹陷条湖组二段致密油储层段孔隙度等值线图

二、优质储层发育规律与控制因素

1. 沉积方式、物质成分与碎屑组成是形成优质致密油储层的关键因素

中酸性火山喷发偏细粒碎屑物质直接落入水下并富集，低 Fe、Mg 而富 Si、K、Na 原

始化学组成，细粒质（粉细粒级以下）晶屑、玻屑碎屑组成及低泥质含量，是形成优质致密油储层的关键沉积方式和物质基础。

中酸性火山喷发有利于形成低 Fe、Mg 而富 Si、K、Na 的火山玻璃及长石与石英晶屑等细粒火山灰物质，为此类细粒凝灰岩后期向长石与石英质方向转化，长石与火山灰质点溶蚀提供了有利条件，同时能增加凝灰岩的抗压性，为细粒凝灰岩质点间微孔的保存提供了保证。而此类细粒凝灰质点爆发后直接落入水体，可免遭风化搬运过程中成分流失与泥化，同时不被水体影响而能富集起来，形成较纯的中酸性沉凝灰岩。

条湖组二段致密油凝灰岩储层化学组成石英质含量与物性成较好的正相关关系，黏土总量则明显呈负相关关系，说明石英质含量对储层物性影响较大。石英质成分或石英质碎屑颗粒为刚性成分，抗压性强，因此随石英质含量增加，岩石的刚性增加，抗压能力增加，颗粒质点间孔隙保存机会增加，同时在凝灰质中玻璃质点石英质含量较高时，在后期的脱玻化过程中有利于石英的转化，并增加石英微晶间的晶间孔。长石质成分及长石晶屑或颗粒为脆性成分，虽受压易碎，但不易变形，在静岩压力没有达到其破裂压力之前，相比黏土成分对储层起积极的支撑作用，同时从溶蚀成孔角度，长石晶屑易溶蚀，铸体与扫描电镜观察到长石溶蚀强烈。因此，长石的存在有利于颗粒溶蚀孔隙的形成。岩屑组分的抗压性低于石英质颗粒，特别是中基性的凝灰质岩屑与熔岩岩屑，此类岩屑在风化暴露或水流搬运过程中容易泥化、吸水及水化软化，大大降低其抗压性，在埋藏过程中易被快速压实，不利于粒间孔的保存，同时影响准生同期或早成岩期其他增孔作用如玻璃质点的脱玻化作用等的发生，因此，当岩石中基性岩屑发育时不利于优质致密油储层的形成。黏土物质为塑性、软性成分，受压易变形，其含量越多对储层孔隙保存越不利。此外，当颗粒较粗时，往往岩屑的含量也较高，而偏细的玻璃质、长石质等火山灰质点仅充当填隙物，不利于大规模火山玻璃脱玻化微孔的发育，而细粒的中酸性玻璃质、长石质火山灰质点富集时，与水介质的接触面积也较大，脱玻作用、溶蚀作用也相对活跃。

条湖组二段致密油储层发育区为火山爆发远火山口的中酸性火山灰直接落入水下沉积，火山灰相对集中富集，同时石英质成分和长石成分含量高，黏土含量低，物质成分好，抗压实作用较强，因此物性好，但远离凝灰质喷发源的牛圈湖、马 61 井等中央凹陷区由于黏土物质含量高，中酸性凝灰质占比少而物性变差。

2. 陆源输入少、水动力弱的浅湖、静水斜坡区或火山洼地是凝灰岩储层发育的有利场所

致密油凝灰岩储层粒级细，以粉砂级至泥级为主，少量细粒级，在有陆源输入时，或水动力较强的滨湖地带，不易集中保存，不利于形成稳定连续分布的储层。目前发现的有利凝灰岩储层岩心发育纹层状、波状纹理或不明显正粒序层理，说明其形成时水动力较弱；从其有机泥纹发育，有机碳含量高，岩石方解石充填泄水构造发育，生物碎屑发育，特别是完整微生物体常见，加之其沉积时的水动力较弱说明其形成的沉积环境为浅湖斜坡区或火山洼地区；从黏土矿物以陆源的蒙皂石、伊利石、伊 / 蒙混层黏土矿物含量少，而脱玻化过程中形成的自生绿泥石或绿蒙混层多，说明其形成时陆源物质输入少，有利于优质储层的发育。马朗凹陷北部条湖组沉积时古火山洼地发育，距凝灰质喷发源不远，为大

面积连续性致密油凝灰岩储层的形成提供了有利场所。而凹陷北部滨浅湖地带及南部陡坡地带由于受水动力干扰强而不易保存，储层以过渡相粗粒碎屑岩沉积为特征。

3. 脱玻化和溶蚀作用是储层微孔、微洞、微缝发育的关键因素

条湖组二段致密油储层发育四类微孔，即基质微孔、脱玻化晶间微孔、溶蚀微孔（微洞）、微缝。脱玻化晶间微孔为火山玻璃质脱玻化作用形成。火山玻璃是在过冷却及黏度增大的条件下形成的，是极不稳定组分，随时间、温度、压力及外部环境的变化而发生蚀变、成分分异和晶体析出，一部分成分随孔隙水流失，剩余组分发生重组并重结晶。扫描电镜和电子探针分析，当火山玻璃中 Mg、Fe 含量高时倾向绿泥石转化，特别是碱性成岩环境更有利绿泥石的转化，从而使储层变差；当 Mg、Fe 含量少而 Si、Na、K 含量高时有利于石英和长石的转化，特别是酸性成岩环境下，同时形成石英和长石晶间微孔。本区的凝灰质呈中酸性，长英质含量高，玻璃质脱玻化常形成石英微晶、碱性长石（钾长石、钠长石）及少量绿泥石黏土矿物，同时体积变小，形成大量的微孔隙，伴随体积缩小，也会形成大量微缝，加上火山灰或尘降落水体温度降低收缩也会形成微缝，而微缝可成为致密油储层主要储集空间之一。本区凝灰岩发育期的早期呈偏碱性成岩环境，绿泥石化较强，储层较差；中期转变为偏酸性成岩环境，脱玻化和溶蚀作用强，长石和石英晶间微孔发育，晚期凝灰质供应不足，水体退化或沼泽化，储层不发育。

溶蚀微孔或微洞是致密油储层主要储集空间之一。条湖组二段致密油储层形成时水体中生物繁盛，有机质丰富，水体很快由早期的偏碱性成岩环境转变为偏酸性成岩环境，同时其上、下富有机质凝灰质泥岩亦较发育，烃源岩在热演化过程中释放的有机酸可对凝灰质质点、玻屑、长石质晶屑及早期脱玻化形成的长石进行溶蚀，形成次生溶蚀孔隙。目前条湖组二段有机质热演化处于低成熟至中成熟期，处于有机酸大量生成期，同时，致密油储层长石等易溶组分含量较高，因此溶蚀作用较强。由于凝灰质组分颗粒微小，形成的孔隙一般表现为溶蚀微孔，当较大的质点溶蚀后可形成溶蚀微洞。

4. 脆性组分含量高，岩石脆性强，有利于裂缝发育

石英、方解石是脆性矿物，长石一定程度上也具有较高的脆性，而致密油储层长石与石英储量高达 90% 左右，其脆性矿物含量相当高，具较好的脆性特征。岩心观察发现，马 56 井、马 56-12H 井、马 56-15H 井岩心裂缝较发育。因此，可以推断在断裂带附近或局部构造变形区凝灰岩储层应发育一定规模的裂缝。

5. 储层含有机质，微孔发育，黏土吸附水少，促成高含油饱和度

条湖组二段致密油储层有机泥纹及吸附的有机质较发育，致密油储层之上深灰色泥质烃源岩发育，致密油储层之下的条湖组一段在凹陷区深灰色泥质烃源岩也发育，条湖组之下又发育芦草沟组主力烃源岩，因此致密油储层油源条件好。目前条湖组烃源岩热演化处于低成熟至成熟期，芦草沟组烃源岩处于热演化成熟期至高成熟期，油源充足。凝灰岩储层黏土含量极低，并以绿泥石为主，而绿泥石具亲油特征，因此储层吸附水含量较低，水膜较少或薄，有利于油在其储集空间内流动，同时较低的含油饱和度即可使储层由亲水变

为亲油，大大降低石油充注运移的阻力，因此，在油源充足的条件下往往形成高含油饱和度的致密油层。

6. 古地势高或火山构造活动带不利于致密油凝灰岩储层的形成与保存

由于条湖组一段沉积期，火山活动、构造活动较强，而火山活动较强地带也是构造活动活跃地带，并呈棋盘式裂隙活动带特征，这些火山—构造活动带构成了古地势的相对高区，并将马朗凹陷分隔成多个不同的火山洼地沉积区，之后的条湖组二段沉积明显受这些古高地和古洼地控制。根据致密油凝灰岩储层的平面分布特征，古地势高或火山—构造活动带水动力较强或由于火山喷发、岩浆侵入等影响，使这类地区的岩性变得复杂，并使中酸性凝灰岩的厚度减薄甚至缺失，而芦 1 块、马 56 块、马 7 块所处的火山洼地凝灰质沉积较厚，稳定性和连续性好，凝灰质成分较纯，泥质含量很低，有利于优质储层的发育。

第六章　凝灰岩致密油藏形成机制与模式

凝灰岩致密油藏的形成机制包括源储关系、油源条件、运移途径、充注方式、封盖特征与成藏关键因素等。

无论是常规油气藏还是非常规油气藏，烃源岩质量和分布是控制油气藏形成的前提，油气源对比是判断油气藏油气来源和源储关系的关键。因此，烃源岩条件和石油来源的研究是凝灰岩致密油藏形成机制的重要内容。本章将从凝灰岩油藏的油源分析入手，充分考虑凝灰岩自身有机质对成藏的作用，通过岩石润湿性、油水驱替实验和输导条件等方面研究凝灰岩致密油藏的形成机理与成藏模式，以期为世界上其他相似地质条件的致密油藏的勘探提供借鉴。

第一节　条湖组凝灰岩致密油藏的石油来源

三塘湖盆地条湖组致密油藏的形成机理一直受到争议，这主要集中在条湖组凝灰岩致密油藏中原油的来源，油源的确定将为进一步认识凝灰岩油藏的成藏机理奠定基础。

一、二叠系烃源岩地质特征

1. 岩性特征

芦草沟组二段岩性复杂，主要有泥岩、灰质泥岩、云质泥岩、泥晶碳酸盐岩。烃源岩多呈纹层状，纹层是可分辨的最薄的沉积层，有的纹层是由于季节变化导致物源变化而形成，有的纹层是火山灰物质多少形成的。纹层厚度分布在 0.03 ~ 10mm，多数小于5mm。纹层结构受原始沉积环境的控制，当水体较浅时，主要发育纹层状泥晶碳酸盐岩（图 6–1a），呈明暗条纹，但岩性一致。荧光下，碳酸盐岩一般不发荧光或发微弱的荧光（图 6–1b），泥质含量高时，荧光强度增大，表明纯的碳酸盐岩不是很好的烃源岩。随着水体逐渐加深，纹层结构变得复杂，形成两种或三种岩性组成的纹层状烃源岩，一般由白云岩或石灰岩和泥岩薄互层构成（图 6–1c），显微组分显示较强荧光（图 6–1d），说明是较好的烃源岩。水体更深时，主要发育纹层状泥岩，岩心观察也是有明暗条纹，但岩性都是泥岩（图 6–1e），暗色层的有机质丰富，是藻类暴发时期形成的，浅色层有机质丰度低，是藻类相对不发育时期形成的。这种烃源岩基质富含腐泥组和壳质组，显示较强黄绿色荧光（图 6–1f），另外，泥岩中可见古鳕类化石（*Palaeoniscum*），类别为吐鲁番古鳕（*Turfania*）（图 6–1g），表明水体为半咸水—咸水，泥岩中发育黄铁矿（图 6–1h），表明处于还原环境，有利于有机质的保存，多种现象均说明这是一类很好的烃源岩。

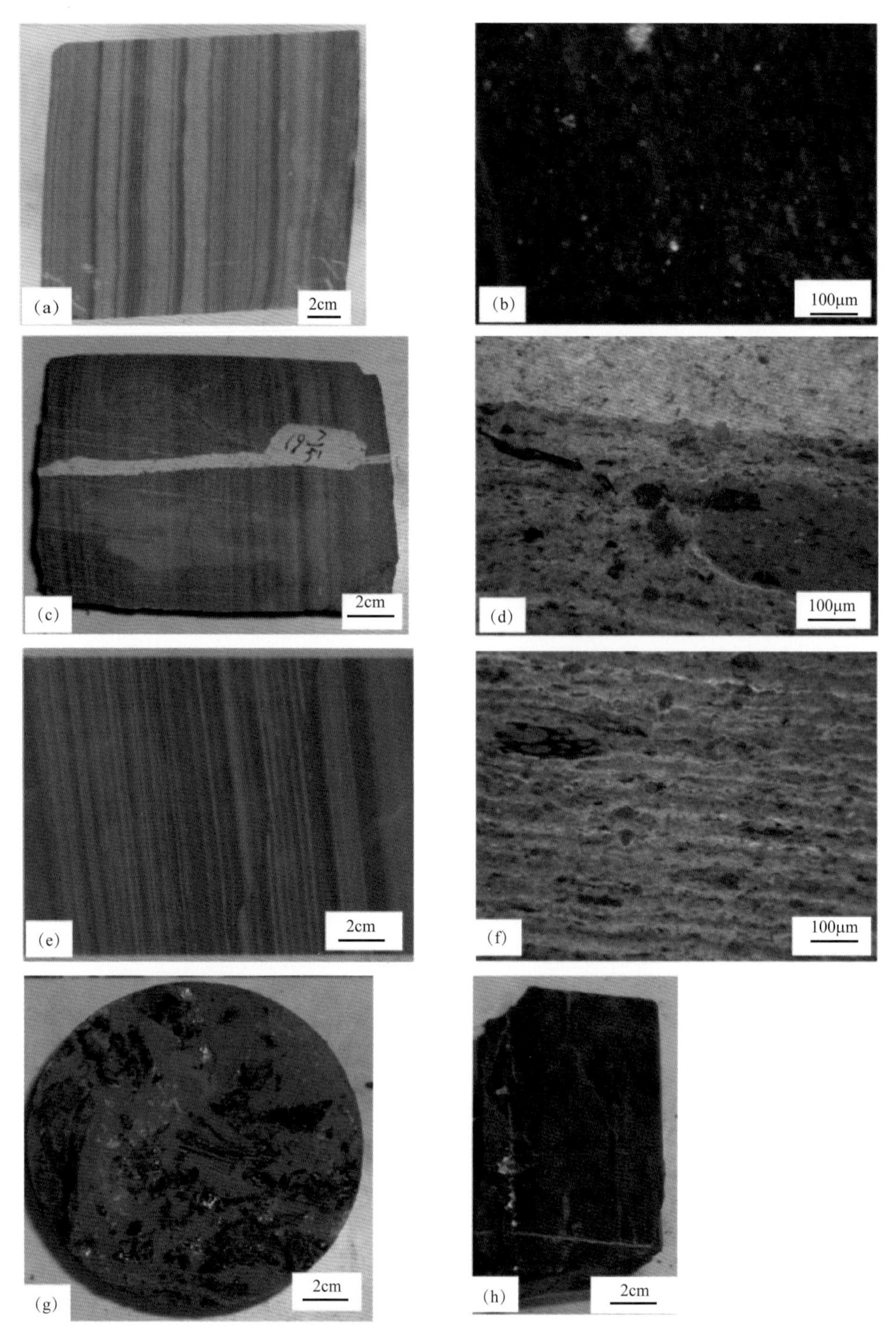

图 6-1　三塘湖盆地芦草沟组二段烃源岩岩石类型与荧光特征

（a）纹层状泥晶白云岩，牛 122 井，2590.2m；（b）纹层状泥晶白云岩，较弱荧光，牛 122 井，2590.2m；（c）纹层状灰质泥岩，马 3 井，1753.6m；（d）较强荧光，灰质泥岩，马 10 井，2355.6m；（e）纹层状泥岩，牛 122 井，2590.3m；（f）较强荧光，纹层状泥岩，牛 122 井，2590.3m；（g）泥岩中吐鲁番古鳕鱼化石，牛 101 井，1994.1m；（h）深灰色泥岩中原生黄铁矿，塘参 3 井，1751.5m

2. 潜在烃源岩的分布特征

三塘湖盆地马朗凹陷能够作为条湖组凝灰岩油藏原油来源的烃源岩层段自下而上分别是芦草沟组二段泥质岩，芦草沟组三段泥质岩，条湖组二段底部凝灰岩自身以及条湖组二段上部的泥质岩。这几套潜在烃源岩的分布和类型均具有很大差异。

芦草沟组二段烃源岩分布范围较广，具有东北方向薄、西南方向厚的特点，最厚可达300m（图 6–2）。

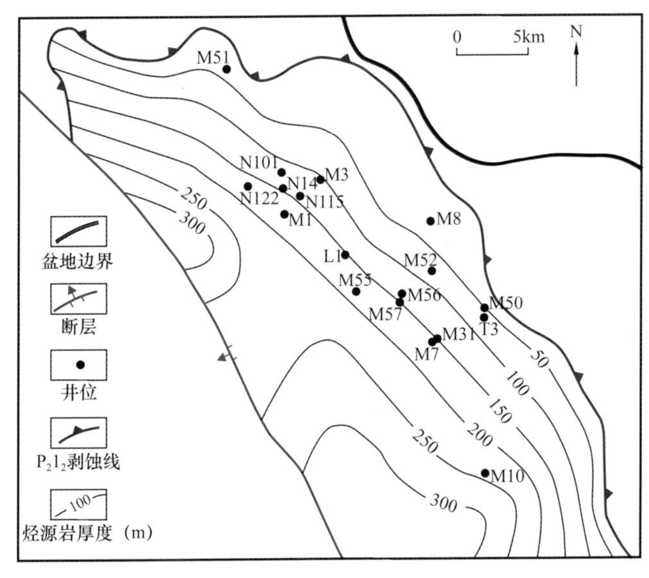

图 6–2　马朗凹陷芦草沟组二段烃源岩厚度分布图

芦草沟组三段烃源岩分布范围有限，部分地区被剥蚀，仅在盆地局部地区有发育（图6–3）。泥岩类型相对简单，主要是粉砂质泥岩和泥岩。

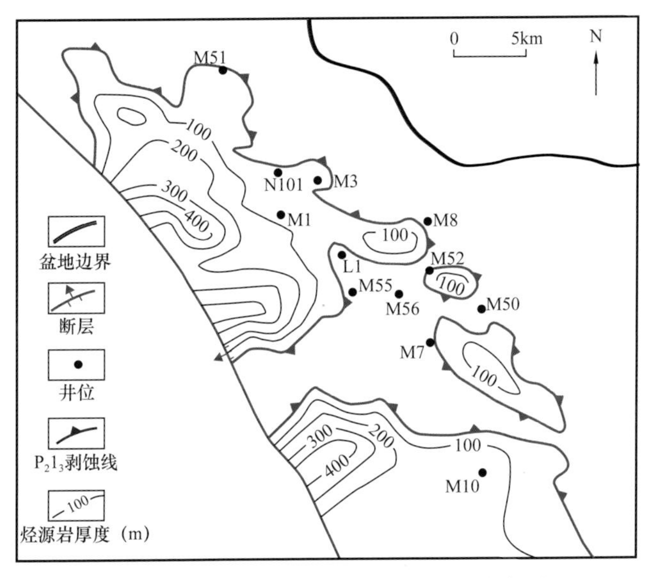

图 6–3　马朗凹陷芦草沟组三段厚度分布图

三塘湖盆地条湖组二段底部发育的含沉积有机质凝灰岩，厚度不大，而且分布范围有限。凝灰岩多呈块状，成层性差，颜色多为土黄色或灰黑色（图 6-4a），岩心中可见动植物化石（图 6-4b），是凝灰岩有机质的来源之一。扫描电镜下能看到有机质，且发育有机质孔，与黄铁矿伴生，还原环境有利于有机质的富集（图 6-4c、d）。

图 6-4　三塘湖盆地条湖组凝灰岩特征

（a）块状凝灰岩，M56 井，2144.72～2144.86m；（b）凝灰岩中的鱼化石，M56-12H 井，2122.44～2122.6m；（c）凝灰岩中有机质和黄铁矿，L1 井，2548.7m，BSED 图像

条湖组凝灰岩的上部发育的岩石类型主要是凝灰质泥岩和泥岩，分布范围比芦草沟组烃源岩小，在凹陷中心厚度较大，最厚可达 400m 以上，也是一套潜在的烃源岩（图 6-5）。

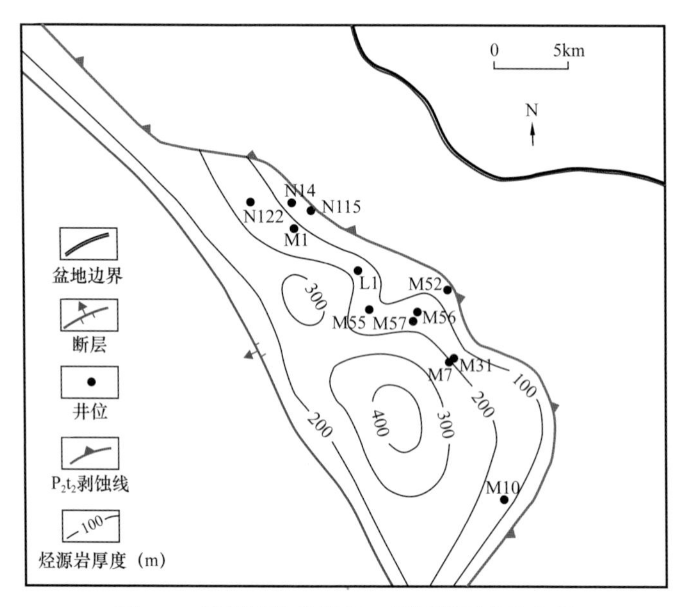

图 6-5　马朗凹陷条湖组二段泥岩厚度分布图

二、二叠系烃源岩地球化学特征

1. 烃源岩有机质丰度与类型

综合地球化学特征分析，以上几套潜在烃源岩的有机质丰度、有机质类型各有差异（图 6-6）。

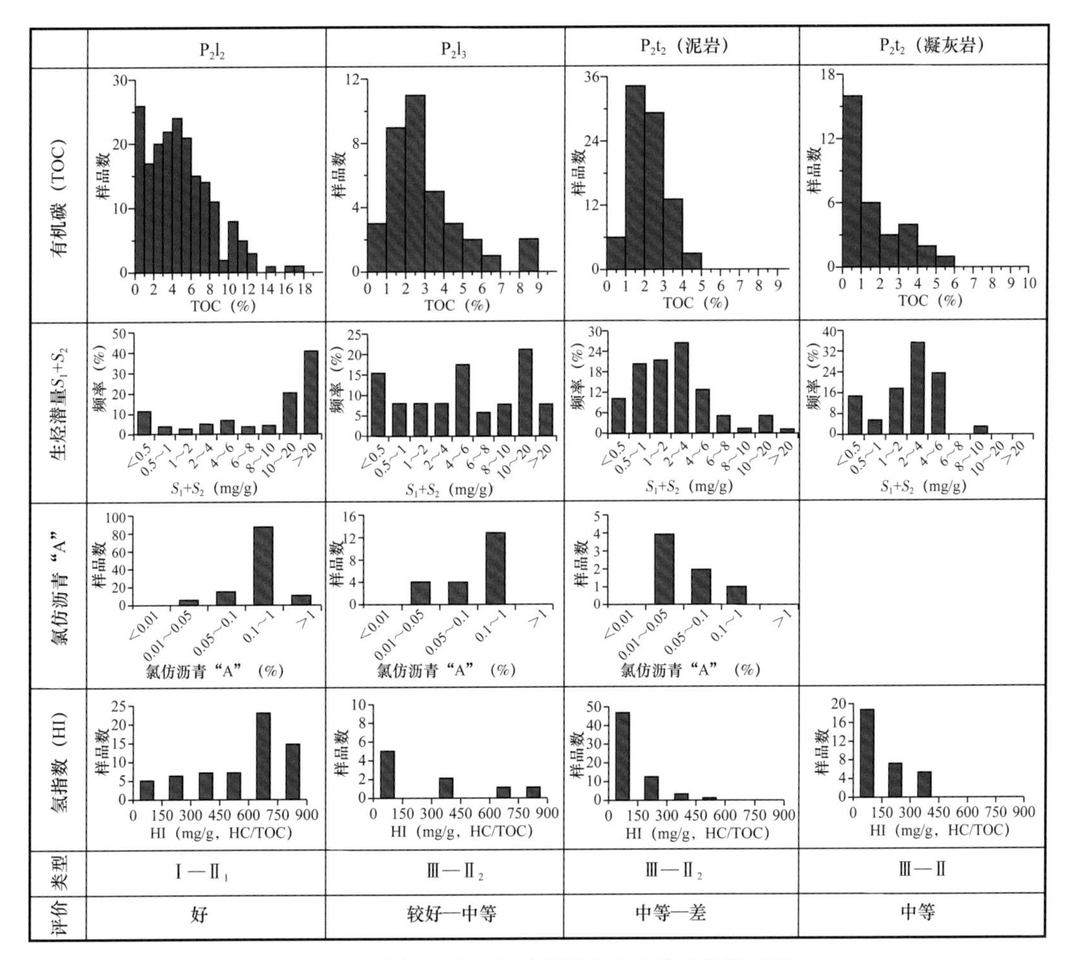

图 6-6　马朗凹陷二叠系烃源岩基本地球化学特征

（1）芦草沟组二段烃源岩质量最好，有机质以Ⅰ—Ⅱ$_1$型干酪根为主，有机质丰度高，总有机碳（TOC）主要分布在 1%～8%，多数样品生烃潜量（S_1+S_2）大于 6mg/g，氯仿沥青“A”大于 0.1%。

（2）芦草沟组三段为质量较好—中等的烃源岩，有机质类型差，以Ⅲ—Ⅱ$_2$型干酪根为主，有机质丰度也较高，总有机碳含量主要分布在 1%～6%，生烃潜量有高有低，多数样品氯仿沥青“A”分布在 0.1%～1.0%。

（3）条湖组二段凝灰岩样品经氯仿抽提后的 TOC 反映出凝灰岩中原始沉积有机质丰度不高，总有机碳含量主要分布在 0.5%～1.0%，生烃潜量主要分布在 2～6mg/g，沉积有机质类型为Ⅲ—Ⅱ型，总有机碳含量相对较高的凝灰岩实际上是凝灰岩油层段上部的泥质凝灰岩，对应的有机类型是Ⅲ型。

（4）条湖组二段泥质烃源岩整体上为质量中等—差的烃源岩，有机质以Ⅲ—Ⅱ$_2$型干酪根为主，总有机碳含量主要分布于 1%～4%，均值为 2.19%，生烃潜量主要分布在 0.5～6mg/g，均值为 3.2mg/g，氯仿沥青“A”主要分布在 0.01%～0.1%。

各套烃源岩的成熟度相差不大，T_{max} 主要分布在 420～450℃，芦草沟组泥岩 R_o 主要分布在 0.7%～0.9%，条湖组泥岩 R_o 主要分布在 0.6%～0.8%，条湖组烃源岩成熟度比芦草沟组烃源岩成熟度略低，但都主要处于低成熟演化阶段。

2. 烃源岩干酪根和可溶有机质稳定碳同位素特征

通过对凝灰岩中干酪根稳定碳同位素进行分析，发现稳定碳同位素比较重，平均值为 –29.3‰。通过对芦草沟组二段烃源岩以及条湖组二段泥岩抽提物的稳定碳同位素进行分析，发现芦草沟组二段烃源岩抽提物的稳定碳同位素较轻，平均值为 –31.6‰；条湖组二段泥岩抽提物的稳定碳同位素比较重，平均值为 –27.3‰；凝灰岩干酪根的同位素较重，平均为 –29.3‰（表 6–1）。

表 6–1　马朗凹陷二叠系烃源岩稳定碳同位素特征

样品类别	样品来源	$\delta^{13}C_{PDB}$（‰）	平均值（‰）
凝灰岩干酪根	马 56–12H 井，2119.02m	–29.3	–29.3
	马 56–12H 井，2124.6m	–28.9	
	马 56–12H 井，2127.24m	–29.0	
	马 56–15H 井，2259m	–29.9	
条二段泥岩抽提物	马 57H 井，2266～2267m	–25.7	–27.3
	马 31 井，1783～1784m	–28.6	
	马 7 井，1761m	–29.9	
	马 56 井，2109～2110m	–26.2	
	芦 1 井，2435～2439m	–27.5	
	马 57H 井，2338～2339m	–26.1	
芦草沟组泥岩抽提物	芦 1 井，3045.68m	–32.2	–31.6
	马 56 井，2670.50～2670.55m	–31.6	
	马 52 井，2241.1～2241.2m	–31.0	

3. 烃源岩生物标志化合物特征

三套泥质烃源岩可溶有机质地球化学特征具有明显的差异（图 6–7）。芦草沟组二段泥岩可溶有机质地球化学特征表现为：正构烷烃呈近正态分布，主峰碳为 nC_{21}、nC_{23}，Pr/Ph 分布在 0.8～1.2，一般小于 1.0，γ- 蜡烷含量较高，β- 胡萝卜烷含量也较高，表明沉积于还原咸水湖相沉积环境，三环萜含量较低，Ts＜Tm，孕甾烷和升孕甾烷含量也较低，规则甾烷 ααα20RC_{27}、ααα20RC_{28}、ααα20RC_{29} 呈近“／”型分布。一般低等藻类是 C_{27} 固醇的前驱物，陆源高等植物是 C_{29} 固醇的前驱物，但一些微藻类和蓝细菌也是 C_{29} 甾烷的主要来源。芦草沟组烃源岩的显微组分以腐泥质为主，有机质以Ⅰ—$Ⅱ_1$ 为主，反映了有机质主要来自低等生物，虽然 C_{29} 甾烷含量很高，也不是来自陆源植物。

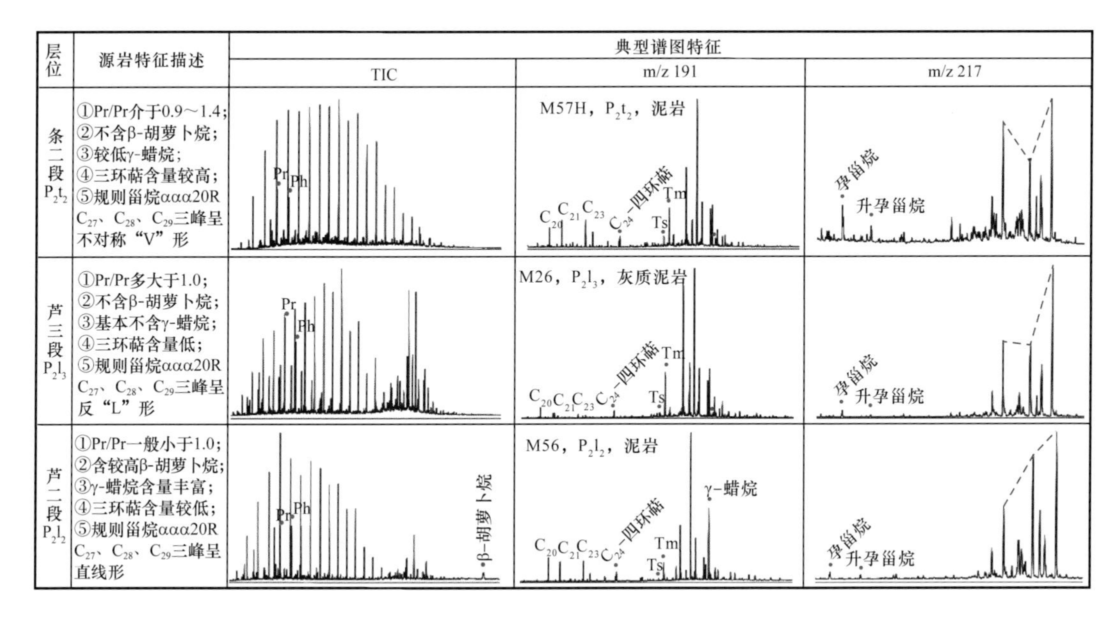

图 6-7　马朗凹陷二叠系烃源岩可溶有机质中饱和烃生物标志化合物特征对比

芦草沟组三段泥岩可溶有机质地球化学特征表现为：Pr/Ph 大都大于 1.0，γ- 蜡烷含量很低，不发育 β- 胡萝卜烷，表明形成于弱还原较开放的淡水环境，三环萜含量较低，Ts＜Tm，说明成熟度并不高，孕甾烷和升孕甾烷含量也较低，规则甾烷 ααα20RC_{27}、ααα20RC_{28}、ααα20RC_{29} 呈反“L”形分布，结合有机质类型，推测有一定的陆源植物输入。

条湖组二段泥岩可溶有机质地球化学特征表现为：正构烷烃主峰为 nC_{23}，Pr/Ph 主要分布在 0.9～1.4，均值约为 1.0，γ- 蜡烷含量较低，不含 β- 胡萝卜烷，表明沉积于相对开放的淡水环境，三环萜含量相对较高，Ts＜Tm，孕甾烷＞升孕甾烷，规则甾烷 ααα20RC_{27}、ααα20RC_{28}、ααα20RC_{29} 呈不对称“V”形分布，说明有机质既有低等藻类生物也有高等植物的贡献。各套烃源岩的甾烷异构化程度均较低，C_{29} 甾烷 ααα20S/（20S+20R）和 C_{29} 甾烷 ββ/（ββ+αα）主要分布在 0.2～0.4，反映了成熟度均不高。

由于凝灰岩本身是储层，所以这里不再对其可溶有机质地球化学特征进行分析。

三、条湖组凝灰岩油藏的油气来源分析

1. 饱和烃生物标志化合物谱图特征对比

从生物标志化合物谱图特征来看，马朗凹陷条湖组原油与芦草沟组二段烃源岩最相似，与条湖组泥质烃源岩以及芦草沟组三段烃源岩的生物标志化合物特征差异大，与凝灰岩干酪根热解油也有较大差异（图 6-7、图 6-8），说明凝灰岩油藏的原油主要来自芦草沟组二段。

（1）条湖组原油与芦草沟组二段烃源岩抽提物饱和烃色谱—质谱特征的对比。

条湖组原油的饱和烃正构烷烃呈近正态分布，主峰碳为 nC_{21}、nC_{23}，Pr/Ph 值低（小于 1.0 或略大于 1.0）、γ- 蜡烷含量较高，β- 胡萝卜烷含量也较高，表明石油的母质形成于

还原咸水湖相沉积环境，三环萜含量较低，Ts＜Tm，孕甾烷和升孕甾烷含量也较低，规则甾烷 ααα20RC_{27}、ααα20RC_{28}、ααα20RC_{29} 呈近“／”形分布。虽然芦草沟组烃源岩抽提物饱和烃 C_{29} 甾烷含量很高，但主要来自低等藻类生物，并非来自陆源植物，有机质类型以Ⅰ—$Ⅱ_1$ 型为主。从谱图对比看，凝灰岩油藏的原油与芦草沟组二段烃源岩的抽提物最相近。

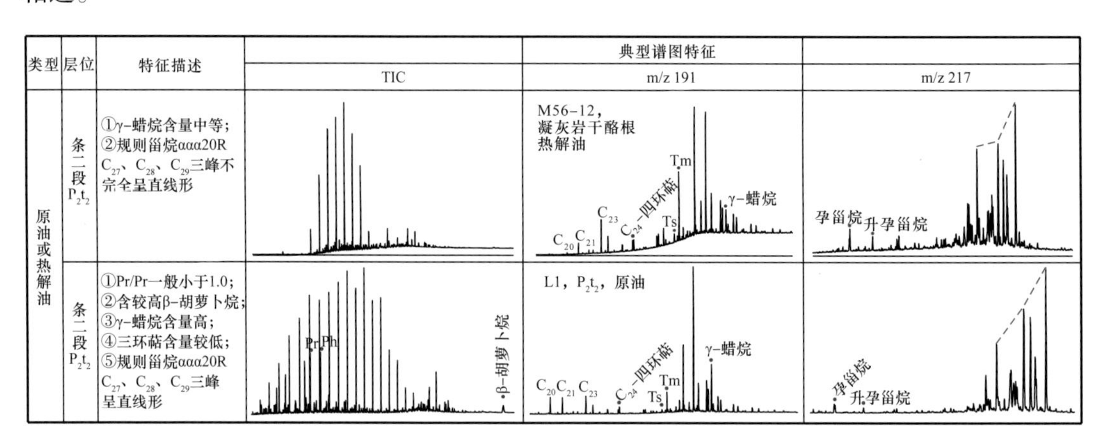

图 6–8　马朗凹陷二叠系凝灰岩原油、凝灰岩热解油饱和烃生物标志化合物特征对比

（2）条湖组原油与芦草沟组三段泥岩抽提物饱和烃生物标志化合物特征的对比。

芦草沟组三段泥岩抽提物 Pr/Ph 大都大于 1.0，γ- 蜡烷含量很低，不发育 β- 胡萝卜烷，这与条湖组原油明显不同。反映表明芦草沟组三段形成于弱还原较开放的淡水环境，三环萜含量较低，Ts＜Tm，孕甾烷和升孕甾烷含量也较低，规则甾烷 ααα20RC_{27}、ααα20RC_{28}、ααα20RC_{29} 呈反“L”形分布。因此，从谱图对比看，凝灰岩油藏的原油与芦草沟组三段烃源岩的抽提物差别较大。

（3）条湖组原油与条湖组二段泥岩抽提物饱和烃色谱—质谱特征的对比。

条湖组二段泥岩抽提物饱和烃正构烷烃主峰为 nC_{23}，Pr/Ph 值主要分布在 0.9～1.4，均值约为 1.0，γ- 蜡烷含量较低，不含 β- 胡萝卜烷，这也与条湖组泥岩差别大，表明条湖组二段泥岩沉积于相对开放的淡水环境，三环萜含量相对较高，Ts＜Tm，孕甾烷＞升孕甾烷，规则甾烷 ααα20RC_{27}、ααα20RC_{28}、ααα20RC_{29} 呈不对称“V”形分布，说明有机质既有低等藻类生物也有高等植物的贡献。因此，从谱图对比看，凝灰岩油藏的原油与条湖组二段泥岩亲缘关系较差。

（4）条湖组原油与凝灰岩自身有机质热解油的饱和烃色谱—质谱特征的对比。

通过对凝灰岩干酪根进行黄金管热模拟实验，发现干酪根热解油具有中等含量的 γ- 蜡烷，规则甾烷 ααα20RC_{27}、ααα20RC_{28}、ααα20RC_{29} 三峰不完全呈上升直线形的特点，这与凝灰岩油藏的原油也有较大差异。

2. 生物标志化合物参数对比

从饱和烃生物标志化合物参数特征来看，条湖组凝灰岩致密油藏中原油与芦草沟组烃源岩二段最相似（图 6–9），均具有低 Pr/Ph（小于 1.0 或略大于 1.0）、较高 β- 胡萝卜烷、较高γ-蜡烷指数（一般都大于0.3）、和规则甾烷C_{27}—C_{29}中C_{29}最高、C_{27}最低的特征（C_{27}/C_{29}小于0.58，C_{28}/C_{29}大于0.83）。与条湖组泥岩中饱和烃的生物标志化合物特征差异较大，条湖组泥岩具有γ-蜡烷含量较低（一般都小于0.2）、不含β-胡萝卜烷，规则甾烷中C_{28}最低的特征（C_{27}/C_{29}大于0.60，C_{28}/C_{29}小于0.86）。

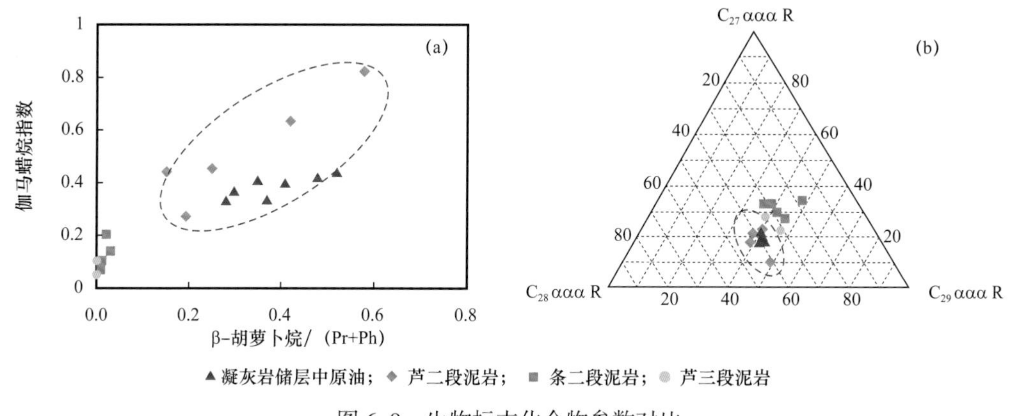

图6-9　生物标志化合物参数对比

3. 稳定碳同位素特征对比

原油的$\delta^{13}C$继承了生油母质的$\delta^{13}C$值，可以用于油源对比，稳定碳同位素进行油源对比是对生物标志化合物进行油源对比的重要补充。陆源有机质生成的原油富含重碳同位素，其$\delta^{13}C$偏高；低等水生生物形成的腐泥型有机质生成的原油富轻碳同位素，其$\delta^{13}C$值偏低。从马朗凹陷烃源岩和原油实测的碳同位素来看（图6-10），条湖组原油及其族组分$\delta^{13}C$均较轻，大都小于-30‰（PDB），各组分$\delta^{13}C$值的变化顺序为：饱和烃＜全油＜芳香烃＜非烃＜沥青质，这代表了来源于低等生物Ⅰ型有机质的特点，与芦草沟组二段烃源岩一致。而条湖组泥质烃源岩抽提物及族组分$\delta^{13}C$较重，都大于-30‰（PDB），反映了Ⅲ型有机质的特点，与原油差别较大。

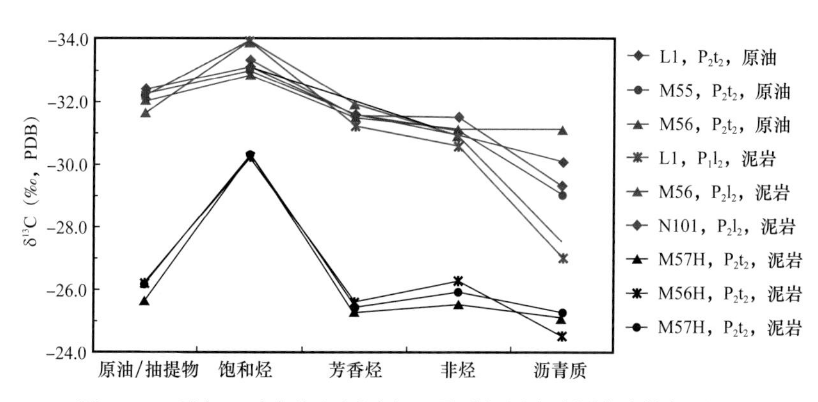

图6-10　马朗凹陷条湖组原油与二叠系烃源岩碳同位素特征对比

凝灰岩干酪根碳同位素平均为-29.3‰（PDB），原油的碳同位素平均值为-32.2‰（PDB），即凝灰岩干酪根碳同位素远重于原油，这说明凝灰岩中的原油不是完全由凝灰岩自身所生成。提取与凝灰岩紧邻的凝灰质泥岩中的干酪根进行稳定碳同位素分析也说明条湖组凝灰岩油藏中的原油不来自上覆的泥岩（图 6–11）。条一段原油与芦草沟组原油的碳同位素对比表明，它们与凝灰岩原油的碳同位素均非常接近。对比不同烃源岩同位素后发现，只有芦草沟组二段烃源岩与原油最接近，而凝灰质泥岩和条二段的泥岩碳同位素均远远重于原油的碳同位素（图 6–12）。

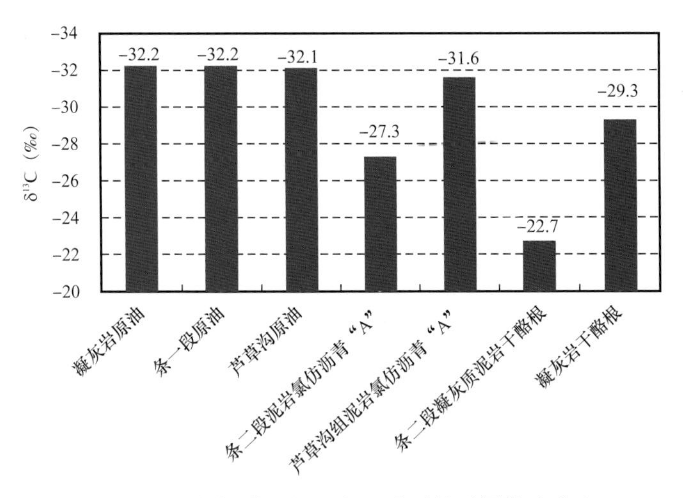

图 6–11　不同层位原油和烃源岩平均碳同位素分布

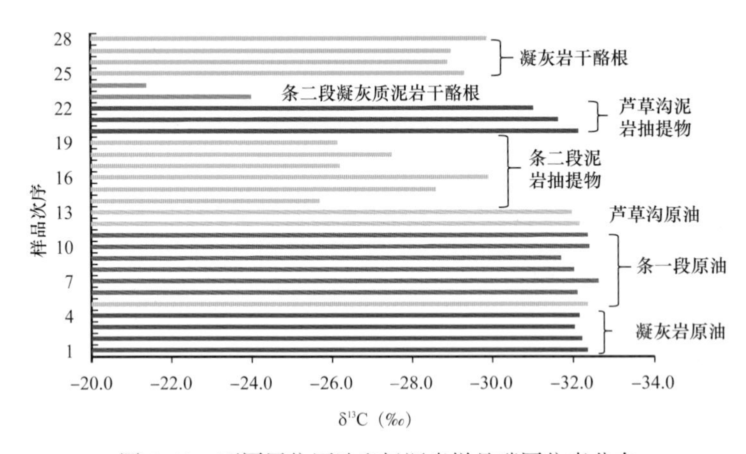

图 6–12　不同层位原油和烃源岩样品碳同位素分布

4. 条湖组凝灰岩油藏的原油主要来自芦草沟组二段烃源岩

综合对比原油和烃源岩抽提物饱和烃的色谱—质谱图、生物标志化合物参数特征和稳定碳同位素特征，可以明确地判断，条湖组凝灰岩油藏的原油主要来自芦草沟组二段烃源岩。前人所做的油源对比也表明上覆侏罗系常规油藏的原油也主要来自芦草沟组二段烃源岩，多期构造运动产生了大量能够沟通芦草沟组烃源岩和上部储层的断裂和裂缝输导体系，石油通过垂向断裂—裂缝向上运移至上部条湖组凝灰岩储层和侏罗系储层中聚集成藏。因而，芦草沟组上覆地层条湖组、三叠系—侏罗系油藏的原油均来自芦草沟组二段。

然而，凝灰岩本身具有一定的沉积有机质及凝灰岩上覆的凝灰质泥岩也具有一定生烃能力，对凝灰岩油藏也有少量贡献也是可能的。

第二节　条湖组凝灰岩致密油藏形成特征

油气源对比表明，条湖组凝灰岩致密油藏的石油来源来自下伏的芦草沟组二段烃源岩，储油层与烃源岩之间至少有条一段玄武岩地层的相隔，这种源储分离型的致密油藏的形成具有特殊的形成条件和形成机制。

一、凝灰岩储层含油特征

岩心观察发现，条湖组凝灰岩中发育微裂缝，这些裂缝除部分被方解石充填外，其余大部分都含油。但是裂缝含油并不是最主要的，凝灰岩油层基质和裂缝均含油（图6-13），且基质含油饱和度较高。选取57个裂缝不发育的样品进行含油饱和度统计，结果表明，储层含油饱和度主要分布在40%～90%（图6-14），说明凝灰岩储层含油饱和度整体较高。

(a) M56-12H井，2129.88m

(b) M56井，2141.8m

图6-13　马朗凹陷条湖组凝灰岩岩心照片

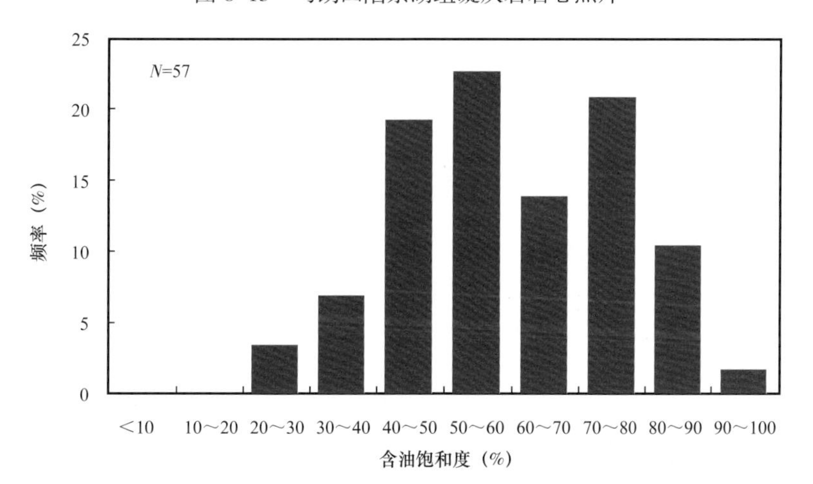

图6-14　马朗凹陷条湖组凝灰岩储层含油饱和度分布特征

二、凝灰岩油藏分布特征

平面上，目前已发现的凝灰岩致密油藏主要分布在火山构造带两侧的沉积洼地，岩性以玻屑凝灰岩为主，其次是晶屑玻屑凝灰岩，其他岩性很少。剖面上，凝灰岩段大都含油，含油饱和度有差异，凝灰岩油藏的下部是玄武岩，上部是泥岩，上下封盖条件均较好（图 6–15）。凝灰岩油藏的分布受构造控制作用不明显，油层主要分布在现今的构造低部位（洼地）和斜坡地区（图 6–16），该特征与其他类型致密油是类似的。储层含油性的好坏与岩性关系密切，玻屑凝灰岩的含油性比其他岩性好。

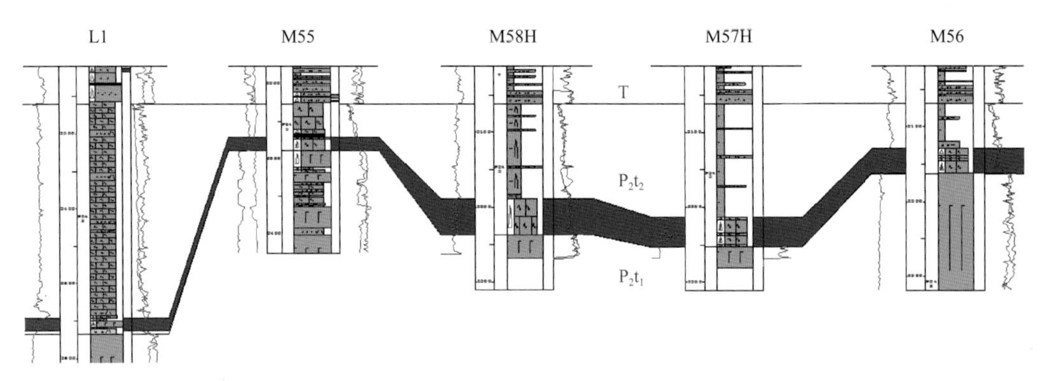

图 6–15　三塘湖盆地马朗凹陷条湖组油层对比图

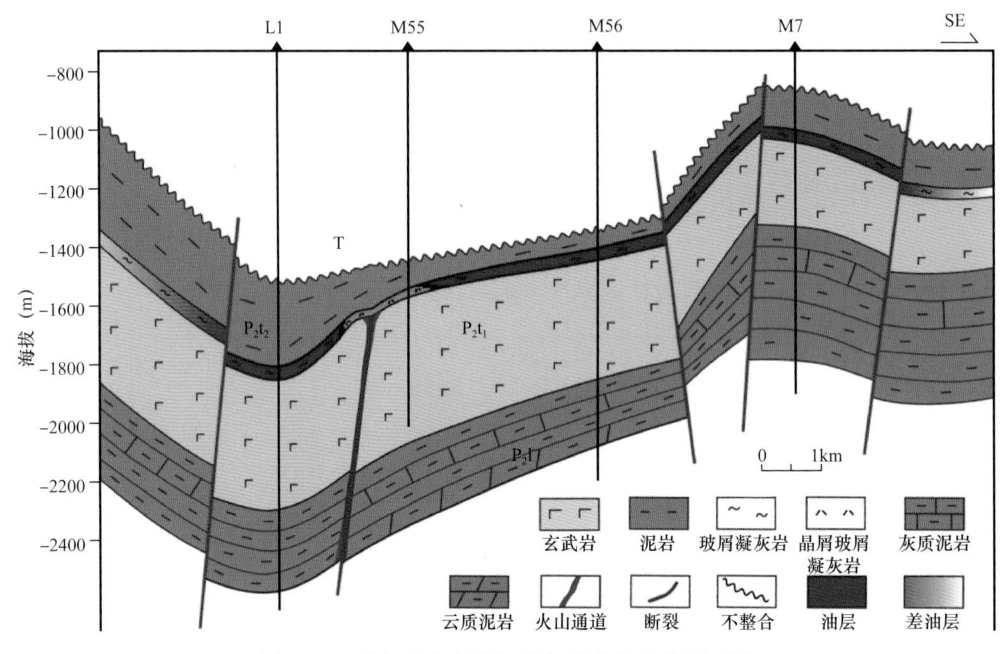

图 6–16　马朗凹陷条湖组凝灰岩致密油藏剖面图

三、凝灰岩致密油藏类型

致密油藏类型通常指的是源储关系类型，国内外已发现的致密油藏多数为源储共生，包括源储一体型和源储接触型两种类型。源储一体型油气聚集是指烃源岩生成的油气没有排出，滞留于烃源岩层内部形成油气聚集，包括页岩油；源储紧密接触型油气聚集是指与烃源岩层系共生的各类致密储层中聚集的石油，是近源成藏。也就是说，致密油藏源储关系类型就是源内型和近源型两种，源内型包括了源储一体型和互层型。源储一体型既是烃源岩同时又是储层，岩性主要有泥岩、页岩、灰质泥岩、云质泥岩等，如三塘湖盆地芦草沟组。互层型是泥岩、页岩、灰质泥岩、云质泥岩等烃源岩中夹薄层砂岩或碳酸盐岩，这些薄层的砂岩或碳酸盐岩是致密储层，如吉木萨尔凹陷芦草沟组。近源型是烃源岩与储层紧密接触，若烃源岩在储层之下，则称之为下源上储型，如鄂尔多斯盆地延长组的大部分致密油藏；若烃源岩在储层之上，则称之为上源下储型，如松辽盆地扶杨油层。不同类型致密油藏的形成往往与湖平面的变化有关，水进时期通常形成上源下储型致密油藏，湖侵或最大湖泛时期通常形成源内致密油，水退期往往形成下源上储型致密油藏。

以上这些都是常见的致密油藏类型，但三塘湖盆地条湖组凝灰岩致密油藏与它们不相同。虽然条湖组凝灰岩储层致密，但油源对比表明凝灰岩中的石油主要来自下伏芦草沟组烃源岩，源—储之间隔有几百米的火山岩，属于源储分离型的致密油藏类型，石油的富集可能具有特殊的机理。因此，致密油藏源储组合类型可以划分为 3 种，分别是源内型、近源型和源储分离型（远源型）。远源型比较少见，三塘湖盆地条湖组凝灰岩致密油藏就是这种特殊的源储关系类型（图 6–17）。

类型	源储关系	岩性剖面特征	岩性描述	实例
源内型	源储一体型	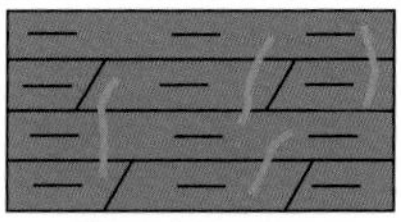	泥岩、页岩、灰质泥岩、云质泥岩等	三塘湖盆地芦草沟组
	互层型	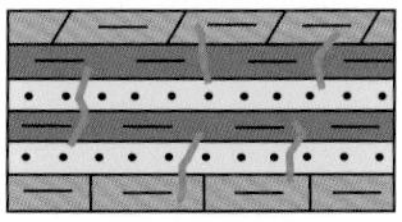	泥岩、页岩、灰质泥岩、云质泥岩等夹薄层砂岩	吉木萨尔凹陷芦草沟组
近源型	上源下储型	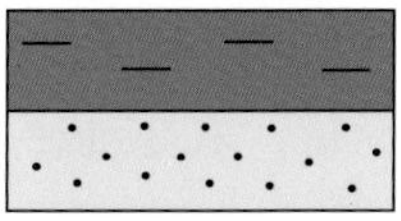	泥页岩在上，砂岩在下，直接接触	松辽盆地扶杨油层
	下源上储型	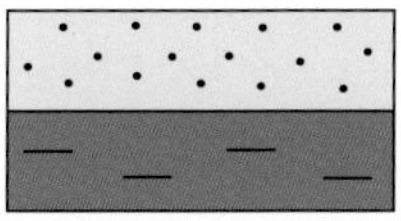	泥页岩在下，砂岩在上，直接接触	鄂尔多斯盆地延长组
源储分离型	下源上储型（远源型）	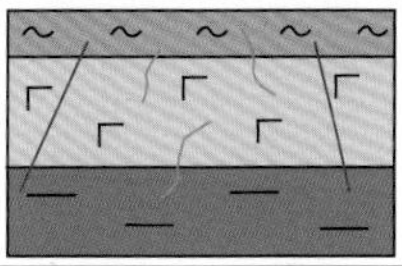	泥页岩在下，砂岩、凝灰岩等在上，非直接接触	三塘湖盆地条湖组凝灰岩

砂岩　玄武岩　泥岩　凝灰岩　灰质泥岩　云质泥岩　裂缝

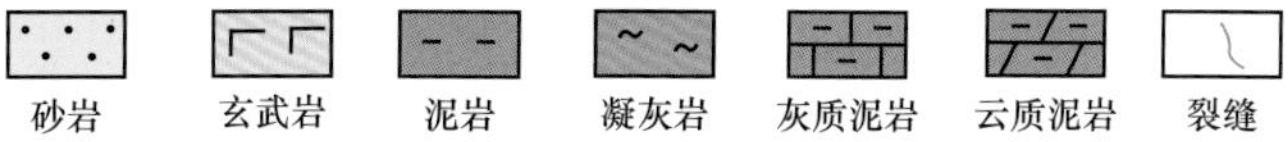

图 6–17　致密油藏常见源储类型与新型源储关系类型特征对比图

四、凝灰岩致密油藏石油充注动力学机制

1. 原地沉积有机质对致密油藏的贡献

条湖组凝灰岩本身含有的沉积有机质具有一定生烃能力，在埋藏演化过程中能够生成液态烃。利用生物标志化合物和稳定碳同位素特征进行的油源对比分析表明，凝灰岩油藏中的原油主要来自下伏芦草沟组烃源岩，但并不能否定含沉积有机质凝灰岩自身的生烃量对油源没有任何贡献。

根据烃源岩样品热模拟实验数据，芦草沟组烃源岩在 340℃（相当于 R_o 为 0.8%）时的产油率约为 280mg/g（HC/TOC），而凝灰岩相应条件下的产油率只有约 50mg/g（HC/TOC），远低于芦草沟组烃源岩热模拟产油率（图 6–18）。

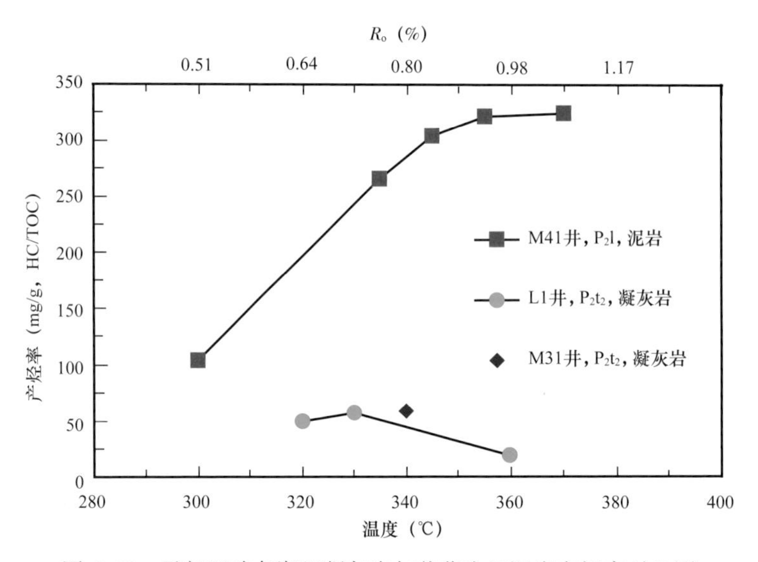

图 6–18　马朗凹陷条湖组凝灰岩与芦草沟组泥岩产烃率对比图

并且，与芦草沟组烃源岩相比，凝灰岩有机质丰度不高、厚度也不大，所以其自身生油量是有限的。根据凝灰岩热模拟的生烃量，取原油密度为 0.9g/cm³，凝灰岩储层孔隙度为 18%，估算马朗凹陷条二段含有机质凝灰岩生成的原油充注自身储层后含油饱和度最大值不超过 18%，一般 5%～10%（图 6–19）。所以条湖组致密油自生原油比例可能不超过 18%。目前多口探井揭示凝灰岩储层孔隙度主要分布在 10%～25%，储层含油饱和度多分布在 40%～90%，凝灰岩自身的生油能力难以达到这么高的含油量。因此，凝灰岩中原地沉积有机质生成的原油对凝灰岩油藏中原油的贡献量不大。

2. 凝灰岩润湿性

油源分析结果表明，条湖组凝灰岩致密油藏中的原油并非原地生成，源储也非紧密接触，但凝灰岩自身含有沉积有机质，在地质历史时期能够生烃，所以从凝灰岩自身生烃对储层润湿性影响的角度来分析凝灰岩致密油藏的充注与成藏机理。

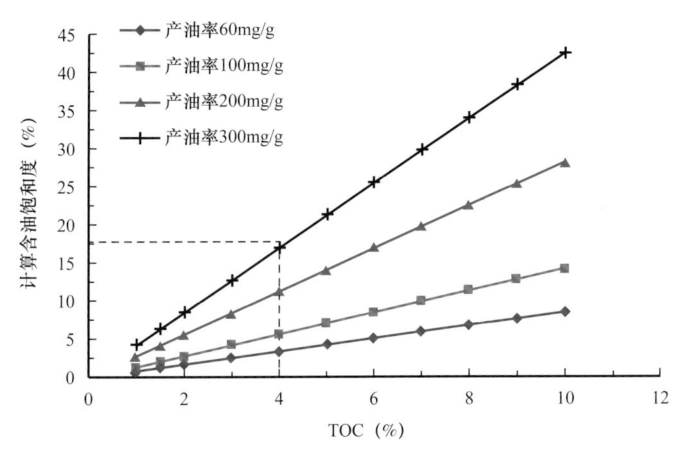

图 6-19　不同产率条件下含有机质凝灰岩自生原油饱和度与 TOC 关系图

1）凝灰岩的润湿性实验

（1）润湿角法。

润湿是固体表面上一种流体取代另一种与之不相混溶的另外一种流体的过程。润湿性是表征岩石矿物表面物理化学特征的重要参数，通常用润湿角来表示岩石润湿性的大小。润湿接触角是衡量储层岩石润湿性程度的一个最直观指标：当润湿接触角等于 0° 时，液体在固体表面上呈完全铺展开的状态，此时这种液体的润湿程度是最大的，称为完全润湿；当润湿接触角等于 180° 时，即这种液体在固体表面上呈不铺展状态，固体表面对这种液体分子没有吸引力，这时储层的润湿程度是最差的，可以称为完全不润湿。测量岩石润湿角时，水润湿角 0～75° 之间表示具有明显亲水性，75°～105° 之间表示具有中间润湿性，105°～180° 之间表示具有明显亲油性。

通过测定润湿接触角来确定储层岩石润湿性的方法是目前最简单、快速，也是应用最广泛的一种方法，适合于定量研究。然而，空气中测得的润湿角并不等于地下油—水—岩石间的润湿角，为了模拟地下条件，本书采用悬滴法测量原油在地层水中与岩石之间的润湿角（图 6-20），原油来自 M56 井凝灰岩段，地层水为参照实际地层水离子组成配置的矿化度为 4000mg/L 的水溶液，实验前，将待测样品在地层水中浸泡 2 天。

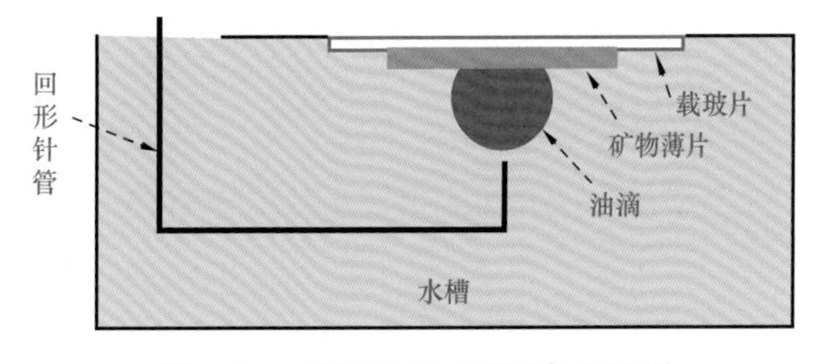

图 6-20　悬滴法测量润湿角原理图

实验测得了凝灰岩样品的油—水—岩石三相接触角，整个过程直观可视，结果表明，凝灰岩样品的润湿接触角均大于 90°，即使把样品进行洗油处理后润湿角也大于 90°，表现为明显的中间润湿—偏亲油性，所以成藏时含有机质凝灰岩整体为中间润湿—油湿（图 6-21）。

（2）自吸法。

自吸法的原理是，在毛细管压力的作用下，润湿流体具有自发吸入岩石孔隙并排驱其中非润湿相流体的特性，通过测量并比较油藏岩石在残余油状态（或束缚水状态）下，毛细管自吸油（或自吸水）的数量和水驱替排油量（或油驱替排水量），可以判断油藏岩石对油（水）的相对润湿性。实验流程和步骤参照行业标准 SY/T 5153—2007。由润湿指数判断岩石润湿性的标准如下表（表 6–2）：

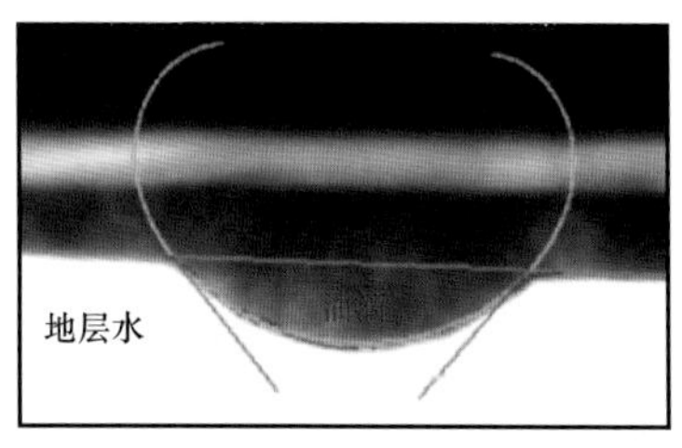

(a) M56井，2143.61～2143.76m，未洗油

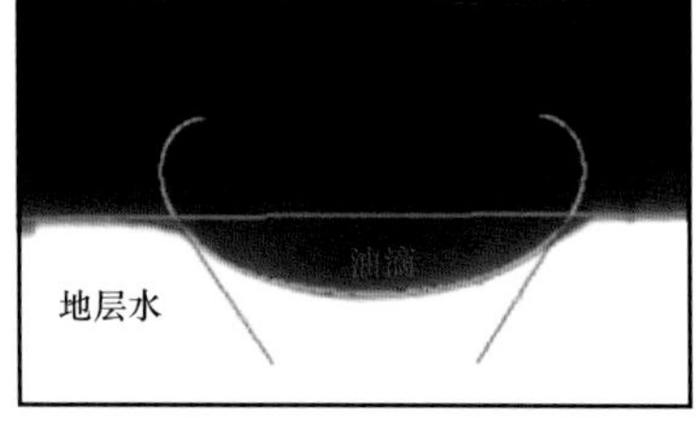

(b) M56井，2143.61～2143.76m，洗油

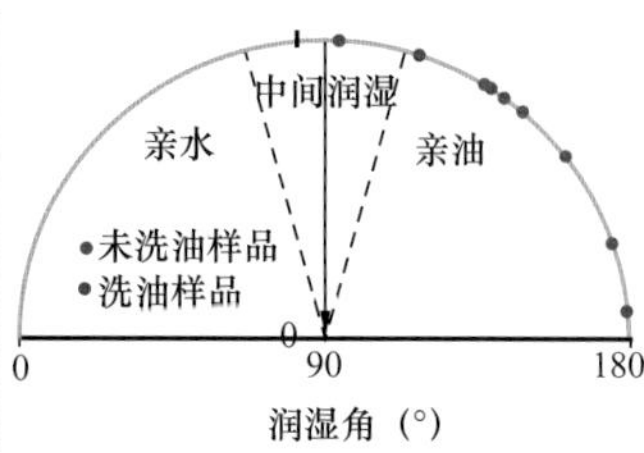

(c) 凝灰岩样品油—水—岩石润湿角分布

图 6–21　凝灰岩样品油—水—岩石三相接触角特征

表 6–2　润湿指数判断润湿性标准

润湿性	强亲油	亲油	中性润湿			亲水	强亲水
			弱亲油	中性	弱亲水		
相对润湿指数	-1.0～-0.7	-0.7～-0.3	-0.3～-0.1	-0.1～0.1	0.1～0.3	0.3～0.7	0.7～1.0

本次研究选取玻屑凝灰岩、晶屑玻屑凝灰岩和凝灰质粉砂岩岩心柱塞样进行实验，样品参数如表 6–3 所示。对这 3 种岩石类型分别进行原始状态和洗油处理后的自吸法润湿性实验。实验结果表明，玻屑凝灰岩为中性润湿，晶屑玻屑凝灰岩和凝灰质粉砂岩为弱亲水；样品洗油处理后重新进行实验，3 种岩性的样品均表现为弱亲水，其中，玻屑凝灰岩和晶屑玻屑凝灰岩的相对润湿指数增大，说明向偏亲水性转变，而凝灰质粉砂岩的相对润湿指数反而降低，这可能与其本身不含油有关系，洗油处理对其影响不大（图 6–22）。

表 6–3　自吸法测试润湿性样品参数表

井名	深度（m）	岩性	孔隙度（%）	渗透率（mD）
M56 井	2142.5～2142.6	玻屑凝灰岩	22.7	0.08
M55 井	2267.69～2267.87	晶屑玻屑凝灰岩	10.5	0.02
M60H 井	2310.78～2310.94	凝灰质粉砂岩	11.7	0.03

2）润湿性的影响因素

影响储层岩石润湿性的因素有很多，其中最重要的是岩石矿物组成、油藏流体组成、岩石表面活性物质成分、岩石孔隙表面的非均质性、粗糙程度以及温压条件等。有研究表明，鄂尔多斯盆地西峰油田延长组 8 段储层岩石在与原油接触之前，具有弱亲水性，而与原油接触之后具明显亲油性，与地层原油接触后，岩石润湿性之所以会发生改变，这主要与储层岩石表面矿物性质、地层水性质（pH 值）和储层中原油性质有关系。Passey 等研究认为页岩是在海洋、湖泊等环境中形成的，泥页岩岩石表面润湿性为水湿，而页岩岩石中含有有机质时有机质孔隙表面润湿性为亲油，岩石表面润湿性转变为油湿，因此，有机质存在使页岩表面润湿性变得很复杂，富含有机质页岩表面的润湿性受到矿物和有机质影响。刘向君等研究了四川盆地龙马溪组野外露头和钻井岩心样品的润湿性，发现在常温条件下页岩表面的润湿性具有两亲性，即既为水湿，也为油湿，也就是说页岩表面油润湿程度好于水润湿程度，页岩表面更倾向于偏油湿。

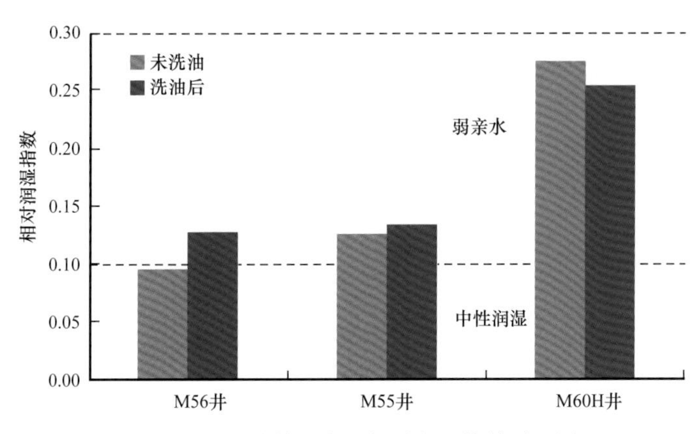

图 6-22　洗油前后岩石相对润湿指数对比图

石英、长石、云母、硅酸盐、玻璃等，一般具有较强的亲水性，滑石、石墨和烃类等具有较强的亲油性。黏土矿物对岩石的润湿性影响也比较大，如蒙皂石是亲水的，所以一般泥质胶结物的存在会增大岩石的亲水性，而含有铁的黏土矿物，如绿泥石的存在可以从原油中吸附活性物质，当绿泥石含量较高时，可以促进岩石向偏亲油性转变。在常规储层中，通常认为黏土矿物总含量越高则岩石的亲水性越强。也有研究表明，岩石的亲水性受具体黏土矿物成分与含量的控制，但不受黏土总量的控制，例如伊利石含量越高，岩石的润湿角越小，亲水性就越强，而绿泥石对润湿性的影响却相反。条湖组含油性好的凝灰岩往往含有少量绿泥石，而含油性差的凝灰岩中伊蒙混层含量较高，这应该也是与不同黏土矿物对储层润湿性的影响不同有关系。

原油中极性组分的多少直接影响储层岩石的润湿性，如非烃和沥青质组分很容易吸附在岩石表面使其表现为亲油性。不少学者研究过原油中极性组分在油藏岩石表面的吸附作用对储层岩石润湿性的影响，认为岩石表面被原油中极性组分吸附是导致岩石润湿性反转并造成储层伤害的主要原因之一。凝灰岩干酪根热解油的族组分分析表明，凝灰岩干酪根热解油的非烃和沥青质含量较高，明显高于储层中原油的极性组分（图 6-23）。尽管地质条件下原油组分可能与热模拟结果有差异，但凝灰岩岩石表面的化学性质会因吸附有机质热演化生成原油的极性组分而发生变化，使得岩石表面润湿性由亲水性向亲油性改变。

地下储层岩石润湿性也与地层水性质有关，原油中表面活性组分改变油层润湿性还取决于地层水的化学组成、矿化度和 pH 值的大小，这是因为流体介质对岩石—流体界面的表面电荷有极大影响，而表面电荷是影响岩石表面对极性物质吸附的主要原因。溶液中阳离子性质会直接影响活性组分在岩石表面的吸附程度，矿物离子化表面的形成过程与表面电荷性质及溶液的 pH 值密切相关，pH 值主要是通过影响地层流体中表面活性有机酸或碱的电离作用而改变岩石的润湿性，所以，当地层水为中性或碱性时，会降低油层的亲油性，而且具有 pH 值越高，水湿性越强的特点。

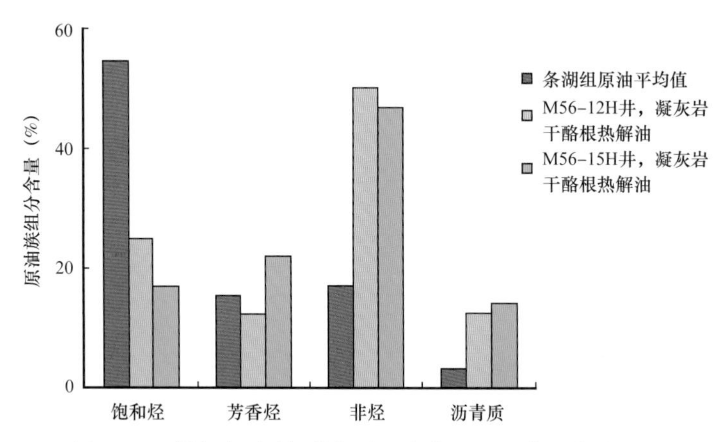

图 6-23 凝灰岩干酪根热解油和条湖组原油族组分对比图

储层岩石的润湿性还与束缚水饱和度有关系，一般束缚水饱和度越高，岩石亲水性越强。有研究表明当束缚水饱和度超过 40% 以后，无论储层原油中非烃和沥青质含量如何增加，储层都很难表现为亲油性，只有当束缚水保持在较低含量的时候，岩石才有可能表现为偏亲油的特征。马朗凹陷多口探井的含水饱和度统计结果表明，凝灰岩中含水饱和度普遍较低，大多数小于 40%，甚至多数小于 20%（图 6-24），低于一般的亲水性致密油藏。

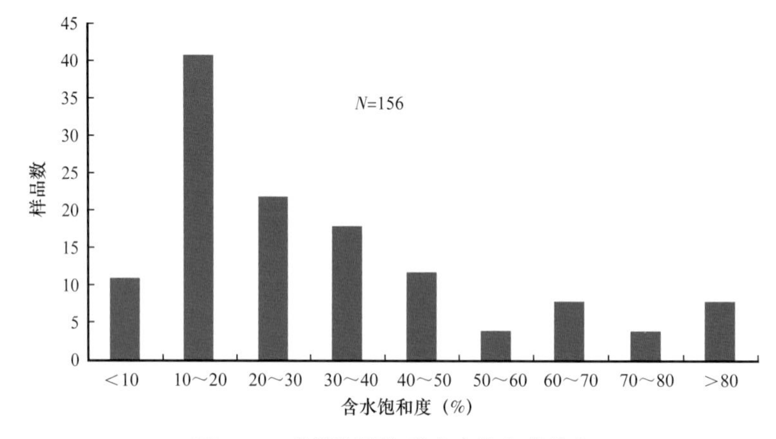

图 6-24 条湖组凝灰岩含水饱和度分布

所以，综合分析认为有以下几个方面的因素有利于凝灰岩储层成藏时期具有偏油湿性：（1）凝灰岩中的原始沉积有机质可以生成少量烃类，这些烃类中的极性组分首先吸附在孔隙表面，从而使岩石润湿性向偏亲油性转变，这是最主要的原因；（2）由于凝灰岩自身生烃和脱玻化的耗水作用，储层中束缚水含量很低，有利于向亲油性转变；（3）有机质生烃形成有机酸，使地层水表现为弱酸性，现今地层水 pH 值约为 6，使岩石表面矿物水化能力弱，有利于凝灰岩储层自身向亲油性转变。

3. 凝灰岩石油充注的动力学机制

一般地，对于源储紧密接触的致密油藏，石油充注主要靠源储之间的剩余压差，而条湖组凝灰岩致密油藏为远源的源储分离型油藏，而且芦草沟组生烃超压也难以传递到几百米之上的地层，所以下部油气向上运移过程中，浮力是其最主要的动力，需要克服的阻力主要是由于孔喉大小差异引起的毛细管力。以 M56 井为例，芦草沟组二段烃源岩与条湖组二段底部凝灰岩之间距离约 475m（图 6–25），取 ρ_w=1.0 × 10^{3}g/m^3，ρ_o=0.9 × 10^{3}g/m^3，所以垂向连续油柱（实际很难有理想的连续油柱）的最大浮力 $F_{垂}$ =（ρ_w–ρ_o）gh = 0.475MPa。假设地层倾角取 α=15°，则油气充注时浮力的最大侧向分量 $F_{侧}$ = $F_{垂}$ × sinα（15°）=0.12MPa。由凝灰岩压汞资料可知，孔隙喉道半径主要分布在 0.05～0.20μm，地层条件下油水界面张力一般为 0.0145N/m，所以由公式 p_c=2σcosθ/r 可知，凝灰岩的最大毛细管力主要分布在 0.15～0.58MPa。因此，从理论上分析油气仅靠自身的浮力难以克服毛细管力阻力进入储层，而事实是油气不但进入了凝灰岩致密储层而且含油饱和度还很高，这是因为凝灰岩的偏亲油润湿性使得毛细管力的阻力作用大大降低。

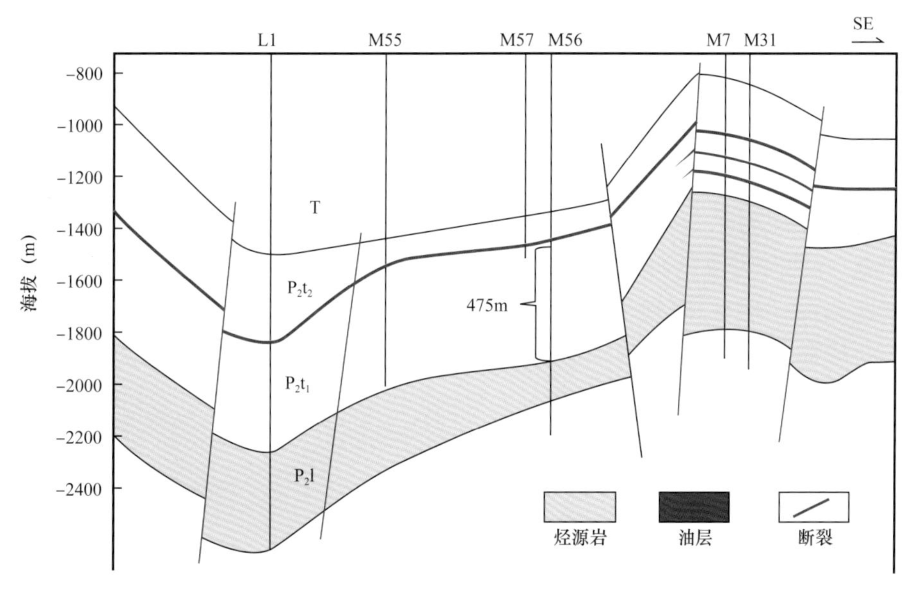

图 6–25　油气充注动力计算示意图

为了模拟成藏时的油水驱替过程，对实际的凝灰岩岩心样品进行了油驱水模拟实验，实验用的装置为驱替设备，主要由动力泵、岩心夹持器、计量器和电脑操控系统组成。首先，配制总矿化度为 4000mg/L 的地层水（近于凝灰岩实际地层水），把原始岩心样品抽真空处理后，用高压压水法让其饱含地层水；然后放入岩心夹持器，设置围压，用中性煤油对其进行驱替；待压力差稳定后，开始记录玻璃管中的液面变化和相应时间，即记录流量变化，进而可以转化为流速。本次实验分别测定了凝灰岩与凝灰质粉砂岩样品的启动压力梯度（表 6–4），原始凝灰岩样品含油，凝灰质粉砂岩样品不含油，实验前对样品进行了洗油处理。

表 6-4　油驱水实验样品参数及启动压力梯度

井名	深度（m）	岩性	长度（mm）	直径（mm）	ϕ（%）	K（mD）	启动压力梯度（MPa/cm）
M56-15H	2246.57～2246.73	凝灰岩	46.08	25.30	18.0	<0.01	0.30
M56-12H	2118.37	凝灰岩	50.05	25.20	28.0	0.3	0.10
M60H	2306.18～2314.13	凝灰质粉砂岩	49.28	24.88	10.03	0.02	1.40

启动压力梯度的概念最早在 1951 年提出，近十多年来，随着低渗透油气藏的不断开发，对低渗透油气藏中流体渗流规律的研究越来越引起人们的重视。“启动压力梯度”效应是指岩样两端流动压差增大至一定程度时流体才开始流动的现象。流体发生流动所需要的最小压差为启动压差，启动压差与岩心长度的比值即为启动压力梯度。流体在低渗透致密储层中的流动属低速非达西流。低渗透致密储层由于孔喉细小、孔隙结构复杂、比表面大、液固相间分子力作用强、液相边界层厚度大以及毛细管力和贾敏效应等原因，使得流体在超微孔喉中渗透不仅受到流体间剪切应力的作用，还受到与岩壁间的摩擦等阻力，非润湿相的油气则还要受到克服变形的毛细管阻力，导致渗流速度很慢，且流速（v）与压力梯度（$\Delta p/L$）呈非线性关系，不能用达西定律描述而属于低速非达西流。通过低渗透致密储层岩心的室内实验可以获得启动压力梯度与渗流速度的非线性关系曲线（图 6-26），图中 OA 段，虽压力梯度不断增加但无流速，说明流体不流动，当 $\Delta p/L$ 达到 A 点（最小启动压力梯度）时，流体才开始低速非达西渗流直到 D 点，整个 AD 段为上凹形曲线，即 $\Delta p/L$ 与 v 呈非线性关系；当 $\Delta p/L$ 增大到 B 点（最大启动压力梯度）后流体开始出现达西渗流，整个 DE 段为一直线，$\Delta p/L$ 与 v 具线性关系；OC 段是 DE 直线在压力梯度轴上的截距，C 点也称拟启动压力梯度，其大小表示曲线上非线性段延伸的长度和曲率的大小，体现了渗流的非线性程度。

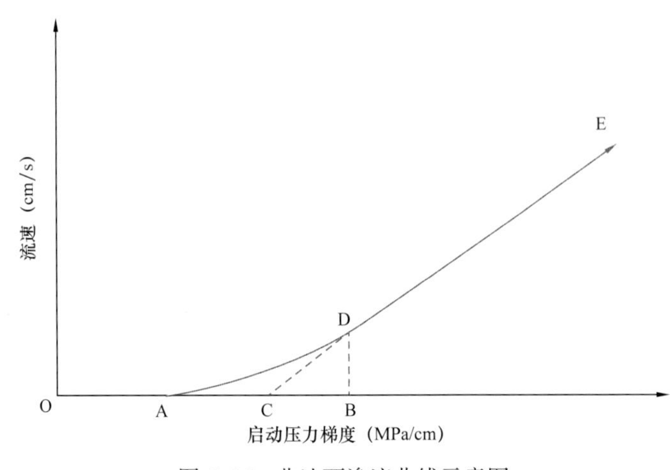

图 6-26　非达西渗流曲线示意图

从相同实验条件下不同岩石类型的岩心样品所获得的驱替特征图上可以看出（图 6-27 至图 6-29），凝灰岩与凝灰质粉砂岩样品均存在启动压力梯度，充注流速很慢。不同的是凝灰岩启动压力梯度明显小于凝灰质粉砂岩，这是因为凝灰岩偏亲油润湿性使得同样致密条件下启动压力大大降低。

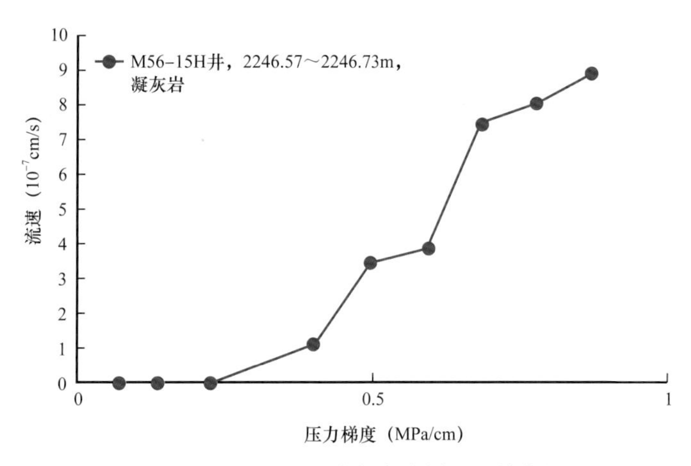

图 6-27　马 56-15H 井凝灰岩样品驱替特征

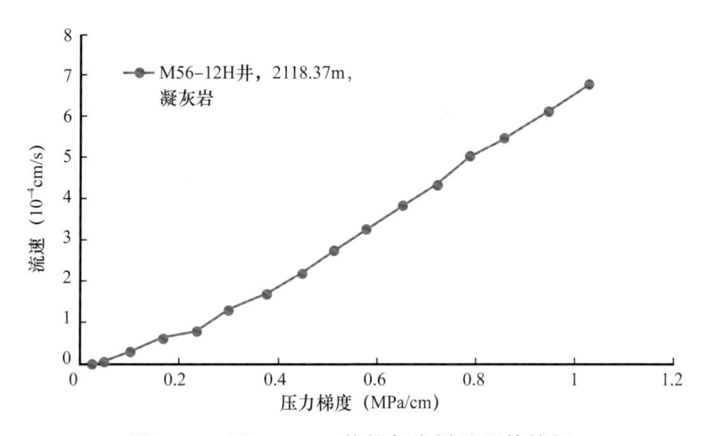

图 6-28　马 56-12H 井凝灰岩样品驱替特征

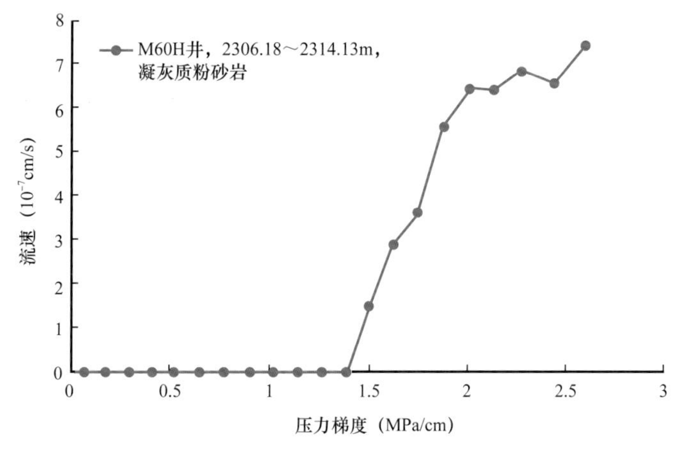

图 6-29　马 60H 井凝灰质粉砂岩样品驱替特征

凝灰岩充注时启动压力梯度低除了与润湿性有关外，还与特殊的孔隙结构密切相关。孔喉分布的均匀程度主要通过孔喉比来体现，孔喉比越小，表明储层孔隙与喉道的差异越小，孔喉比越小，孔隙与喉道之间毛细管力差越小。压汞测得的条湖组凝灰岩储层平均孔隙半径整体较小，孔喉比低（表 6–5）。退汞效率是孔喉比的直观反映，这是因为退汞效率与孔喉比具有负相关关系，即孔喉比越小，退汞效率越高。条湖组凝灰岩储层平均孔喉半径整体较小，但退汞效率整体较高；且退汞效率随平均孔喉半径的增大而增大，说明平均孔喉半径越大，孔喉比越小（图 6–30）。一般孔喉比越小，启动压力梯度越低。正是由于凝灰岩脱玻化作用形成的孔隙小、数量多，孔隙和喉道差别较小，才使得充注时启动压力较小，并造成油层含油饱和度高。

表 6–5　凝灰岩孔隙结构参数表

序号	井名	深度（m）	岩性	平均孔隙半径（μm）	孔喉比
1	马 56	2145.2	凝灰岩	0.12	18.75
2	马 56–12H	2121.09	凝灰岩	0.17	9.63
3	马 56–12H	2125.91	凝灰岩	0.09	10.55
4	马 56–15H	2244.4	凝灰岩	0.06	201.38
5	马 56–15H	2244.84	凝灰岩	0.02	5.80
6	马 56–15H	2247.03	凝灰岩	0.15	13.28
7	马 56–15H	2248.11	凝灰岩	0.17	4.18
8	马 56–15H	2248.63	凝灰岩	0.02	9.80
9	马 56–15H	2250.1	凝灰岩	0.04	327.11
10	马 56–15H	2252.34	凝灰岩	0.03	4.52

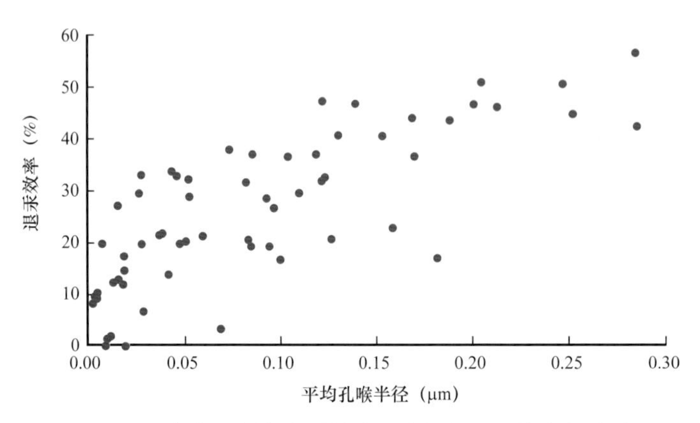

图 6–30　条湖组凝灰岩平均孔喉半径与退汞效率的关系

所以，特殊的孔隙结构和偏亲油润湿性是导致凝灰岩启动压力大大降低的主要原因，这也是远源的源储分离型凝灰岩致密储层石油充注成藏的主要机理。

第三节　源储分离型致密油藏成藏关键因素与模式

油气成藏的关键是成藏要素的形成和各要素的良好配置。根据前面的分析，芦草沟组烃源岩生成的石油必须通过断裂—裂缝输导体系向上运移，跨过几百米的条一段玄武岩进入凝灰岩储层成藏，浮力将是石油充注的动力，石油大量运移的白垩纪末期，凝灰岩储层致密，然而，凝灰岩自身有机质生烃改变的岩石的润湿性，这是凝灰岩致密油成藏的关键。

一、输导通道特征

1. 断层和裂缝

油气运移输导通道有两种，断裂和裂缝。垂向输导断裂沟通下部烃源岩与上部凝灰岩致密储层，马朗凹陷发育的二级断裂早期是火山喷发的重要通道，与裂隙式火山喷发密切相关，后期也是油气垂向输导的重要通道。裂缝分为构造裂缝和成岩裂缝，马朗凹陷条一段火山岩和条二段凝灰岩均发育高角度的构造裂缝，大部分半充填或未充填，未充填部分含油，成岩裂缝较少。这些构造裂缝也是烃类运移和渗流的重要通道。构造裂缝的形成与分布主要与裂缝形成时期的古构造应力场有关，发育程度同时受断层、岩性、厚度和沉积相等因素的控制，在相同的构造应力下，裂缝的发育程度不同，脆性矿物含量高的岩石裂缝较发育一些。裂缝的形成在本质上受岩石力学层（一般一套岩石力学性质相近或一致）控制，所以裂缝密度一般都随厚度增大而减小。凝灰岩段厚度不大，与上下地层岩性差异显著，易于形成裂缝。所以，芦草沟组烃源岩向上排烃运移具备较好的垂向输导条件。

岩心观察结果表明，条湖组二段凝灰岩中裂缝较发育，除部分被充填外，大都含油。不仅条湖组凝灰岩段裂缝发育，条湖组一段的火山岩裂缝也很发育（图 6-31），且部分有油显示，显然裂缝是油气向上运移的重要通道。此外，部分井发育条一段火山岩油层，如马 8 井 1290～1300m 为玄武岩油层，正好是垂向输导作用的证据。

由于条湖组凝灰岩致密油藏中原油主要来自芦草沟组，芦草沟组裂缝是否发育对油气向上运移也非常重要，根据前人（王盛鹏，2013）采用“蚂蚁追踪算法”对芦草沟组内部的裂缝发育预测结果来看，芦草沟组二段裂缝也比较发育（图 6-32），尤其是在大的断裂周围，所以易形成促进油气向上输导的断—缝输导网络。

2. 断裂开启与烃源岩大量生排烃的配置关系

生烃史研究表明，芦草沟组烃源岩在白垩纪末成熟，白垩纪末的构造运动产生了大量能够沟通芦草沟组烃源岩和上部储层的断裂和裂缝输导体系，石油通过垂向断裂—裂缝向上运移至上部条湖组凝灰岩储层和侏罗系储层中聚集成藏。裂缝方解石脉体中发育黄白色荧光的油包裹体，单偏光下透明—黑色，伴生有次生盐水包裹体，数量不多（图 6-33）。凝灰岩裂缝方解石中与烃类包裹体伴生的盐水包裹体大小主要为 2～5μm，气液比 5%～10%，其均一温度主要分布在 90～100℃（表 6-6）。

图 6-31　马朗凹陷条一段火山岩中裂缝发育特征

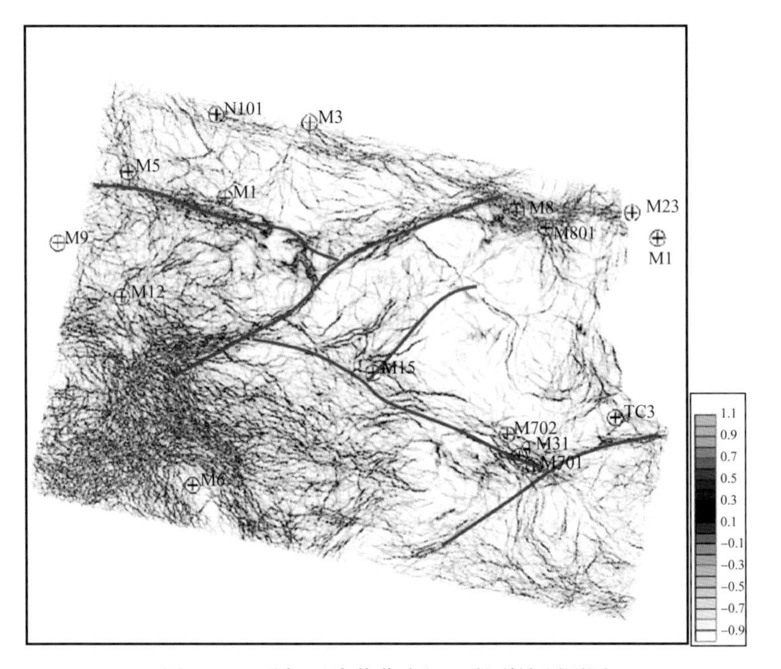

图 6-32　马朗凹陷芦草沟组二段裂缝预测图

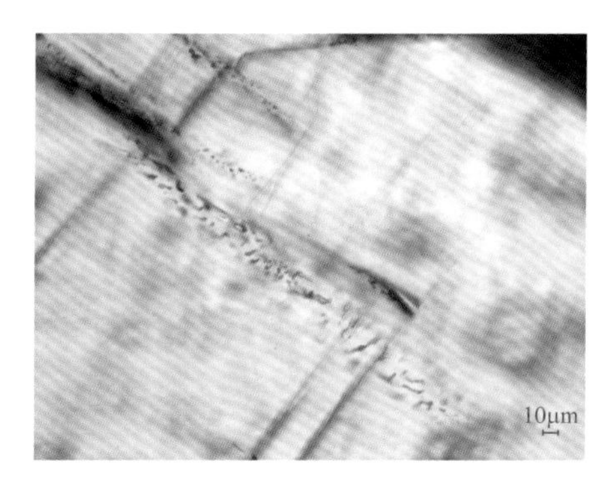

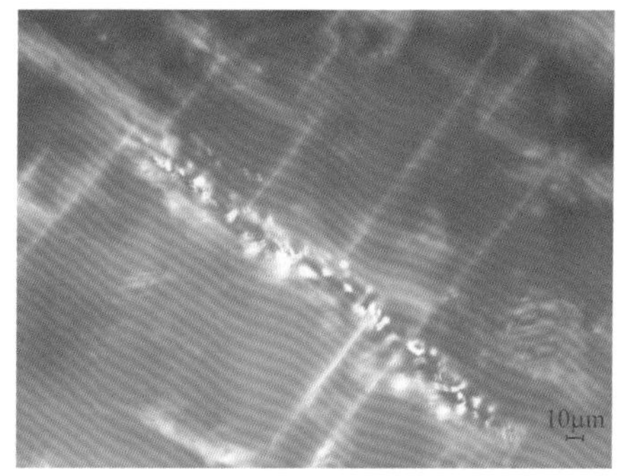

图 6-33　马 56 井凝灰岩裂缝方解石中的包裹体显微特征（2142.18～2142.30m，P_2t_2）

表 6-6　马 56 井凝灰岩中盐水包裹体特征（2142.18～2142.30m）

成因	类型	大小（μm）	T_h（℃）	G/L（%）	产状
次生	盐水	2.1	98.5	5	裂缝方解石
次生	盐水	4.3	99.2	8	裂缝方解石
次生	盐水	1.8	95.8	6	裂缝方解石
次生	盐水	2.5	100.2	7	裂缝方解石
次生	盐水	2.8	91.3	5	裂缝方解石
次生	盐水	3.1	93.4	7	裂缝方解石

结合埋藏史分析，石油的运聚期主要发生在白垩纪末（图 6-34），前人研究也认为芦草沟组大量生排烃时间为白垩纪末。由此可见，白垩纪末构造运动形成的断裂开启与烃源岩大量生排烃形成的良好配置为芦草沟组生成的石油向上运移创造了条件。

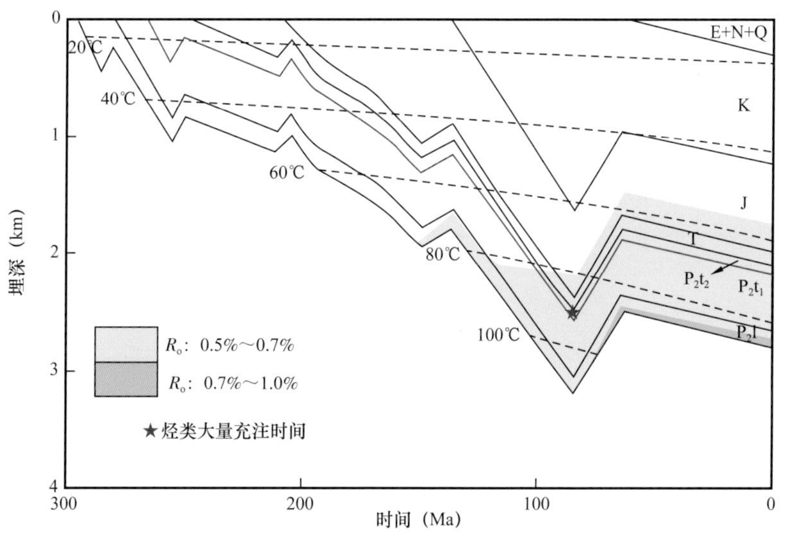

图 6-34　马朗凹陷马 56 井埋藏史与烃类充注时间

马朗凹陷侏罗系发育常规油藏，为了研究侏罗系油气成藏期，观察了马1井1532m处侏罗系西山窑组砂岩中的流体包裹体特征，并测得了与烃类包裹体伴生的盐水包裹体的均一温度。研究表明，马1井石英颗粒中发育油包裹体，数量较多，单偏光下无色，荧光下黄色，伴生有盐水包裹体，形态较小（图6–35）。通过对与油包裹体伴生的盐水包裹体进行测温，发现其均一温度主要分布在65～75℃。结合马1井的地层埋藏史，分析其油气成藏期也在白垩纪晚期（图6–36）。可见，侏罗系油气充注时间和条湖组油气充注时间大体是一致的，前人大量的研究表明侏罗系原油来自芦草沟组，所以，燕山中晚期强烈的构造运动形成的断裂开启为芦草沟组生成的石油向上运移提供了通道。

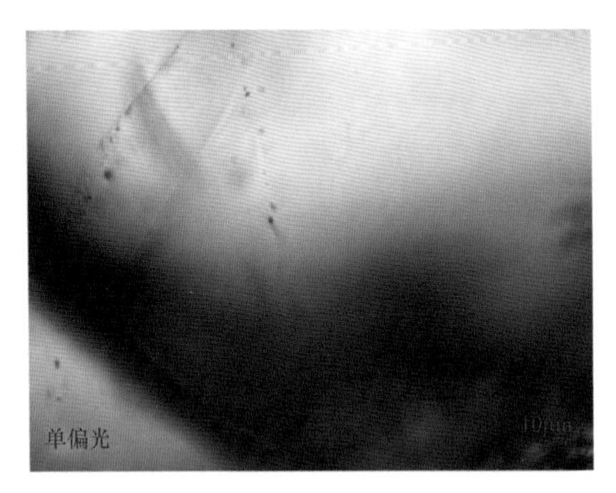

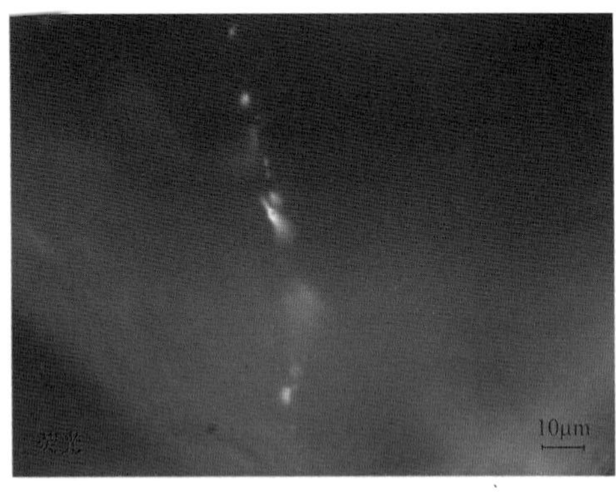

图6–35　马1井西山窑组石英颗粒内发育的油包裹体特征

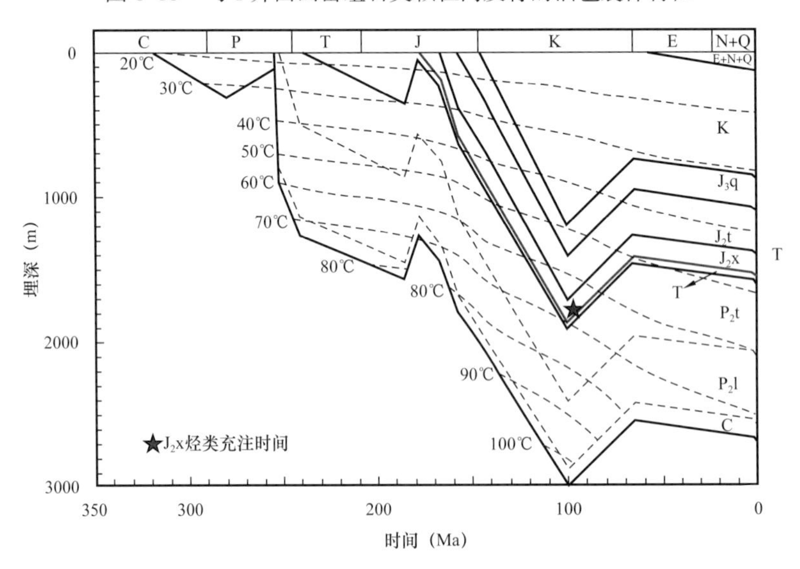

图6–36　马1井埋藏史与西山窑组油气充注特征

二、致密油成藏与富集的关键因素

1. 凝灰岩储层质量和特殊孔隙结构是石油富集的基础

（1）储层物性控制含油饱和度。条湖组凝灰岩致密油藏具有高含油饱和度的特点，含油饱和度主要分布在40%～90%。虽然凝灰岩中脆性矿物含量较高，裂缝比较发育，裂缝中大都含油，但是凝灰岩基质孔隙含油才是最重要的。

从马朗凹陷条湖组凝灰岩储层含油饱和度与孔隙度和渗透率之间的关系图可以看出，含油饱和度与孔隙度和渗透率之间均呈正相关关系，但含油饱和度与孔隙度的相关性更好（图6-37），这说明含油饱和度受物性的影响，物性越好，尤其是孔隙度越高，含油饱和度越高。垂向上，凝灰岩段的含油饱和度非均质性较强，相邻井段差异也比较大，这也是含油饱和度受储层物性影响较大的结果。凝灰岩致密储层的含油性明显受控于物性和孔隙结构，这也从侧面反映了致密油不是原地自生自储，而是外来石油运移聚集的结果。

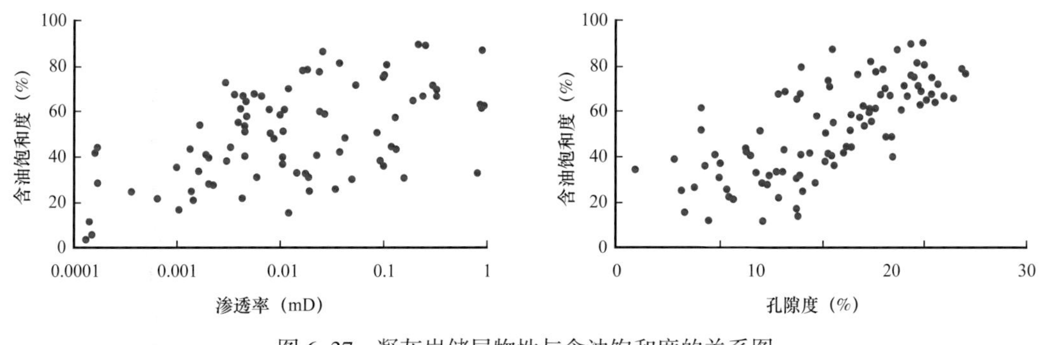

图6-37　凝灰岩储层物性与含油饱和度的关系图

（2）凝灰岩本身有一定生油能力及喉道与孔隙半径大小相近的特殊孔隙结构是基质富含油的根本原因。

条湖组凝灰岩致密油藏基质富含油，含油饱和度较高，而油藏中的大部分原油并非自身生成，外来原油的进入与凝灰岩基质孔喉结构特征密切相关。凝灰岩的储集空间都是在脱玻化过程中形成的，孔隙小，数量大，所以孔喉比较小，孔隙与喉道相差不大（图6-38）。喉道与孔隙半径大小相近，毛细管力相差不大，这种特殊的孔隙结构是原油能够充注的重要原因之一，并且，由于凝灰岩本身有一定生油能力，生成的原油优先吸附在有机质相邻的微孔和喉道中，因此，即使是较小的孔隙和喉道，都能够充满石油，导致基质含油饱和度高。

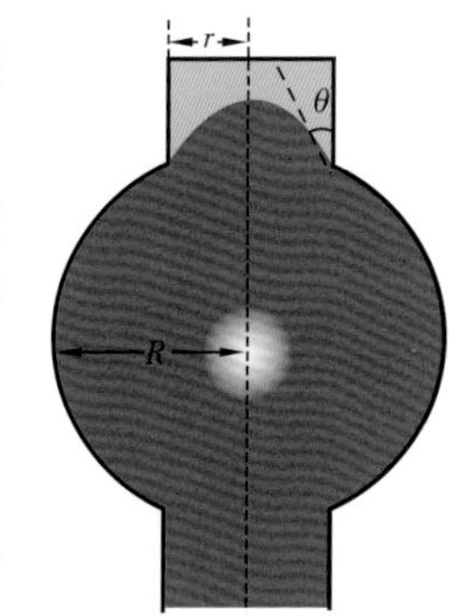

图6-38　凝灰岩孔喉大小示意图

2. 良好的芦二段排烃条件和断—缝输导体系是致密油藏形成的前提

条湖组凝灰岩致密油藏的原油主要来自芦草沟组二段，而芦草沟组三段岩性以泥岩类为主，是比较好的封盖层，所以芦草沟组三段的分布直接影响了芦二段的排烃效率。在芦草沟组三段剥蚀区（图6-39），芦草沟组二段与条湖组一段火山岩直接接触，直接接触排烃效率较高，只要火山岩断裂和裂缝发育，就有利于原油向上运移（图6-40）。而在断裂带周围，裂缝也比较发育，烃源岩生烃后通过裂缝排向断裂，并由此向上运移，所以在断层附近致密储层也有利于成藏，但充注的范围较小。目前条湖组已经发现的致密油藏基本位于芦三段缺失的地区，凝灰岩致密油储层中的成藏可能与缺少芦三段，芦二段排烃效率超高、断—缝造成源—储的有效沟通有重要关系。因此，马朗凹陷构造低部位和斜坡区条湖组凝灰岩石油高效富集的关键因素之一就是芦二段上部缺少芦三段的封盖，火山岩裂缝和断裂较发育，具备断—缝输导的有效性和大面积多点充注的有利条件。

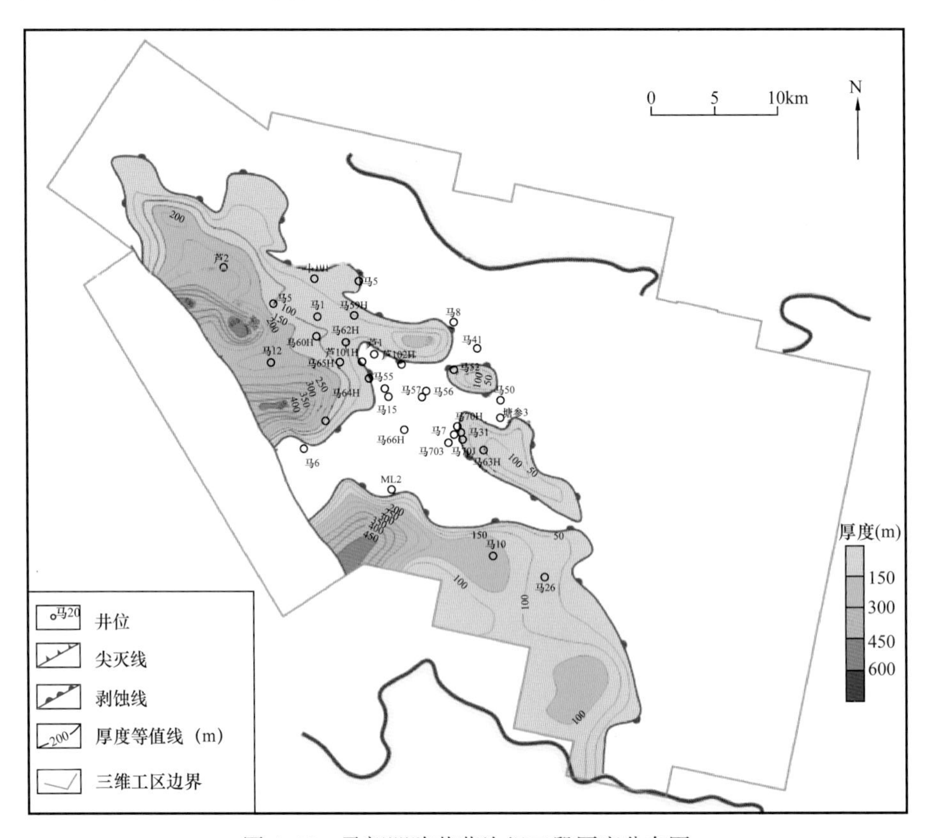

图 6-39　马朗凹陷芦草沟组三段厚度分布图

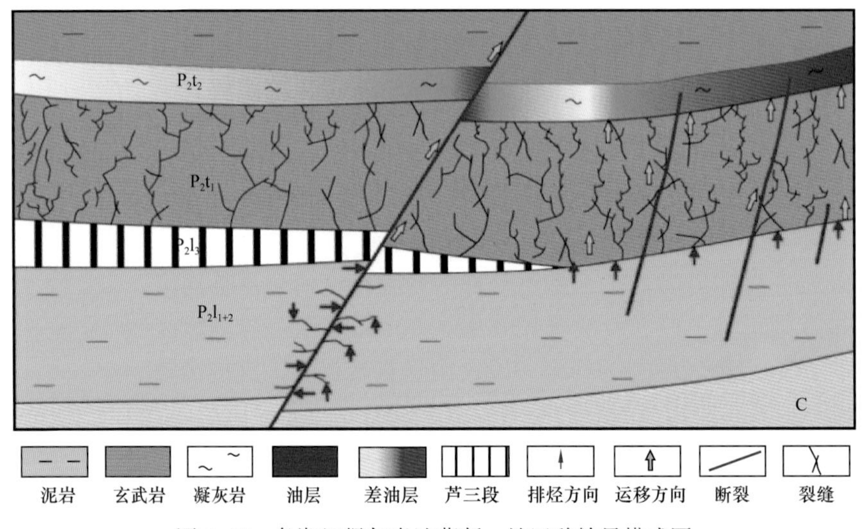

图 6-40　条湖组凝灰岩油藏断—缝运移输导模式图

3. 凝灰岩自生沉积有机质生烃和储层岩石润湿性的改变是石油充注的关键

既然条湖组凝灰岩致密油藏中的原油主要来自芦草沟组，那么只有充注之前润湿性就是偏亲油对充注才有意义。凝灰岩中含有沉积有机质，热演化程度比芦草沟组烃源岩略低，但相差不大，所以生烃时间比较接近，自身生成的原油中极性组分较高，这些极性组分首先粘附在储层孔喉表面，使充注前偏亲水的致密储层转变为偏亲油岩石（图 6–41），从而使成藏时充注阻力降低，这也是源储分离型凝灰岩致密储层能够高效富集成藏的重要因素。

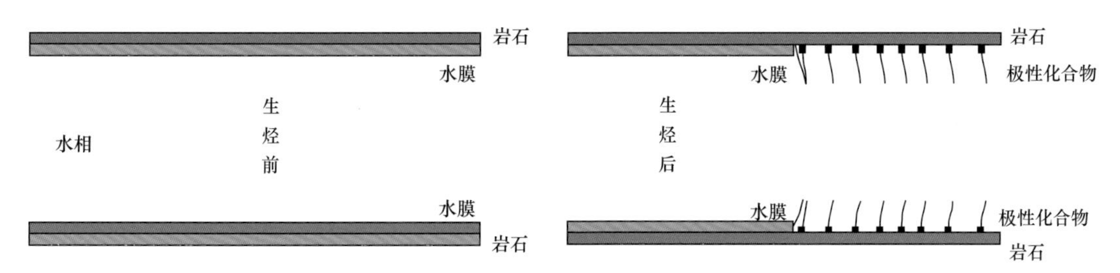

图 6–41　凝灰岩生烃前后润湿性变化示意图

三、凝灰岩致密油藏成藏模式

尽管条湖组凝灰岩致密油藏属于远源的源储分离型致密油藏，但凝灰岩中含有少量的沉积有机质，自身有机质可以生成少量的石油，在凝灰岩微孔中形成烃膜，使得凝灰岩储层的水润湿性下降，润湿性改变使得充注阻力大大降低，从而靠石油的浮力也能使源储分离的致密储层聚集成藏。但是，甜点富集的关键是芦草沟组优质烃源岩—输导断裂—条湖组凝灰岩有效储层的有效配置。显而易见，条湖组凝灰岩致密油藏的富集需要满足以下几个条件：（1）水体较深洼地发育的玻屑凝灰岩为有效储层；（2）水体较深洼地富集的原地有机质生烃优先润湿孔隙喉道，凝灰岩润湿性发生改变，大大降低石油充注的阻力；（3）来自下伏芦草沟组的石油通过断裂和裂缝优先充注在被烃润湿的凝灰岩中，并通过裂缝—微孔隙系统成藏。因此，只有满足芦草沟组优质烃源岩—油源断缝—原始低洼处发育原始有机质的有利凝灰岩相带三者之间有利配置才能形成优质高效的致密油藏。

从充注方式来看，有两种形式：（1）在发育芦草沟组三段的地区，芦二段烃源岩向上排烃受到一定限制，芦草沟组二段优质烃源岩生成的石油主要通过断层以及断层周围的裂缝系统向上排运，主要在断层附近的地带聚集，这种充注方式可以称为“线状充注”，部分向上运移至侏罗系形成常规油藏；（2）在缺失芦草沟组三段的地区，芦二段优质烃源岩与条一段火山岩直接接触，火山岩脆性大，裂缝发育，不仅有利于芦二段高效排烃效率，断裂和裂缝又可以形成大面积的多点充注条件。芦二段排出的石油通过断裂和火山岩裂缝的输导，向凝灰岩致密储层的充注也是大面积的，所以有利于石油聚集，这种充注方式可以称为“多点充注”。对比两种充注形式，目前发现的主力凝灰岩油藏大都位于多点充注区。

所以，条湖组凝灰岩致密油藏独特的地质条件决定了其成藏模式的特殊性，“自源润湿、多源成藏、断—缝输导、多点充注、有效凝灰岩储层大面积富集”的成藏模式（图 6-42）。

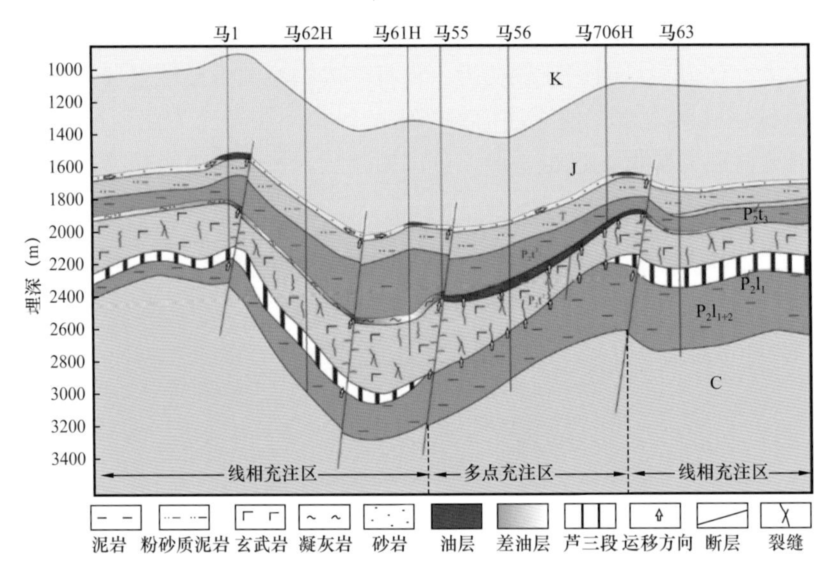

图 6-42　马朗凹陷条湖组凝灰岩致密油藏成藏模式图

第七章　凝灰岩致密油藏勘探实践

2012年，马朗凹陷芦1井在条湖组火山碎屑岩储层中试油压裂获得10.98t/d的工业油流，发现了凝灰岩致密油藏，随后马56、马57H、马58H等井相继在同一层位获得突破，截至2018年，已探明石油地质储量3700多万吨，建产能25.6×10^4t，建成了中国第一个凝灰岩致密油藏开发示范区。

第一节　勘探历程

自20世纪50年代至今，三塘湖盆地的油气勘探历经60余年，艰难曲折，既是无数石油人艰辛探索、曲折前进的荆棘之路，更是一部技术不断进步、思路不断创新的发展史。

三塘湖盆地油气勘探的突破是在实践—认识—再实践—再认识的典范。首先，凭着脚踏实地、迎难而上、开拓创新的精神，立足基础理论扎实研究，依托勘探实践创新认识，坚持把“源控论”作为寻找油气的基础、取得新发现的根本，坚持把烃源岩精细刻画及评价作为油气勘探的核心，从而在实践中不断总结提升和开拓创新。其次，突出技术，加强攻关，不断完善配套工程技术是实现不同类型油气藏勘探新突破的关键。形成的针对低压砂岩油藏、火山岩油藏、致密油藏以及页岩油藏行之有效的配套工程技术系列，有效支撑了三塘湖盆地的快速突破和重大发现。第三，注重实效，开展精细化管理，不断提升勘探管理水平，助推了油气勘探快速发现。为了加快三塘湖盆地油气勘探进程，1993—1998年间由中国石油天然气总公司新区事业部、河南石油勘探局和新疆石油管理局三家联合成立“三塘湖盆地石油勘探项目经理部”，公司主管领导，勘探部设立专项管理办公室，实施加强领导并靠前指挥，明显突出了执行力；以整体部署为基础，突出重点项目管理，加快节奏勘探开发一体化，科学部署，精心设计，精细施工，有效推动了三塘湖盆地勘探的进程和勘探成效。从1999年开始至今，由吐哈油田公司承担油气勘探，发现了牛圈湖油田、西峡沟油田、牛东油田、黑墩含油气构造、石板墩含油气构造及马56块凝灰岩致密油藏。

二叠系凝灰岩致密油藏主要勘探阶段是2012—2018年，但针对二叠系的勘探相对较早，基于地质认识的局限性，致密油勘探所取得的每一个发现、突破和进展都是曲折的，其突破也得益于非常规油气地质理论的指导与先进勘探及工程技术的应用，经由勘探实践又形成和发展了独具特色的“自源润湿、多源充注、断缝输导、甜点聚集”的凝灰岩成藏地质理论和“水平井＋大型体积压裂”及“控压排采”为主的工程技术系列，丰富了中国陆相盆地油气地质理论与勘探实践，使得三塘湖盆地非常规油气已成为吐哈探区油气储量增长的主要领域。

一、初探二叠系，芦草沟组发现优质烃源岩及裂缝型油藏（1996—2005年）

随着三塘湖盆地塘参1井取得突破，发现北小湖油田。证实条湖凹陷三叠系—侏罗系含油气系统以外，针对侏罗系—二叠系油藏的勘探一直没有停息，探寻规模、增储上产一直是勘探工作永恒的主题。按照主攻背斜带，纵深探索二叠系，勘探开发一体化的部署思路，发现芦草沟组优质烃源岩，低压砂岩、碳酸盐岩裂缝性油藏终获突破。

1996年在马朗凹陷牛圈湖背斜和西峡沟断鼻上部署马1井，在侏罗系砂岩和古生界火山岩见到大量油气显示，中二叠统芦草沟组试油获得低产油流，中侏罗统西山窑组获得日产油6.44m^3，发现了牛圈湖油田。随后，在西峡沟3号构造钻探马4井，日产稠油1.1m^3，发现西峡沟侏罗系含油气构造。油源对比表明，芦草沟组和西山窑组油藏的油源均来自芦草沟组，证实了马朗凹陷二叠系—侏罗系含油气系统。1999对已发现的北小湖、牛圈湖和西峡沟油田（藏）展开评价。甩开南北两端，预探马中断背斜构造，马7井在条湖组凝灰岩、芦草沟组凝灰岩、泥晶灰岩中见到丰富的油气显示，芦草沟组二段获得日产15.4m^{3}的工业油流，发现了马中油田；马朗凹陷南缘黑墩构造带部署钻探马6井，在芦草沟组凝灰岩、钙质泥岩中见到丰富的油气显示，获得日产22.2m^{3}高产工业油流，发现了黑墩含油气构造。

马1、马6及马7井在芦草沟组凝灰岩、泥晶灰岩储层中获得工业油流，普遍认为，这类特殊岩性形成的油藏是由于裂缝发育有效地改善了储集性能所致，在当时基于寻找构造、裂缝型油气藏的背景下，构造运动强度较弱、分布稳定的这种特殊岩性，能否形成油藏并有效开发未引起足够的重视。

勘探的发现总是伴随着思想认识的深化。三塘湖盆地砂岩油藏勘探取得突破，勘探重点始终围绕中新生界碎屑岩开展，芦草沟组作为马朗凹陷主要的烃源岩，其生烃中心在哪里？围绕芦草沟组二段源岩层的油气勘探始终以寻找裂缝性、构造型油气藏为主，是否存在非构造油气藏？一直是勘探家们思考的一个问题。

二、以浅带深，二叠系勘探在不断探索中等待曙光（2005—2010年）

按照“评价马朗大型构造—岩性圈闭东部含油性，兼探下成藏组合”的部署思路，2005年部署马13、马14井取得成功，落实马朗凹陷西山窑组大型岩性油藏，同时优选马1井区砂岩油藏开展超前注水试验取得良好效果，初步形成了低压砂岩油藏开发的技术路线。按照规模扩展低压油藏思路，2006年在马朗凹陷牛东2号断鼻构造部署重点预探井马17井，在侏罗系和石炭系见到了良好油气显示，并在上石炭统卡拉岗组试油获得日产油28.52m^3、气3912m^{3}的高产油气流，发现牛东油田石炭系火山岩风化壳油藏，盆地石炭系勘探获重大突破。为评价牛东区块石炭系含油规模，随后部署马18、马19井石炭系均获得工业油流。同时，油源对比认为油气均来自上石炭统哈尔加乌组。

牛东油田发现后，研究人员深入思考，除构造高部位石炭系风化壳、内幕型油藏外，沿着凹陷低势区或者斜坡区火山岩、碳酸盐岩中是否还存在油气成藏的新领域、新层系？

在针对侏罗系—石炭系的勘探中，马33井在石炭系钻遇的凝灰岩中获工业油流，但前期认为是白云质粉砂岩储层，马41及后期在条湖凹陷钻探的条25、条27等井也在二叠系钻遇类似储层，常规试油仅获低产油流。凝灰岩储层再次失之交臂。2010年在牛东构造带南侧较低部位部署马52井，以探索卡拉岗组油气规模，钻探未取得理想效果，但却在条湖组上部火山角砾岩中见到了6m的油斑、油迹显示，要想走出石炭系，突破点是不是需要进一步向凹陷或者斜坡区进军？

思路和灵感总是在勘探及研究的不断深入中产生。石炭系—二叠系钻遇的火山熔岩、火山角砾岩以及凝灰岩是否与火山喷发中心相关？通过研究，终于明确了凝灰岩及“误诊”的“白云质粉砂岩”这种特殊类型岩性的沉积模式，火山喷发中心向外扩展，岩性以火山熔岩向火山角砾岩、凝灰岩沉积过渡，斜坡区存在凝灰岩油藏，而该类油藏采用常规试采工艺能否实现有效动用？仍需要进一步探索。

三、再探二叠系，内引外联促进致密油勘探取得新进展（2010—2012年）

随着常规油气勘探开发难度的加大以及勘探开发技术的不断进步，非常规油气资源已成为世界各国争相勘探开发的热点。美国非常规油气勘探取得重大进展，由北部地区的巴肯，到南部地区的鹰滩，再到东部地区的尤蒂卡，致密油连续获得重大突破，使得美国油气对外依存度大幅下降；国内也已在鄂尔多斯盆地三叠系、四川盆地侏罗系、准噶尔盆地二叠系取得非常规油气的突破，三塘湖盆地芦草沟组具有优质烃源岩及源储一体的优越条件，再一次成为吐哈探区非常规油气勘探的重点。

2010年，三塘湖盆地的芦草沟组致密油勘探实施内引外联方式，国内联合中国石油勘探开发研究院、中国石油大学、中国地质大学等科研院所，国外联合赫世、壳牌两家石油公司开展合作勘探，开展产学研一体化技术攻关。2012年，赫世石油公司开展马朗凹陷芦草沟组致密油研究，先后钻探ML1、ML2H两口井，ML1井于3459.88～3672.80m连续取心212.92m，储层以凝灰质泥岩、白云质泥岩、蚀变凝灰岩等薄互层为主，共见油斑及荧光显示212.9m/137层，在3499.0～3505.0m井段常规压裂试油获得日产油1.48m^3，3686～3705m试油未获得油流，试采效果不理想。ML2H井实施水平井钻探，水平井段长697.9m，在芦草沟组油气显示活跃，储层以白云质凝灰岩、凝灰质白云质为主，3348～3354m采用7段21簇分压试采，初期日产油8.27m^3，但递减速度快，分析认为有效储层薄、水平井体积压裂规模偏小是制约试采效果不佳的瓶颈。

值得关注的是，两口井的实施，首次发现了蚀变凝灰岩这类高孔、低渗、高含油饱和度储层（孔隙度普遍大于10%，渗透率小于0.5mD，含油饱和度平均为76.5%），同时，通过综合研究，基本明确了致密油勘探的几项关键要素：其一，紧邻优质烃源岩；其二，具有一定厚度的有效储层；其三，直井具有初产较高、递减速度快的特点，水平井可能是解决工业油气及开发动用的核心；其四，核磁测井技术是识别有效储层的关键。因此，致密油勘探突破，需要对储层甜点重新评价及进一步开展工艺技术改造，以获得工业油气流。

四、静心苦究，凝灰岩致密油终获突破（2012-2018年）

与此同时，技术人员坚持“首先找到石油的地方是在人们的脑海里”的勘探理念，凭借详实的基础资料，在芦草沟组致密油地质条件与勘探潜力评价基础上，按照致密油“源储一体、大面积连续稳定分布”的思路部署井位，在北部斜坡靠近洼陷区部位，钻探芦1井，芦草沟组显示活跃，但试油效果差，勘探遇阻。但在条湖组2545.9～2561.9m井段钻井过程中气测显示良好（图7–1），组分齐全，呈“中高甲烷”特征，测井评价储层孔隙度平均值22.4%，渗透率平均值0.119mD，含油饱和度平均值75.7%，岩性分析表明为一套凝灰岩高孔低渗储层。从此三塘湖盆地条湖组致密油勘探迎来了新的曙光。基于坚定信念，目标锁定条湖组，再战致密油，静心苦究，抓住芦1井条湖组凝灰岩良好的油气显示，终于迎来致密油勘探质的飞跃。

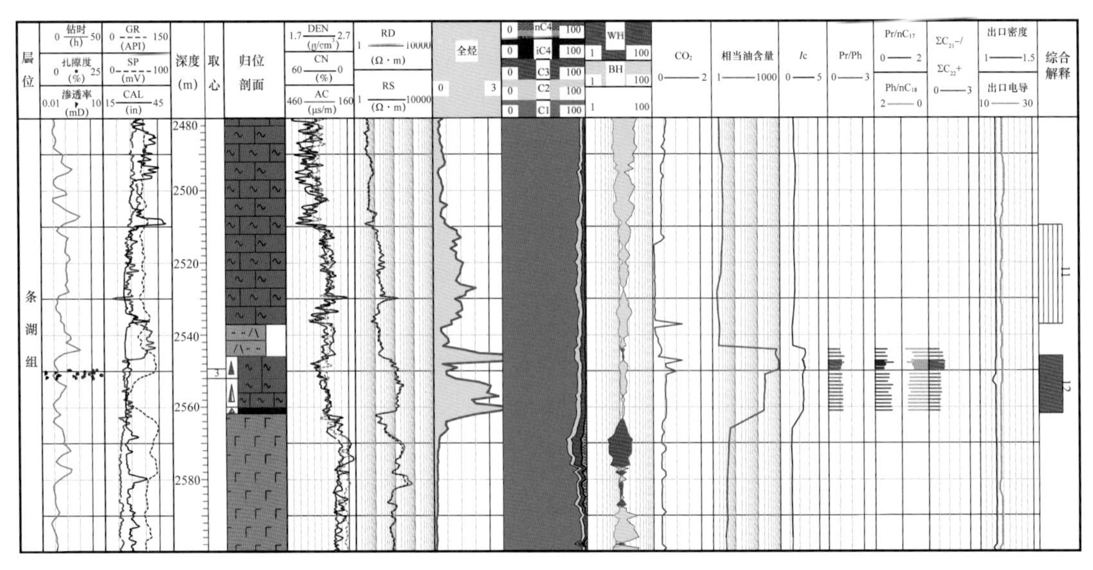

图7–1　芦1井2545.9～2561.9m井段录井综合评价图

（1）精细研究，明确了条湖组致密油凝灰岩成藏控制因素。

明确芦1井条湖组凝灰岩高孔低渗储层之后，随后完钻的马55、马56等井均钻遇该套储层。研究认为，该类储层具有中高孔、特低渗、高含油饱和度的特点，储层储集空间以基质微孔、脱玻化晶间微孔、溶蚀微孔和微缝的“四微”孔隙为主，油气主要来源于下部芦草沟组烃源岩，油藏表现为不受构造控制，大面积连续分布，平面分布稳定，储层脆性矿物含量好，岩石杨氏模量较高，泊松比较低，脆性较强，基本不含黏土，易压裂形成剪切缝，具备大规模体积压裂的条件。优质烃源岩的广泛分布、盆地稳定的构造背景与浅水湖盆环境、凝灰岩成分及后期的脱玻化和溶蚀作用形成的微孔型储层的良好配置是凝灰岩致密油藏成藏的主要因素，储层“甜点”是石油富集的关键。

（2）常规试采，明确了直井常规试油不出，压裂可获工业油流但不稳产的基本观点。

2012年对芦1井条湖组2546～2558m井段进行MFE测射联作，试油未获得油流，该井因重点攻关芦草沟组致密油，该层并未压裂。高孔储层不供液是凝灰岩储层的特殊性，还是试油工艺不完善？调研国内外致密油勘探开发理论技术后认识到非常规油气需要用非常规工艺技术才能实现工业油气流的突破。之后在芦1井东南部署马55井，该井钻探结果显示，对应的层位与芦1井油层反射特征相似，且构造位置较高，相应层位，相同岩性，发现灰色油迹、油斑、油迹凝灰岩，储层物性与芦 1 井相似，2278～2284m 常规压裂求产，5mm 油嘴日产油 12.72m^3，不含水。受马 55 井直井压裂获得工业油流的启发，对芦 1 井常规试油段进行复试，压裂机抽获得日产油 10.98m^3，芦 1、马 55 井的“起死回生”和产层产量特殊性表明，通过改进试采工艺，凝灰岩致密储层能够获得工业油气流，但产量低、递减速度快成为勘探开发面临的主要问题，如何实现凝灰岩油层的高产仍需进一步探索。

（3）地质工程一体化，探索出“水平井 + 大型体积压裂 + 控压排采”的效益动用技术。

三塘湖盆地凝灰岩致密油的勘探开发进程中，实施地质工程一体化，实现效益动用，研究认为，该类凝灰岩储层具有弱亲水—亲水特征，发育少量天然缝，优化压裂液体系，采用“滑溜水 + 低浓度瓜尔胶”压裂液体系，可实现润湿性转变为亲水—强亲水特征，此外，实施长水平段安全快速钻完井配套技术，水平井油层钻遇率达到 95% 以上，实施大液量、大排量、大砂量、较高比例滑溜水的压裂液体系和分段多簇等压裂配套技术，可实现微孔连通、油水置换提高地层能量，单井日产量和累计产量得到大幅提高。地质认识及工艺技术观念的突破，带动了油气勘探的大发现。

按照凝灰岩致密油藏的勘探思路，2013 年部署马 57H 井，目的层水平段长度 457m，采用固井滑套 7 级 21 簇体积压裂，采用大排量、大液量、定压控液求产，最高日产油 22.2m^3。其后，实施马 58H 井，水平段长 818m，采用“速钻桥塞 8 段 24 簇射孔”体积压裂求产，4mm 油嘴最高日产油 117.0m^3。马 56 块水平井显著提高凝灰岩致密油产量后，为继续进行致密油水平井组矿场实验，攻关致密油水平井组大型体积压裂、压裂裂缝监测、水平井产能评价技术，芦 1 块部署长水平井芦 101H 井，水平井段 1097m。采用 12 段 36 簇体积压裂求产，获日产油 72.05m^3 的高产工业油流。地质工程一体化的实施，表明随着水平段长度、压裂规模的逐渐提高，单井原油日产量和累计产量显著提高的特点（表 7–1），至此，致密油效益动用路线基本形成。

表 7–1　致密油藏水平井 + 大型体积压裂参数及其效果对比表

井位	水平段（m）	压裂级数（级）	入井液量（m^3）	入井砂量（m^3）	压裂排量（m^3/min）	初期产油量（m^3/d）	目前产油量（m^3）	累计产油量（m^3）
马 57H	457	7	6238	345	7	22.2	8.14	8678
马 58H	804	8	8201	602	10	131	2.22	17679
芦 101H	1100	12	14367	836	12	64.78	7.04	19082

注：数据截至 2019 年 2 月。

（4）整体评价，快速建产，建成了中国第一个凝灰岩致密油开发试验区。

以技术进步带动勘探开发实效，科研人员进一步研究凝灰岩成藏机理、储层甜点及控藏要素，继 56 块成功后，东南方向扩展马 7 块，钻探马 706H 井获得成功，发现了条湖组 2 号、3 号致密油藏，向北扩展钻探芦 104H 井获得成功。截至 2016 年底，牛东油田马 56 等 3 个区块条湖组落实了 5000×10^4t 整装规模的致密油藏。通过先导矿场试验，实施注水吞吐为主的蓄能增压及水平井井网加密的开发技术方案，实现了致密油效益勘探及高效快速建产。2018 年建产 25.6×10^4t，建成了中国第一个凝灰岩致密油藏水平井技术示范区和规模开发试验区。

随着条湖组凝灰岩致密油勘探取得成功，积累了丰富的勘探实践经验，区域扩展芦草沟组，复查卡拉岗组，均取得不同程度的突破，相继发现或再认识马芦 1 块、条 34 块芦草沟组页岩油及马 33 块卡拉岗组凝灰岩致密油藏，三塘湖盆地由此进入致密油的快速勘探开发阶段。

第二节 勘探实例

牛东油田马 56 块条湖组凝灰岩油藏属于源储分离型的致密油藏，而条 34 块芦草沟组凝灰岩油藏为源内互层型的致密油藏。本节主要介绍马 56 块条湖组凝灰岩油藏的地质特征和开发效率。

牛东油田条湖组致密油藏是目前吐哈探区迄今为止主要的致密油效益动用区块，截至 2018 年度，提交探明储量 3715.2×10^4t，控制储量 581×10^4t。2012 年，马朗凹陷芦 1 井在条湖组火山碎屑岩储层中试油压裂获得 10.98t/d 的工业油流，随后马 56 井、马 57H 井、马 58H 井相继在同一层位获得突破，认识到该油藏为一套分布广泛，受岩性和物性控制的凝灰岩致密油藏。2014 年在马 56 块东南方向部署马 706H 井，水平段进行 9 级压裂获自喷高产工业油流，发现马 706 块条湖组致密油藏。2015 年在马 56 块北部钻探芦 104H 井，进行体积压裂，获日产油 123.1m^3，油藏类型为岩性油气藏，包括马 56 块、芦 104 块及马 706 块，含油面积 26km^2。

一、构造特征

该油藏的条湖组条二段主要发育东北—西南向、近东西向和近南北向三组断裂：东北—西南向的断裂主要发育两条：一条是切割芦 104 块单斜构造、向东南倾向的逆断层，该断层由东北向西南绵延 5.1km；另一条发育在马 56 块和芦 104 块单斜构造西部、西北倾向的走滑断层，该断层东北—西南方向延伸 13.8km。近东西向的断层主要有四组，其中一条东西走向、向北倾断层被一条南北向断层切割成两段，该断层的西端控制着条湖组条二段的分布范围、断层的东端切割芦 104 块，该断层东西绵延近 12km。近南北向的断层本区不太发育，其中三条贯穿切割马 56 块和芦 104 块，南北向延伸 1.5～3.0km（图 7–2）。

构造精细解释结果和区域地质特征研究表明，三塘湖盆地条山凸起带上主要发育岔哈泉、牛东和马东三个向北东抬升的鼻隆带，这三个鼻隆带呈北东—南西向展布于盆地北缘，倾没于马朗凹陷中。目标区块位于马东鼻隆带的西北缘，芦 1—马 56 块、马 706 块局部构造为一东南向西北倾伏的单斜构造，芦 104 块局部构造为一东北向西南倾伏的单斜构造，芦 104 块北部和马 706 块东南部受后期构造运动影响而遭受剥蚀，芦 1—马 56 块高点埋深 1840m，高点海拔 –1140m，地层倾角 8.8°～15.8°；芦 104 块高点埋深 2020m，高点海拔 –1390m，地层倾角 8.4°～12.4°；马 706 块高点埋深 1845m，高点海拔 –1140m，地层倾角 7.4°～16.5°（表 7–2）。

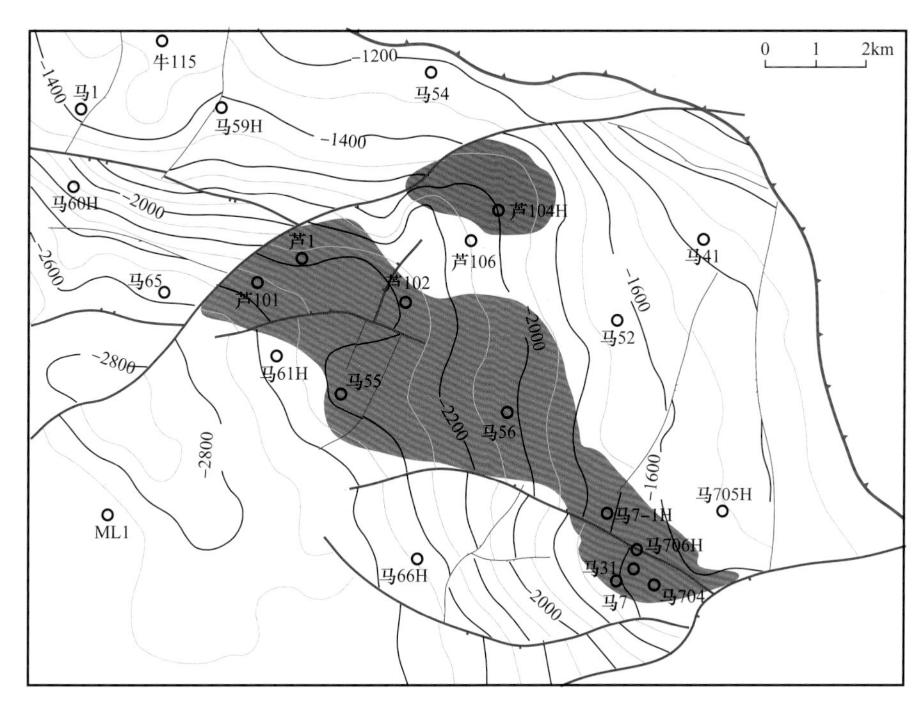

图 7-2　马 56 块条湖组二段顶面构造图

表 7-2　牛东油田马 56 块、芦 104 块和马 706 块条湖组油藏圈闭要素表

油田	区块	层位	高点埋深（m）	地层倾角（°）	构造走向	高点海拔（m）
牛东	芦 1—马 56	P_2t_2	1840	8.8～15.8	SE—NW	-1140
	芦 104H		2020	8.4～12.4	EN—WS	-1390
	马 706H		1845	7.4～16.5	SE—NW	-1140

二、储层特征

1. 岩石学特征

牛东油田条湖组油层段主要发育火山碎屑岩类，其中，芦 1—马 56 块和芦 104 块厚度相对较厚，厚度约为 10～35m；马 706 块火山碎屑岩类厚度相对较薄，厚度约为 5～15m；此外，在芦 1—马 56 块、芦 104 块条湖组二段底部含油目的层段的顶部和马 706 块条湖组一段中部含油目的层段的顶部发育火山沉积岩类，如凝灰质泥岩、凝灰质砂岩，局部分布，马 706 块条一段地层中普遍发育辉绿岩，芦 1—马 56 块和芦 104 块基本上不发育辉绿岩。主要储层岩性为玻屑凝灰岩、晶屑玻屑凝灰岩。

2. 储层物性特征

条二段凝灰岩储层物质成分好，基质孔隙十分发育，颗粒类型为中酸性玻屑、晶屑，

并以 SiO_2 成分为主；条二段凝灰岩储层抗压实作用强，火山碎屑粒间微孔保存好；脱玻化作用强，晶间微孔发育，发育四类微孔，即基质微孔、脱玻化晶间微孔、溶蚀微孔（微洞）、微缝；根据芦 1—马 56 块、芦 104 块条湖组 202 块岩心常规物性分析资料，条湖组油藏孔隙度分布在 4%～28% 之间，平均值为 15.8%；渗透率分布在 0.005～10mD 之间，平均为 0.36mD，条二段凝灰岩储层表现为中高孔、特低渗特征。

三、油藏类型及流体性质

条湖组油层平面分布不受构造控制，具有大面积分布特征，油藏类型为大面积分布聚集的岩性型油藏，含油性不受构造高低控制，主要受火山岩相控制。油层纵向上主要分布在芦 1—马 56 块和芦 104 块条湖组二段及马 706 块条一段凝灰岩储层中。“空降型”纯火山尘沉积的凝灰岩储层含油性要好于含陆源碎屑物质的凝灰岩储层，油藏北部受后期抬升剥蚀控制。芦 1—马 56 块二叠系条湖组油藏埋深 1840～2725m，最大油柱高度 880m；芦 104 块含油面积内条湖组油藏埋深 1905～2179m，最大油柱高度 250m。

1. 压力和温度

芦 1—马 56 块条二段油藏：芦 1—马 56 块条湖组油藏地层压力为 21.74MPa，为正常压力系统（图 7-3）。

芦 104 块条二段油藏：芦 104 块条二段油藏中部海拔 -1675m，地层压力为 24.23MPa，为正常压力系统。

芦 1—马 56 块条二段油藏：根据马 15、马 56 和芦 1 井试油实测地层温度数据（图 7-4），显示地温梯度为 2.59℃ /100m，地面温度为 7.115℃。根据马 56 井实测数据，芦 1—马 56 块条湖组条二段油藏地层温度 65.3℃，应属于低温系统。

芦 104 块条二段油藏：芦 104 块条二段油藏中部埋深为 2305m，地层温度 66.8℃。

2. 流体性质

1）地面原油性质

芦 1—马 56 块条二段油藏：地面原油密度 0.8823～0.9099g/cm^3，平均值为 0.8990g/cm^3。原油黏度 79.9～280.1mPa·s，平均值为 136.0mPa·s（50℃），凝固点平均 -3～25℃，初馏点 72～146℃，汽油含量 4.3%～13.5%，含蜡量 12.5%～34.6%；原油属于中质、高黏、高蜡、中凝的常规油特点。

马 706 块条一段油藏：地面原油密度 0.8929～0.9244g/cm^3，平均值为 0.9124g/cm^3。原油黏度 923～1268mPa·s，平均值为 1118mPa·s（50℃），凝固点平均 21～26℃，初馏点 88～123℃，汽油含量 4.7%～21.0%，含蜡量 23.1%～35.5%；原油具中质、高黏、高蜡、中凝—高凝油特点。

芦 104 块条二段油藏：地面原油密度 0.8948～0.9108g/cm^3，平均值为 0.9028g/cm^3。原油黏度 231～238mPa·s，平均值为 234mPa·s（50℃），凝固点平均 24～25℃，初馏点

96～141℃，汽油含量 5.0%～14.0%，含蜡量 15.8%～29.9%；原油具有中质、高黏、高蜡、中凝的常规油特点。

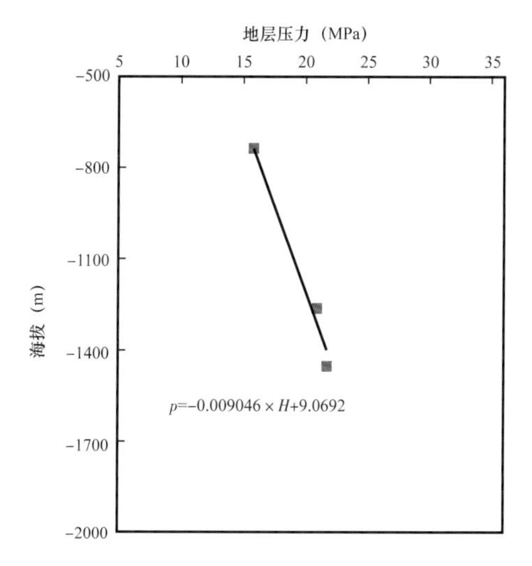

图 7-3　芦 1—马 56 块条湖组地层压力与海拔关系图

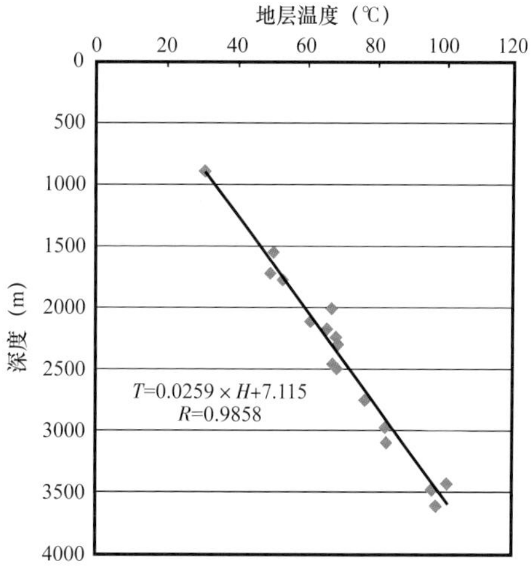

图 7-4　芦 1—马 56 块条湖组地层温度与埋深关系图

2）原油黏温特征

芦 1—马 56 块条二段油藏：地面原油地层压力条件下的黏温特征测试结果显示，黏温曲线拐点在 25℃左右，原油在低于拐点温度时原油黏度直线上升，而高于拐点温度时黏度相对缓慢下降（图 7-5）。

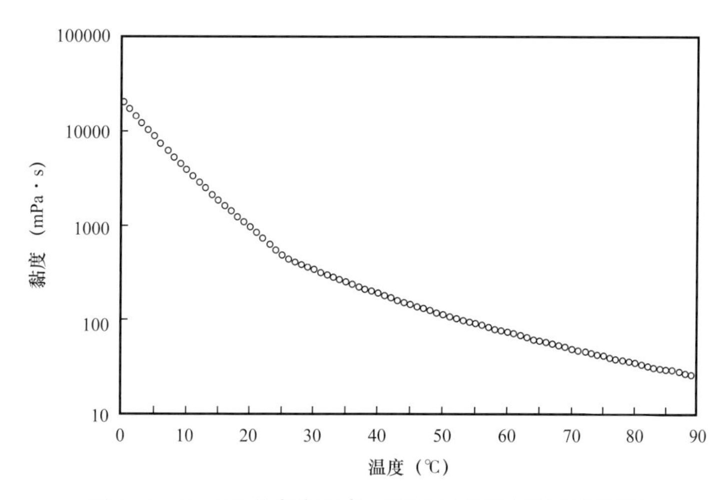

图 7-5　马 57H 井条湖组条二段地层温度与埋深关系图

芦 104 块油藏：地面原油地层压力条件下的黏温测试显示，条湖组原油黏温曲线温度敏感点在 25℃左右，原油在低于拐点温度时原油黏度直线上升，而高于拐点温度时黏度相对缓慢下降（图 7-6，图 7-7），地层温度条件下，条二段原油黏度在 119～209mPa·s 之间、条一段原油黏度在 797～1756mPa·s 之间。

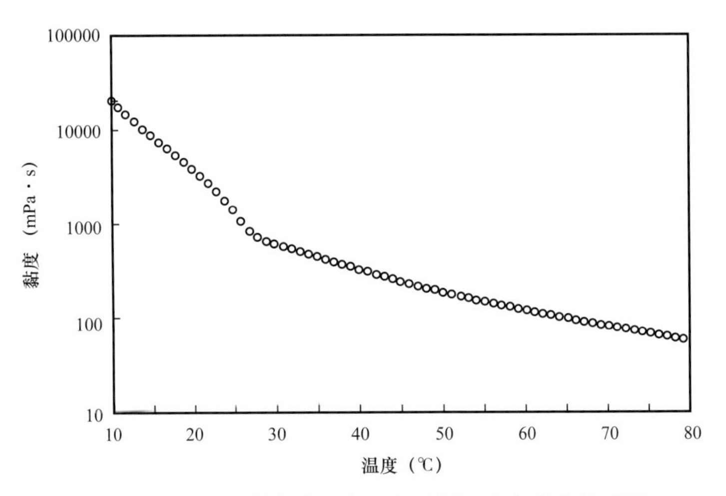

图 7-6　芦 104H 井条湖组条二段地层温度与黏度关系图

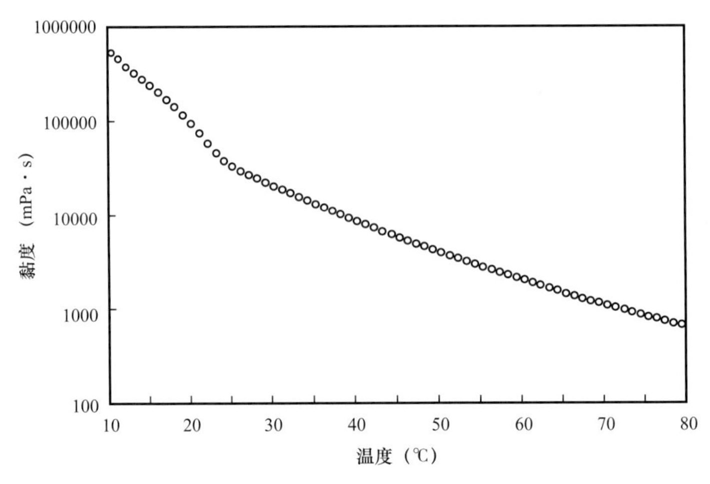

图 7-7　马 7-5H 井条湖组条一段地层温度与黏度关系图

四、开采简况

1. 开发历程

条湖组致密油藏，直井常规试油基本无自然产能或低产，压裂可以获得较高的产量，但稳产时间短、累计产油量低。2013 年 7 月开始开展了水平井 + 大型体积压裂技术攻关，实施了马 57H 水平井钻探，采用固井滑套 7 级 21 簇体积压裂，产量达到直井常规压裂的 7～10 倍。2013 年 10 月，又实施马 58H 水平钻探，采用“速钻桥塞 8 段 24 簇射孔”体积压裂，自喷百吨获成功。2015 年，在马 56 块部署建立了水平井 + 大型体积压裂技术开发试验区，已经部署开发井 34 口，试验区内投产 30 口井共计压裂 192 段，采用速钻桥塞 + 分簇压裂铸体工艺，提高致密油单井产量，增产效果良好。同时，芦 1 井区又先后实施芦 101H 和芦 1-1H 两口水平井的大型体积压裂，获成功（图 7-8），而后部署开发 10 口井，投产 8 口井。

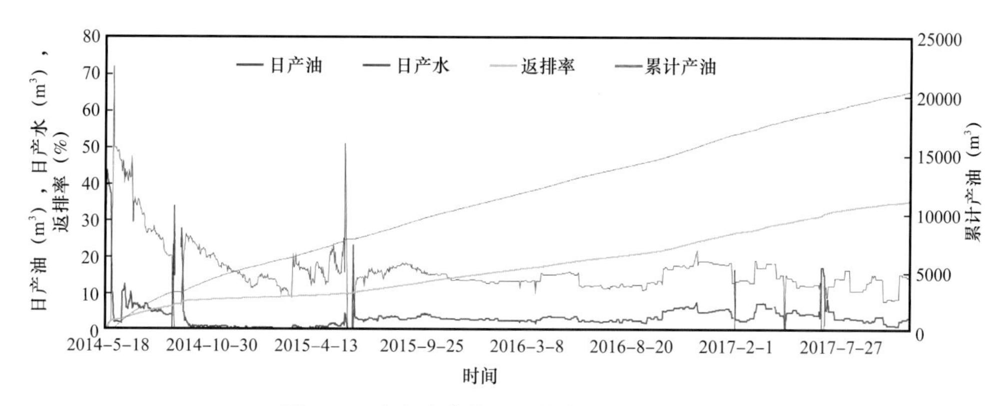

图 7-8　致密油藏芦 101 井水平井开采曲线

2. 开发效果

经过两年来的技术攻关，形成了以“体积压裂、控压排采”为核心的增产稳产技术系列。系统开展凝灰岩储层力学特性研究，论证了实施体积压裂的可行性，确立了水平井 + 体积压裂的技术路线。马 56 块条湖组致密油藏一直坚持水平井 + 大型体积压裂经济有效开发技术路线，配套形成了“分段多簇、大排量、大液量”水平井体积压裂改造技术系列，实现了由传统单缝改造到大规模体积改造的转变，建成了马 56 块油藏开发示范区，首次实现凝灰岩致密油藏效益动用。分析前期体积压裂效果（图 7-9），结合水平井钻完井水平、成本及构造特征、地层稳定性，优选水平段长 500～800m。

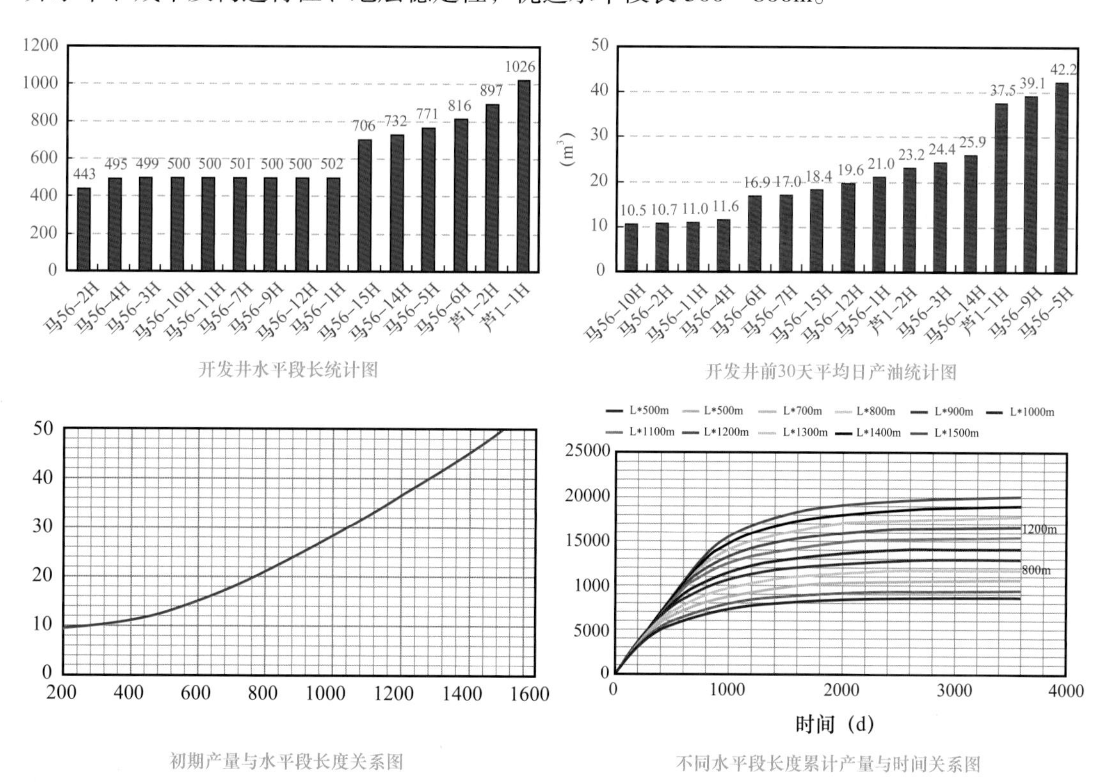

图 7-9　选取最优水平段长度参考图

马 56 块二叠系条湖组含油面积内已有 38 口井进行试采，5 口套损井，其他投产井均获得工业油流。芦 104 块含油面积内有 5 口井进行试采，均获得工业油流。截至 2017 年 9 月 30 日，芦 104 块条二段油藏已累计产油 1.88×10^4t；目前区块日产油 43.7t，平均单井日产油 8.7t。马 706 块二叠系条湖组条一段（P_2t_1）油藏含油面积内已有 9 口井进行试采，均获得工业油流；截至 2017 年 9 月 30 日，马 706 块已累计产油 2.18×10^4t；目前含油面积内实际开井数 8 口，区块日产油 32.2t，平均单井日产油 4.0t。

第三节　凝灰岩致密油勘探理论与勘探技术

三塘湖盆地非常规油气勘探经历了几上几下、多次反复的艰难历程，在实践—认识—再实践—再认识的过程中，多次转移和调整勘探的重点层系，每一次变革都带来了一次突破和进展，这些都无不得益于先进适用的勘探新理论、新技术和新方法。与此同时形成了具有国内特色的凝灰岩致密油地质理论和配套的油气勘探技术系列，丰富了中国陆相油气勘探的理论与实践。

一、三塘湖盆地凝灰岩致密油勘探理论

凝灰岩致密油藏的快速发现、高效勘探，是在国内外非常规油气勘探理论的指导下，充分把握三塘湖盆地二叠系基本地质条件的基础上，解放思想，创新找油思路、优化勘探部署、勘探开发紧密结合的体现。凝灰岩致密油藏独特的成藏条件及勘探理论是对国内外非常规油气勘探理论的补充和发展。

1. 凝灰岩致密油藏形成基本条件

油气藏的形成，其基本条件应当是油气的生成、运移、聚集与保存，即生、运、聚、圈、保，缺一不可。没有烃源岩，即缺乏油源，其他条件搭配再好，也不可能形成油气藏。

（1）芦草沟组二段优质烃源岩的发育是致密油形成的重要基础。

二叠系芦草沟组是盆地主要烃源岩层，是盆地内致密油藏生烃贡献最大的烃源岩。芦草沟组以咸湖相沉积的混积岩为主，主要分布于条湖、马朗凹陷，厚度一般在 100～200m 之间，向南厚度呈增加趋势，生烃中心主要分布在条湖—马朗凹陷，其中，暗色泥岩在马朗、条湖凹陷分布最广；暗色泥岩表现为高丰度的特点，显微组分为富含腐泥组，母质类型以Ⅰ—$Ⅱ_1$型为主，烃源岩成熟度 R_o 值介于 0.8%～1.1% 之间，属于成熟演化阶段。生烃期在中晚燕山期，条湖、马朗凹陷中南部以及南缘冲断带是主要的生烃区。

此外，条湖组凝灰岩含有一定量的沉积有机质，样品经抽提后的 TOC 主要分布在 0.5%～1.0%，有机质类型以Ⅲ—$Ⅱ_2$型为主，自身有机质在干酪根演化过程中生成的有机酸有利于脱玻化的进行和微孔隙的形成，干酪根生成的少量石油润湿了致密储层的孔隙与喉道。

（2）凝灰岩致密储层与盖层的良好配置为致密油藏的形成奠定了良好条件。

条湖组凝灰岩厚度受火山活动带分布和沉积古地形共同控制，火山活动带两侧的古

沉积洼地是凝灰岩分布的主要部位；凝灰岩中与基质有关的孔隙主要是脱玻化作用形成矿物粒间孔和矿物粒内孔，这种孔隙在普通显微镜下难以分辨，但扫描电镜和CT扫描下清晰可见，以微米—纳米级为主，并且数量巨大。条湖组含沉积有机质凝灰岩储层的物性具有高孔低渗的特点，孔隙度主要分布在10%～25%，空气渗透率主要分布在0.01～0.5mD，且玻屑凝灰岩储层物性最好。这与凝灰岩中火山玻璃质的脱玻化作用有关，脱玻化形成的粒间孔体积微小但数量巨大造成了凝灰岩总孔隙度较高，孔隙喉道半径很小又导致渗透率很低。凝灰岩储层物性主要受原始火山灰的组分和脱玻化程度的控制。

三塘湖盆地致密油藏储层主要是条湖组的晶屑—玻屑凝灰岩，储集空间主要以脱玻化微孔为主，黏土含量低、脆性指数高，主要分布在火山机构之间的洼地，分布比较局限。盖层为覆盖在储层上面的致密碳酸盐岩、凝灰质泥岩和泥岩。

（3）良好的构造位置是凝灰岩致密油藏形成的构造条件。

三塘湖盆地经历了多期次构造运动，发育多种类型圈闭，主要发育在盆地的隆起区、斜坡区及南缘冲断带的石炭系、二叠系、三叠系—侏罗系—白垩系，包括构造圈闭、岩性圈闭、地层圈闭以及复合型圈闭等，不同层系圈闭的形成与类型与多期次构造运动密不可分，盆地基底形成于前二叠纪，从二叠纪开始，进入陆相沉积盆地发育时期。具体表现在，早中期盆地北部古构造背景及持续抬升，控制构造带、地层剥蚀带形成，是构造圈闭和复合型圈闭形成的主控因素，构造及圈闭继承发育，导致纵向上多套含油层系叠置；晚期南北向强烈挤压，控制南缘冲断带及相应圈闭形成，临洼低台阶和中间二台阶是以断层为主控因素圈闭的主要区带。根据勘探开发成效，目前三塘湖盆地致密油主要分布在临洼低台阶和中间二台阶。因此，良好的构造位置为凝灰岩致密油藏的形成创造了良好的条件。

2. 凝灰岩致密油藏形成机理

条湖组储层为中高孔低渗特低渗特征，油源对比表明致密油非近源成藏，油源主要来自下部芦草沟组二段烃源岩，一般被认为油气充注阻力大，石油通过浮力很难进入如此致密的储层，但目前已发现多口工业油井，储层含油饱和度高。特殊的成藏机理是油气富集成藏的主要原因。

（1）充注的动力与阻力。

含氮化合物实验及凝灰岩中原油成熟度参数特征分析表明，平面上参数的变化规律性不强，无明显的侧向运移规律，反映了油气充注具有多个充注点的特征，这种充注方式造成了凝灰岩的大面积成藏。马朗凹陷凝灰岩段压裂后发现了多口高产油井，含油饱和度大都在50%以上，本地区超压不发育，下部油气向上运移过程中，浮力是其最主要的动力，需要克服的阻力主要是由于孔喉大小差异引起的毛细管力。

从理论上分析油气仅靠自身的浮力难以克服毛细管力阻力进入储层，而事实是油气不但进入了凝灰岩致密储层，而且含油饱和度还很高，这是因为岩石亲水性减弱，从而使润湿性改变，毛细管阻力大大降低。

（2）润湿性改变与石油充注作用。

条湖组凝灰岩中含有沉积有机质，所生原油的极性组分优先吸附在孔隙表面，使得凝灰岩的润湿性为偏亲油。凝灰岩油驱水存在启动压力梯度，并且启动压力梯度较小，偏亲油润湿性和孔喉比小是导致凝灰岩启动压力梯度较小的主要原因，这也是源储分离型凝灰岩致密储层石油高效充注成藏的主要机理。

首先，条湖组凝灰岩存在润湿性改变的物质基础。由于凝灰岩含有一定的有机质，且有机质丰度主要分布在0.5%～2%，并且大部分地区的 R_o 值大于0.5%，可以生成一定量的油气。热模拟结果也表明，凝灰岩具有一定的生烃潜力，按照这一生烃量提供储层含油饱和度理论上最大值不会超过18%，而勘探结果表明凝灰岩的含油饱和度却很高，大都在50%以上。虽然凝灰岩生成的原油不是致密油气藏中原油的主要来源，但就是这些原油在孔隙中形成油膜，对自身岩石起到了润湿作用，大大改变了岩石原有的润湿性，即亲水性减弱、亲油性增强，从而使后来油气进入储层的阻力大大降低。

其次，通过对含油与不含油凝灰岩的水润湿角测定，发现含油凝灰岩的润湿角确实比不含油情况下的润湿角大得多，洗油处理后的凝灰岩润湿角明显降低，说明含油时亲油性增强，亲水性明显减弱，这样能够使外源油气进入储层时毛细管阻力大大降低。由于凝灰岩本身含油，抽提后凝灰岩的润湿角会明显降低，在储层含油以前，地层中饱含水的岩石是亲水的，随着凝灰岩自身生成少量的液态烃，会在孔隙表面形成油膜，此后，与地层岩石表面发生物理化学作用，使原油中的一些极性组分吸附在岩石孔隙表面上，使地层的润湿性逐渐向油湿方向转化。润湿角与含油饱和度之间具有一定的正相关性，说明了水湿性越弱，油气充注阻力越低，外来油气进入储层越容易，从而使储层石油充满度越高。

（3）石油充注时间与脱玻化时间的良好配置决定了有利储层的优选充注。

凝灰岩裂缝方解石中与烃类包裹体伴生的盐水包裹体均一温度测定，结合埋藏史和生烃史，判断油气成藏期在白垩纪末期（图7-10）。该时期芦草沟组烃源岩达到成熟演化阶段，开始大量生排烃，燕山末期的构造运动为油气向上运移提供了良好的运移通道。

根据地层的埋藏史，凝灰岩在侏罗纪晚期—白垩纪都是脱玻化的主要时期，脱玻化时间早于石油充注时间。白垩纪末期埋深最大，但地层温度并不高，仍然是有机酸大量生成时期，这为脱玻化过程的持续进行提供了有利的条件，即白垩纪末成藏时期脱玻化孔隙已经或正在形成，所以成藏时凝灰岩具有良好的储集条件，由下伏芦草沟组生成的石油通过断裂—裂缝系统优选充注在有利储层中形成致密油藏，而高部位物性差的凝灰岩中反而没有有效充注。

二、三塘湖盆地凝灰岩致密油勘探技术

经过数年的勘探开发，调研国内外致密油勘探理论，借鉴其实践经验，形成了三塘湖盆地致密油勘探相对成熟的勘探方法及其技术，表现在致密油“甜点”预测技术、钻完井技术及效益开发技术等。

（1）致密油甜点预测技术。

通过“三步法”进行“甜点”预测，优选靶区已成为致密油有效开发技术。其一，建立地层特征及沉积模式，寻找有利岩相带优选勘探领域；其二，开展储层敏感参数分析，确定技术路线；其三，采用多技术融合寻找甜点，确定钻探目标。该项技术思路目前已推

广应用至火山岩、沉积坡折带等复杂地质体储层预测中，对部署和扩展牛东火山岩油藏起到了技术引领作用。

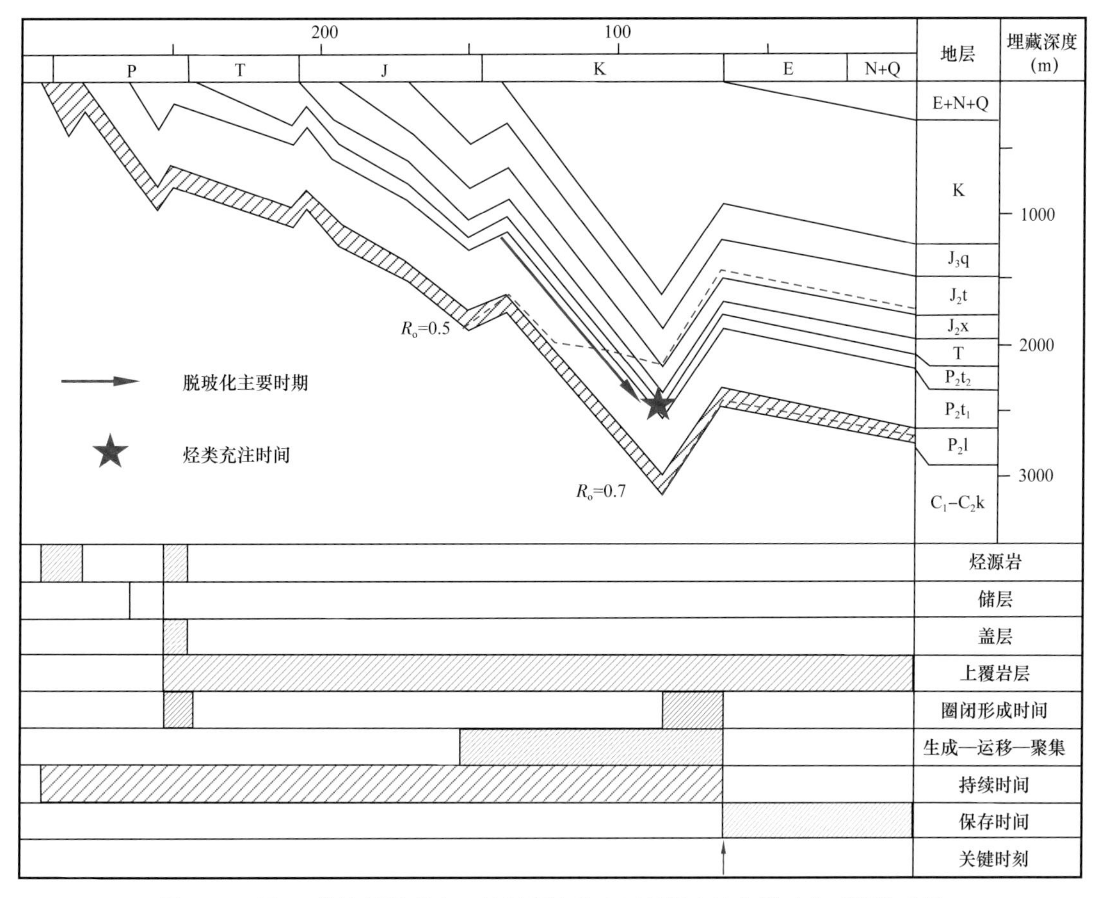

图 7–10　马 56 井地层埋藏史、烃源岩演化史及烃类充注与脱玻化时期关系图

（2）致密油“七性”关系评价技术。

系统评价储层岩性、物性、电性、含油性、脆性、有机质性质、地应力各向异性等七性关系研究。针对凝灰岩储层，采用核磁测井、偶极子声波等非电法测井较好地解决了油层识别问题。在储层测井评价过程中，基于常规储层四性关系评价基础上，评价储层的有机质性质、脆性、地应力各向异性，为改造方案实施和体积压裂提供依据。测井储层“七性”关系研究技术是准确识别有效层、提高试油成效的关键，运用致密油储层“七性”关系评价技术，极大地提升了勘探开发效益。

（3）效益动用技术。

三塘湖盆地二叠系凝灰岩油藏，受储层致密影响，常规直井产量普遍较低，实施水平井 + 大规模体积压裂技术，产量达到邻近直井的 20 倍，但面临钻井过程中存在地层分布复杂，安全钻井难度大、可钻性差，钻井周期长、长水平段摩阻扭矩大，井眼轨迹控制、清洁及井壁稳定等问题。通过水平井钻完井技术攻关，实现了三塘湖盆地致密油的效益动用，通过注水吞吐、小井距、增能压裂及水驱提高采收率技术实现致密油增产技术。

第四节　三塘湖盆地凝灰岩致密油勘探实践与启示

一、三塘湖盆地凝灰岩致密油勘探实践

1. 强化成藏机理和关键控藏要素的研究，创新地质认识，助推勘探取得突破

三塘湖盆地二叠系凝灰岩致密油发现伊始，如何评价资源规模、形成机理、储层特征、油藏甜点预测以及控藏关键要素是科研工作者面临的一道难题，也是决定未来致密油勘探、开发决策的关键问题。面对这些难点，经过近 6 年的持续攻关、系统研究，明确了盆地致密油成藏机理和关键控藏要素，即烃源岩的有效配置、盆地稳定的构造背景和浅水湖盆环境、凝灰岩成分及后期的脱玻化和溶蚀作用、脱玻化时间与石油充注时间的良好配置。建立了“自源润湿、多源充注、断缝输导、甜点聚集”的成藏模式，取得了一系列地质理论的原创性成果。

1）烃源岩的有效配置是致密油形成的物质基础

条湖组凝灰岩致密油气藏具有“混源充注”的特点，其一，条湖组二段中发育的暗色泥岩和沉凝灰质具有较好的生烃能力，勘探实践证明芦 1 井、马 56 井、马 55 井凝灰岩中均含有有机质，从有机质类型、氢指数和碳同位素来看，有机质的类型主要为 II_1—Ⅲ型，并且达到了低熟的演化阶段，这是生烃的物质基础；其二，芦草沟组二段泥岩作为主要烃源岩，已证实该套地层且分布范围广，有机质丰度高，有机质类型好，处于低熟—成熟阶段，是三塘湖盆地主力烃源岩，与上覆储集体形成了良好的配置关系。

2）盆地稳定的构造背景和浅水湖盆环境控制优质储层的展布

火山灰颗粒经空中漂移后直接落入水体，避免了遭受风化搬运可能造成的成分流失，由于火山灰颗粒极细，以粉砂级、泥级为主，在陆源输入及水动力较强的滨湖地带不易保存，不利于形成连续、稳定分布的储集层。目前发现的凝灰岩普遍发育波状层理或粒序层理，证实了其形成时期水动力较弱，沉积环境为火山堰塞湖（即由于火山熔岩溢流作用，逐渐造成局部溢流沉积物厚度增大，分割滨浅湖为多个较小的湖），此外，岩心中有机泥质纹层、生物碎屑的发现，进一步说明了凝灰岩沉积时期，陆源碎屑影响较小，同时，条湖组沉积时期，坡度相对较缓的凹陷北部浅湖—半深湖区域，由火山喷发引起的熔岩溢流而形成的多个局部低洼部位，也为大面积连续性凝灰岩致密油储层的形成和保存提供了有利场所。

3）凝灰岩成分及后期的脱玻化和溶蚀作用控制储层的甜点

条湖组凝灰岩储层具有“中高孔、特低渗”的特点，储集空间以基质微孔（矿物粒间孔、矿物粒内孔）、脱玻化晶间微孔、溶蚀微孔和微缝等“四微”孔隙为主，凝灰岩储层发育在火山岩旋回顶部，大面积连片分布，甜点主要呈团块状分布在火山机构两翼洼地；岩性为晶屑—玻屑凝灰岩，组分以中酸性火山尘为主，孔隙结构具有高排驱压力、孔隙

小、数量多、喉道细小且分布均匀的特点。其中微孔主要是脱玻化作用形成的，在实测的纯玻屑凝灰岩样品中，其孔隙度一般都在 15% 以上，因而脱玻化产生的孔隙度约为 10%，具有较强的增孔能力。其中的玻屑成分高，脱玻化形成的孔隙度大，玻屑含量由大到小的顺序：玻屑凝灰岩、玻屑晶屑凝灰岩。条湖组沉积时期，湖盆中有机质丰富，凝灰岩层段的上部和下部均发育富有机质的泥岩，且已处于低成熟至中成熟阶段，在热演化过程中释放出的有机酸对玻屑、长石质晶屑及早期脱玻化形成的长石溶蚀，形成次生溶蚀孔隙，有效地改善了储层储集空间。目前获得工业产能的储层岩性主要是玻屑凝灰岩。

4）脱玻化时间与石油充注时间的良好配置控制油藏的运聚成藏

利用流体包裹体研究油气成藏期的方法是目前最常用的一种方法。条湖组储层以凝灰岩为主，马 56 井 2142.18～2142.30m 处凝灰岩裂缝方解石中与烃类包裹体伴生的盐水包裹体大小主要为 2～5μm，气液比 5%～10%，通过对其进行测温，发现均一温度主要分布在 90～100℃，结合该井的埋藏史和生烃史，判断油气成藏期在白垩纪末期。该时期芦草沟组烃源岩达到成熟演化阶段，开始大量生排烃，燕山末期的构造运动形成的断裂为油气向上运移提供了良好的运移通道。

5）“自源润湿、混源充注、断缝输导、甜点聚集”构建独特的成藏模式

条湖组凝灰岩储层中有机质丰度高，自生原油在孔隙中形成油膜，对自身岩石起到了润湿作用，改变了岩石原有的润湿性，亲水性减弱、亲油性增强，降低了致密储层对油相的毛细管阻力，燕山期构造产生了大量的垂向断裂和裂缝，为油气的垂向输导提供了通道，芦草沟组烃源岩在白垩纪达到成熟并开始大量生排烃，断层活动期和生排烃期匹配性较好；凝灰岩岩石润湿性的改变，导致来自紧邻下伏芦草沟组的石油通过断裂和裂缝优先充注在被润湿的凝灰岩中，并且充满度很高。此外，凝灰岩的含油性还受凝灰岩成分的控制，玻屑凝灰岩和凝灰质粉砂岩的含油性较高，凝灰质砂砾岩和熔结凝灰岩含油性差。

2. 重构勘探评价技术、规范、标准，深化非常规油气地质理论，支撑勘探部署

国内致密油的勘探在诸多盆地取得突破，岩性主要以细砂岩、云质岩及泥灰岩为主，并形成了一系列相对成熟的技术系列。凝灰岩作为储层的致密油藏，尚处于空白。如何在认识的基础上总结、提升，是指导三塘湖盆地致密油有序勘探开发部署的主要着力点。通过系统总结，形成了凝灰岩致密油七性关系评价技术、“模式控区带、参数控质量、融合控甜点”的致密油甜点预测技术，形成凝灰岩致密油藏储量、储层、测井评价、甜点预测评价规范、分类标准及技术手册，有力地支撑了盆地致密油的勘探开发。

（1）针对储层成因、油层识别及改造方案实施和体积压裂的需要，系统评价储层岩性、物性、电性、含油性、脆性、有机质性质及地应力各向异性，通过钻井、测井及分析测试资料，形成了致密油“七性”关系评价技术。

① 基于岩心、薄片及自然伽马、声波时差、深侧向、补偿中子以及岩性密度等敏感测井曲线特征资料，明确了岩性和测井响应特征的对应关系、建立了不同类型岩性的识别图版及识别标准，形成了岩性识别技术。

② 基于压汞、核磁、试油等分析测试资料，开展致密油储层微观特征研究，明确了有效储层的下限及分类评价标准，形成了储层特征及有效储层划分技术。

③ 建立基于“核磁有效孔隙处理和电成像孔隙度谱”为核心的测井连续评价有效储层，通过以下方法形成了储层有效性评价技术。其一，确立核磁采集模式；其二，用岩心分析数据标定核磁处理的孔、渗、饱数值确定核磁处理参数；其三，建立储层的连续深度孔隙结构和有效性的核磁测井评价剖面；其四，通过电成像资料开展“电成像孔隙度谱”评价储层有效性，综合确定有效储层。

④ 基于岩心分析、岩电实验及录、测井资料相结合的方法，根据凝灰岩致密储层高孔、特低渗、高含油饱和度的特点，建立了基于孔隙度、岩电实验及核磁测井等三种储层含油饱和度计算模型。

⑤ 开展岩石力学、地应力及岩石脆性的评价方法研究，通过岩心脆度实验、全应力应变曲线测试及单轴压缩后岩石破坏分析，认为利用阵列声波测井资料计算岩石脆性方法可行，从而建立了致密油储层工程品质评价方法，形成了储层工程品质评价技术，为水平井部署、压裂施工提供了技术支持。

⑥ 利用 $\Delta\lg R$ 方法、自然伽马能谱法、密度评价法、生烃潜力法等四种方法计算有机碳含量，形成了烃源岩测井评价技术。

（2）针对有效勘探评价及目标优选，通过“模式控带（区带）、参数控质（质量）、融合控点（甜点）”的技术思路，采用“三步法”开展致密油甜点预测。

① 建立沉积模式及控藏因素，寻找有利岩相带优选勘探领域；

② 储层敏感参数分析及正演验证方案可行性分析，确定技术路线；

③ 采用多技术融合寻找甜点，确定钻探目标，形成了致密油“甜点”综合评价技术。

在地质认识的基础上，分析条湖组致密油藏储层甜点控制因素，通过岩性识别、多参数交汇分析、正演模拟等方法，验证储层甜点预测方案的可行性和技术的适用性，运用多属性、地震反演、含油气检测技术等多种技术综合落实甜点区，为井位部署提供依据。该项技术思路目前已推广应用至火山岩、沉积坡折带等复杂地质体储层预测中，对勘探部署起到了技术引领作用。

（3）针对国内外凝灰岩致密油研究的不足，编写了适合三塘湖盆地凝灰岩致密油藏储量计算标准、致密油技术规范、标准及其技术手册。应用地质储量容积计算法、经济可采储量单井递减累计产量法等方法，形成了凝灰岩致密油藏储量计算标准；通过勘探实践，形成了凝灰岩储层分类评价标准，编写了凝灰岩储层评价技术规范、甜点预测技术规范、有效储层识别与分类评价规范、测井评价技术规范及勘探技术手册。

3. 井筒技术与时俱进，促使致密油效益动用，提升非常规油气产能升级

三塘湖盆地二叠系凝灰岩油藏，受储层致密影响，常规直井产量普遍较低，实施水平井 + 大规模体积压裂技术，产量达到邻近直井的 20 倍，但面临钻井过程中存在地层分布复杂，安全钻井难度大、可钻性差，钻井周期长、长水平段摩阻扭矩大，井眼轨迹控制、清洁及井壁稳定以及在开发过程中致密储层能量递减快、采收率低等问题。通过水平井钻

完井技术攻关、增产矿场试验，转变致密油开发模式，实现了三塘湖致密油效益动用。

（1）形成了致密油藏的水平井低成本、高效、安全钻井技术。实施优化井身结构、全井段个性化钻头序列、全井段钻具组合复配技术、长水平段工程地质导向技术、弱凝胶钻井液体系等配套技术，钻井周期缩短30.6%，机械钻速提高13.3%，钻头用量减少41.7%，提速效果明显（表7–3）。

表7–3　马朗区块致密油水平井钻井指标统计

类别	井号	完钻井深（m）	钻井周期（d）	机械钻速（m/h）	水平段长（m）	复杂事故时效（%）	钻头用量（只）
老井	马50P	2370	61.2	4.57	301	0	12
新井	马58H	3079	40	5.19	804	0	6
	马59H	2578	42	4.93	792	0	8
	马56–3H	2633	39	4.88	509	0	11
	马56–5H	2939	34.8	6.63	769	0	3
	芦101H	3712	56.46	5.02	1100	0	7

（2）形成了速钻桥塞+分簇射孔体积压裂技术。针对致密油储层非均值性强、自然产能低的特点，结合储层评价技术，形成了以国产速钻桥塞+分簇射孔工具工艺为核心的“分段多簇、大排量、大液量”水平井体积压裂改造技术，实现了由传统单缝改造到大规模体积改造的转变，实现了非常规油藏的规模有效开发。

（3）形成了低伤害低成本复合压裂液技术。针对凝灰岩储层岩石致密，渗透率极低，孔喉细小，要求压裂液伤害性能低，压裂液低摩阻等不利因素的特点，结合储层综合评价与工艺要求，通过研发高效交联剂以及调整压裂液添加剂，形成了低伤害复合压裂液配方体系，为持续规模发现和整体动用非常规资源提供了有力保障。

（4）转变开发方式，形成了以注水吞吐为主的致密油藏增产技术系列。针对衰竭开采导致地层压力低、油井供液能力差、递减快的矛盾。开展岩石润湿性及不同介质驱替室内实验，实验表明致密油储层岩石亲水，水驱采收率最高可达40%，据此确定了以注水吞吐为主补充地层能量的技术方案，通过先导矿场试验、设计参数，取得了较好效果（表7–4）。

表7–4　致密油藏注水吞吐增产效果统计表

类型	周期结束井次（井次）	有效井次（井次）	有效率（%）	有效期（d）	单井注水（m^3）	初期增油（t/d）	单井周期增油（t）
注水吞吐	34	30	88.2	155	10382	6.3	614
增能压裂	16	16	100.0	230	10690	9.5	1154

（5）实施致密油藏水平井井网加密，形成了储量动用技术；改进压裂工艺，实现了降本增效。首先，开展试井分析、油藏工程计算、生产动态以及人工裂缝监测，通过缩小井

距、缩小缝间距，以达到提高采收率的目的，实施效果明显，采收率由2.5%提高至10%。其次，采用速钻桥塞压裂工艺，实现了降本增效，其一为采用大液量（前置清水）、大排量保证改造体积；其二为控制压裂总段数、石英砂替换陶粒、提高滑溜水比例降成本，并增加细砂比例确保大量微缝得以有效支撑，增大泄油范围；其三在保证总孔数不变下提高单段射孔簇数，细切割使缝网更加复杂，提升了投产效果（表7–5）。

表7–5　致密油藏井网加密前后压裂参数变化及投产效果表

井网类型	水平段长度（m）	压裂段数	段长（m）	段间距（m）	簇间距（m）	入井液量（m^3）	石英砂比例（%）	细砂比例（%）	滑溜水比例（%）	施工排量（m^3/min）	初期日产油（t/d）
基础井网	677	6.4	52	40	25	7056	0	0	35	12	14.0
一次加密	883	7.6	77	37	20	11713	40	0	70	14	17.8
整体加密	922	8.5	75	27	13	15283	100	60	>75	14	20.6

二、三塘湖盆地凝灰岩致密油勘探启示

三塘湖盆地凝灰岩致密油从长期的艰难探索到后期快速发现、高效勘探开发，是在借鉴国内外非常规油气勘探经验的基础上，充分把握三塘湖盆地基本石油地质特征，创新找油思路、优化勘探部署、地质工程一体化的体现。始终坚持前进性和曲折性统一的辩证法规则，从长期的勘探实践中，围绕勘探思路，实现了三塘湖盆地常规油气藏向非常规油藏的转向，在条湖组致密油勘探的整个过程中可得到以下重要启示：

1. 解放思想，勇于探索是勘探不断取得发现的源泉

超越自我、要敢于打破常规、敢于大胆实践，思想决定出路。作为一名勘探科研工作者，要时刻解放思想，还要有“钢钉”和“不倒翁”精神。在困难面前，要有一股迎难而上、攻坚啃硬、咬定青山不放松的钻劲儿。只有解放思想、坚定信念，持续攻关才能取得勘探新突破、大发现。

在条湖组致密油发现的每个阶段，科研人员没有一失利就气馁，没有知难而退，而是紧紧抓住每口钻井及试油的每个有利信息，建立信心，知难而进，寻找解决方案，最终获得突破。在芦1井条湖组初试未突破的前提下，仍坚定信念，顽强进取，钻探马55井终获得成功，这是勘探家的重要品格和信念。勘探者的最高境界就是“无中生有”。

2. 正确的理论指导，扎实的基础研究是实现勘探突破的基础

立足基础理论扎实研究，依托勘探实践创新认识，是突破新层系、发现新领域的关键。借鉴成熟探区的地质认识，优化勘探程序和方法，是加快勘探节奏、提高效益的有效途径。

回顾三塘湖盆地致密油的勘探历程，“凝灰岩可以作为有效储层”这一创新认识，带给我们的是吐哈探区致密油勘探的革命！在此基础上进一步提出“自源润湿、多源充注、断缝输导、甜点聚集”的创新认识，这是在夯实基础研究，不断提高认识，经历一次次失利教训中总结出的宝贵经验，这一认识有效指导了三塘湖盆地条湖组致密油的勘探。实践证明，坚持把“源控论”作为寻找油气的基础、获得新发现的根本，坚持把烃源岩精细刻画及评价以及致密油甜点预测作为勘探的核心，坚持在实践中不断总结提升和开拓创新，是实现吐哈探区非常规油气勘探大发现的正确选择。

3. 先进适用工程技术的应用，是实现勘探快速发现的保障

注重技术，加强攻关，不断完善配套工程技术，是实现三塘湖盆地新领域勘探新突破的关键。总结凝灰岩致密油勘探成果及认识，形成了具有自有知识产权的凝灰岩配套工程技术。

针对凝灰岩这一全新的勘探对象，技术人员加强以提高信噪比和有效识别火山机构为核心的物探采集处理解释配套技术攻关；针对储层成因、油层识别及改造方案实施和体积压裂的需要，形成了凝灰岩致密油“七性”关系评价技术；针对钻井中地层分布复杂、安全钻井难度大、可钻性差，钻井周期长、长水平段摩阻扭矩大，井眼轨迹控制、清洁及井壁稳定以及在开发过程中致密储层能量递减快、采收率低等问题，形成了致密油藏的水平井低成本、高效、安全钻井技术、速钻桥塞 + 分簇射孔体积压裂技术及低伤害低成本复合压裂液技术；有效转变开发方式，形成了以注水吞吐为主的致密油藏增产技术系列，针对衰竭开采导致地层压力低、油井供液能力差、递减快的矛盾，实施致密油藏水平井井网加密，形成了储量动用技术，有效地支撑了三塘湖盆地凝灰岩致密油的快速突破和重大发现。

4. 科学决策和股份公司大力支持是勘探快速突破的关键

突出实效，开展精细化管理，不断提升勘探管理水平，是助推油气勘探快速发现的有力保障。为了加快三塘湖盆地凝灰岩致密油的勘探进程，公司主管领导、勘探部、研究院等相关部门和领导，靠前指挥，突出执行力，有效推进了三塘湖盆地致密油勘探的各项工程。

2012 年至今，在股份公司大力支持下，吐哈油田通过不断探索和完善，逐步形成了针对重点区域、重点层系的“单井联合项目管理”模式，为勘探的高效运行提供了保障。针对马 57H、马 58H 等重点水平井的钻探，油田公司层面实现了技术与管理的联合，后续通过不断完善，实现了油田公司与钻探、录井等专业化队伍的全面联合，基本实现了地质与工程、钻井与试油、研究与现场、管理与实施一体化运作，增强所有参与者的主人翁意识。探索五个一体化模式，即明确方向研究部署一体化、注重效率方案实施一体化、瞄准瓶颈地质工程一体化、突出效益生产经营一体化、加快节奏勘探开发一体化，科学部署，精心设计，精细施工，有效地推动了三塘湖盆地凝灰岩致密油的勘探进程和勘探实效。

参考文献

邓秀芹，蔺昉晓，刘显阳，等．鄂尔多斯盆地三叠系延长组沉积演化及其与早印支运动关系的探讨．古地理学报，2008，10（2）：159–166.

高岗，李华明，梁浩，等．三塘湖盆地侏罗系油气来源与油气成藏模式．天然气地球科学，2010，21（1）：18–25.

高瑞琴，杨继波，丛培栋，等．二连油田沉凝灰岩储层特征分析．测井技术，2006，30（4）：330–333.

宫清顺，倪国辉，芦淑萍，等．准噶尔盆地乌尔禾油田凝灰质岩成因及储层特征．石油与天然气地质，2010，31（4）：481–485.

黄志龙，郭小波，柳波，等．马朗凹陷芦草沟组源岩油储集空间特征及其成因．沉积学报，2012，30（6）：1115–1122.

黄志龙，马剑，梁世君，等．源—储分离型凝灰岩致密油藏形成机理与成藏模式，石油学报，2016，37（8）：975–985.

计玲，陈科贵，王刚，等．岩石润湿性机理研究．西部探矿工程，2009（7）：100–102.

贾承造，郑民，张永峰．非常规油气地质学重要理论问题．石油学报，2014，35（1）：1–10.

贾承造，郑民，张永峰．中国非常规油气资源与勘探开发前景．石油勘探与开发，2012，39（2）：129–136.

贾承造，邹才能，李建忠，等．中国致密油评价标准、主要类型、基本特征及资源前景．石油学报，2012，33（3）：343–350.

雷川，李红，杨锐，等．新疆乌鲁木齐地区中二叠统芦草沟组湖相微生物成因白云石特征．古地理学报，2012，14（6）：767–776.

李军，王炜，王书勋．青西油田沉凝灰岩储集特征．新疆石油地质，2004，25（3）：288–290.

李明诚，李剑．“动力圈闭”——低渗透致密储层中油气充注成藏的主要作用．石油学报，2010，31（5）：718–722.

梁浩，李新宁，马强，等．三塘湖盆地条湖组致密油地质特征及勘探潜力．石油勘探与开发,2014,41（5）：563–572.

刘学锋，刘绍平，刘成鑫，等．三塘湖盆地构造演化与原型盆地类型．西南石油学院学报，2002，24（4）：13–17.

柳益群，李红，朱玉双，等．白云岩成因探讨：新疆三塘湖盆地发现二叠系湖相喷流型热水白云岩．沉积学报，2010，28（5）：861–867.

马剑，黄志龙，刘再振，等．三塘湖盆地条湖组含沉积有机质凝灰岩致密储层特征．地学前缘，2015，22（6）：185–196.

马剑，黄志龙，钟大康，等．三塘湖盆地马朗凹陷二叠系条湖组凝灰岩致密储集层形成与分布．石油勘探与开发，2016，43（5）：714–722.

孟元林，胡越，李新宁，等．致密火山岩物性影响因素分析与储层质量预测——以马朗—条湖凹陷条湖组为例．石油与天然气地质，2014，2：244–252.

彭珏，康毅力．润湿性及其演变对油藏采收率的影响．油气地质与采收率，2008，15（1）：72–76.

齐雪峰，何云生，赵亮，等．新疆三塘湖盆地二叠系芦草沟组古生态环境．新疆石油地质，2013，6：623–626.
邱家骧．岩浆岩岩石学．北京：地质出版社，1985.
邱欣卫，刘池洋，李元昊，等．鄂尔多斯盆地延长组凝灰岩夹层展布特征及其地质意义．沉积学报，2009，27（6）：1138–1146.
邱欣卫，刘池洋，毛光周，等．鄂尔多斯盆地延长组火山灰沉积物岩石地球化学特征．地球科学，2011，36（1）：139–150.
任晓娟．低渗砂岩储层孔隙结构与流体微观渗流特征研究．西北大学，2006.
史兰斌，陈孝德，杨清福，等．长白山天池火山千年大喷发不同颜色浮岩的岩石化学特征．地震地质，2005，27（1）：73–82.
孙善平，李家振，朱勤文，等．国内外火山碎屑岩的分类命名历史及现状．地球科学，1987，12（6）：571–577.
孙善平，刘永顺，钟蓉，等．火山碎屑岩分类评述及火山沉积学研究展望．岩石矿物学杂志，2001，20（3）：313–317.
王鹏，潘建国，魏东涛，等．新型烃源岩—沉凝灰岩．西安石油大学学报（自然科学版），2011，26（4）：19–22.
王璞珺，陈树民，刘万洙，等．松辽盆地火山岩相与火山岩储层的关系．石油与天然气地质，2003，24（1）：18–23.
王璞珺，吴河勇，庞颜明，等．松辽盆地火山岩相：相序，相模式与储层物性的定量关系．吉林大学学报：地球科学版，2006，36（5）：805–812.
王璞珺．盆地火山岩．北京：科学出版社，2008：26–54.
王书荣，宋到福，何登发．三塘湖盆地火山灰对沉积有机质的富集效应及凝灰质烃源岩发育模式．石油学报，2013，34（6），1077–1087.
王业飞，徐怀民，齐自远，等．原油组分对石英表面润湿性的影响与表征方法．中国石油大学学报（自然科学版），2012，36（5）：155–159.
肖莹莹，樊太亮，王宏语．贝尔凹陷苏德尔特构造带南屯组火山碎屑沉积岩储层特征及成岩作用研究．沉积与特提斯地质，2011，31（2）：91–98.
邢秀娟．新疆三塘湖盆地二叠纪火山岩研究．西安：西北大学，2004：2–6.
徐夕生，邱检生．火成岩岩石学．北京：科学出版社，2010.
许雅，谭文才，王涛．砂岩储层润湿性研究进展．国外测井技术，2009（5）：8–11.
杨华，邓秀芹．构造事件对鄂尔多斯盆地延长组深水砂岩沉积的影响．石油勘探与开发，2013，40（5）：513–520.
杨华，李士祥，刘显阳．鄂尔多斯盆地致密油、页岩油特征及资源潜力．石油学报，2013，34（1）：1–11.
杨胜来，魏俊之．油层物理学．北京：石油工业出版社，2011.
杨献忠．酸性火山玻璃的脱玻化作用．火山地质与矿产，1993，14（2）：73–81.
张金亮，张金功．深盆气藏的主要特征及形成机制．西安石油学院学报（自然科学版），2001，16（1）：1–7.

张文正，杨华，傅锁堂，等.鄂尔多斯盆地长91湖相优质烃源岩的发育机制探讨.中国科学（D辑：地球科学），2007，37（增刊）：33-38.

张文正，杨华，彭平安，等.晚三叠世火山活动对鄂尔多斯盆地长7优质烃源岩发育的影响.地球化学，2009，38（6）：573-582.

张枝焕，关强.新疆三塘湖盆地侏罗系油源分析.石油大学学报（自然科学版），1998，22（5）：37-41.

赵海玲，黄徽，王成，等.火山岩中脱玻化孔及其对储层的贡献.石油与天然气地质，2009，30（1）：47-52.

赵剑波，陈洪云，宋友桂，等.黄土中石英的含量与结晶度指数的测定.海洋地质与第四纪地质，2012，32（5）：131-135.

赵靖舟.非常规油气有关概念、分类及资源潜力.天然气地球科学，2012，23（3）：393-406.

赵泽辉，郭召杰，张臣，等.新疆东部三塘湖盆地构造演化及其石油地质意义.北京大学学报（自然科学版），2003，39（2）：219-228.

郑冰，高仁祥.塔里木盆地原油碳硫同位素特征及油源对比.石油实验地质，2006（3）：281-285.

周庆凡，杨国丰.致密油与页岩油的概念与应用.石油与天然气地质，2012，33（4），541-544.

周中毅，盛国英，闵育顺.凝灰质岩生油岩的有机地球化学初步研究.沉积学报，1989，7（3）：3-9.

朱国华，蒋宜勤，李娴静.克拉玛依油田中拐—五八区佳木河组火山岩储集层特征.新疆石油地质，2008，29（4）：445-447.

朱国华，张杰，姚根顺，等. 沉火山尘凝灰岩：一种赋存油气资源的重要岩类——以新疆北部中二叠统芦草沟组为例. 海相油气地质，2014，19（1）：1-7.

邹才能，等.火山岩油气地质.北京：地质出版社，2012.

邹才能，杨智，张国生，等.常规—非常规油气“有序聚集”理论认识及实践意义.石油勘探与开发，2014，41（1）：14-27.

邹才能，张国生，杨智，等.非常规油气概念、特征、潜力及技术——兼论非常规油气地质学.石油勘探与开发，2013，40（4）：385-399.

邹才能，朱如凯，吴松涛，等.常规与非常规油气聚集类型、特征、机理及展望——以中国致密油和致密气为例.石油学报，2012，33（2）：173-187.

Atri A D，Pierre F D，Lanza R，et al. Distinguishing primary and resedimented vitric volcaniclastic layers in the Burdigalian carbonate shelf deposits in Monferrato（NW Italy）. Sedimentary Geology，1999，129：143-163.

Buckley J. Wetting alteration of solid surfaces by crude oil and their asphaltenes. Oil and Gas Science and Technology，1998，53（3）：303-312.

Fic J，Pedersen P K. Reservoir characterization of a “tight” oil reservoir，the middle Jurassic Upper Shaunavon Member in the Whitemud and Eastbrook pools，SW Saskatchewan. Marine and Petroleum Geology，2013，44：41-59.

Freeman，K H，Hayes J M，Trendel J M，et al. Evidence from carbon isotope measurements for diverse origins of sedimentary hydrocarbons. Nature，1990，343，254-256.

Grynberg M E，Papava D，Shengelia M，et al. Petrophysical characteristics of the middle Ecoene laumontite tuff reservoir, Samgori Field, Republic of Georgia. Journal of Petroleum Geology, 1993, 16: 313–322.

Haaland H J, Furnes H, Martinsen O J. Paleogene tuffaceous intervals, Grane Field (Block 25/11), Norwegian North Sea : their depositional, petrographical, geochemical character and regional implications. Marine and Petroleum Geology, 2000, 17: 101–118.

Hill R J, Zhang E, Katz B J et al. Modeling of gas generation from the Barnett shale, Fort Worth Basin, Texas. AAPG Bulletin, 2007, 91 (4): 501–521.

Huff W D, Bergströ S M, Kolata D R. Gigantic Ordovician volcanic ash fall in North America and Europe : biological, tectonomagmatic, and event stratigraphic significance. Geology, 1992, 20: 875–878.

Huff W D. Ordovician K–bentonites : issues in interpreting and correlating ancient tephras. Quaternary International, 2008, 178, 276–287.

Jian Ma, Zhilong Huang, Shi jun Liang. Geochemical and tight reservoir characteristics of sedimentary organic–matter–bearing tuff from the Permian Tiaohu Formation in the Santanghu Basin, Northwest China.Marine and Petroleum Geology, 2016, (73): 405–418.

Jian Ma, Zhilong Huang, Xiaoyu Gao, et al. Oil–source rock correlation for tight oil in tuffaceous reservoirs in the Permian Tiaohu Formation, Santanghu Basin, northwest China. Canadian Journal of Earth Sciences, 2015, 52 (11): 1014–1026.

Jian Ma, Zhilong Huang.Tight–reservoir micropore formation and evolution in sedimentary organic–matter–bearing tuff : a case study from the Permian Tiaohu Formation in the Santanghu Basin, NW China. Australian Journal of Earth Science, 2016, (63): 485–50.

Kolata D R, Frost J K, Huff W D. Chemical correlation of K–bentonite beds in the Middle Ordovician Decorah subgroup, upper Mississippi valley. Geology, 1987, 15: 208–211.

Kuhn P P, di Primio R, Hill R, et al. Three–dimensional modeling study of the low–permeability petroleum system of the Bakken Formation. AAPG Bulletin, 2012, 96: 1867–1897.

Kuila U, Mccarty D K, Derkowski D, et al. Total porosity measurement in gas shales by the water immersion porosimetry (WIP) method. Fuel, 2014, 117 (3): 1115–1129.

Königer S, Lorenz V, Stollhofen H, et al. Origin, age and stratigraphic significance of distal fallout ash tuffs from the Carboniferous–Permian continental Saar–Nahe basin (SW Germany) . International Journal of Earth Sciences, 2002, 91: 341–356.

Law B E, Dickinson W W. Conceptual model of origin of abnormally pressured gas accumulations in low permeability reservoirs. AAPG Bulletin, 1985, 69 (8): 1295–1304.

Loucks R G, Reed R M, Ruppel S C, et al. Spectrum of pore types and networks in mudrocks and a descriptive classification for matrix–related mudrock pores. AAPG Bulletin, 2012, 96: 1071–1098.

Marinoni N, Broekmans M A T M. Microstructure of selected aggregate quartz by XRD, and a critical review of the crystallinity index. Cement and Concrete Research, 2013, 54: 215–225.

Mayka S, Celso P F, José A B et al. Characterization of pore systems in seal rocks using nitrogen gas adsorption combined with mercury injection capillary pressure techniques. Marine and Petroleum Geology, 2013, 39: 138–149.

Mehmani A, Prodanovic M. The effect of microporosity on transport properties in porous media. Advances in Water Resources, 2014, 63: 104–119.

Mullen J. Petrophysical characterization of the Eagle Ford shale in South Texas. Unconventional Resources and International Petroleum Conference, Calgary, Alberta, Canada, SPE138145, 2010, October, 19–21.

Murata K J, Norman M B. An index of crystallinity for quartz. American Journal of Sccience, 1976, 276: 1120–1130.

Nagashima K, Tada R, Tana A, et al. Contribution of Aeolian dust in Japan Sea sediments estimated from ESR signal intensity and crystallinity of quartz. Geochemistry Geophysics Geosystems, 2007, 8: 1002–1004.

Nelson P H. Pore–throat sizes in sandstones, tight sandstones, and shales. AAPG Bulletin, 2009, 93 (3): 329–340.

Qiu X W, Liu C Y, Mao G Z, et al. Late Triassic tuff intervals in the Ordos basin, Central China : Their depositional, petrographic, geochemical characteristics and regional implications. Journal of Asian Earth Sciences, 2014, 80: 148–160.

Spencer C W. Hydrocarbon generation as a mechanism for overpressing in Rocky Mountain Region. AAPG Bulletin, 1987, 71 (4): 368–388.

Swarbrick R E, Osborne M J. Mechanisms that generate abnormal pressures : an Overview. Memoir 70, Chapter 2, 1998.

Thomas Kalan H P, Sitorus M E. Jatibarang field, geologic study of volcanic reservoir for horizontal well proposal. Indonesian Petroleum Association, 23rd Annual Convention Proceedings, 1994, 1: 229–244.

Tomaru H, Lu Z L, Fehn U, et al. Origin of hydrocarbons in the Green Tuff region of Japan : 129I results from oil field brines and hot springs in the Akita and Niigata Basins. Chemical Geology, 2009, 264: 221–231.

Wardlaw N C, Tayler R P. Mercury capillary pressure curves and the inteprertation of pore structure and fluid distribution. Bulletin of Canadian Petroleum Geology, 1976, 24 (2): 225.

Zhao X Z, Li Q, Jiang Z X, Zhang R F, et al. Organic geochemistry and reservoir characterization of the organic matter–rich calcilutite in the Shulu Sag, Bohai Bay Basin, North China. Marine and Petroleum Geology, 2013, 51: 239–255.